电类专业基础实验教程

主　编　梁莉娟　高　健
副主编　赵　庆　马华玲
　　　　邹　静　王翠玉
参　编　张　莹　展　慧　袁　帅
　　　　李佳琪　邬英婕

北京理工大学出版社
BEIJING INSTITUTE OF TECHNOLOGY PRESS

内 容 简 介

本书结合电类基础课程的特点,介绍了电类专业基础实验。全书分为三篇,包括实验准备、基础性实验和项目式实验。其中,实验准备分为常用电子仪器仪表的使用和常用电子元器件的命名及识别。基础性实验分为电路实验、模拟电子电路实验、数字电子电路实验,其中电路实验包括 16 个实验项目,模拟电子电路实验包括 13 个实验项目,数字电子电路实验包括 17 个实验项目。项目式实验包括 6 个实验项目。每个实验项目中都给出了具体步骤和方法,供读者参考。

本书可作为应用型高等学校电类和非电类工科本、专科学生的实验教材,也可作为希望全面了解电类实践知识的自学者的入门教材。

图书在版编目(CIP)数据

电类专业基础实验教程 / 梁莉娟,高健主编. -- 北京:北京理工大学出版社,2024.3
ISBN 978-7-5763-3699-3

Ⅰ. ①电… Ⅱ. ①梁… ②高… Ⅲ. ①电学-实验-教材 Ⅳ. ①O441.1

中国国家版本馆 CIP 数据核字(2024)第 057390 号

责任编辑:白煜军 **文案编辑**:李 硕
责任校对:刘亚男 **责任印制**:李志强

出版发行 / 北京理工大学出版社有限责任公司
社　　址 / 北京市丰台区四合庄路 6 号
邮　　编 / 100070
电　　话 / (010)68914026(教材售后服务热线)
　　　　　　(010)68944437(课件资源服务热线)
网　　址 / http://www.bitpress.com.cn

版 印 次 / 2024 年 3 月第 1 版第 1 次印刷
印　　刷 / 河北盛世彩捷印刷有限公司
开　　本 / 787 mm×1092 mm　1/16
印　　张 / 18
字　　数 / 422 千字
定　　价 / 95.00 元

前　言

电工技术和电子技术的应用范围非常广泛，与很多新的科学技术都有密切的关系。作为一门对实践性和动手能力要求非常强的课程，电工技术和电子技术教学的重点之一就是培养学生的实践动手能力。

为了更好地开展实验教学，我们根据自身使用的和社会上普遍使用的设备、仪器的特点，组织编写了这本《电类专业基础实验教程》，作为《模拟电子技术》《数字电子技术》《电路基础》等教材的配套实验教材。本书包含电路基础、模拟电子技术、数字电子技术和电子测试与实验等内容，对于相关专业的学生来说，不仅是为后续的专业课程和毕业后从事有关电类或测试类的工作打基础，更是为学生的自学、深造、拓宽视野及创新打基础。

考虑到各学校教学与实践学时安排的差异以及教学要求和侧重点的不同，本书在实验的设计上，尽可能按照教学的先后顺序编排，同时加强各实验的独立性，减少各实验间的逻辑联系，增加了教师对实验选取的机动性。本书实验内容由基础性实验逐步拓展到项目式实验，要求学生在正常课程的理论学习完成后，在老师的指导下，运用课程所学知识，用实验的方式来检验学习效果，同时也是对理论知识的重温和应用。

本书在内容编排上，力争做到符合理论教材的体系要求，具有实验设计全面、项目式实验综合性强等特点，能够达到便于学生或自学者了解和掌握相关课程的基础实践知识的目的。本书可作为应用型高等学校电类和非电类工科本、专科学生的实验教材，也可作为希望全面了解电类实践知识的自学者的入门教材。

本书第 1、2、4、6 章由梁莉娟编写，第 3、5 章由高健、赵庆、马华玲、邹静、王翠玉共同编写。张莹、展慧、袁帅、李佳琪、邬英婕对全部实验实训内容进行了核实与验证。此外，王大勇为本书的编写提出了宝贵的意见和建议。

由于编者水平有限，书中难免存在疏漏，真诚地希望广大读者予以批评指正。

编者
2023 年 11 月于武汉

目　录

第三篇　项目式实验

第一篇

实验准备

第 1 章　常用电子仪器仪表的使用

电子仪器仪表是开展电子技术实验的基本工具，其使用方法需要熟知并掌握。

常用的电子仪器仪表主要有两大类：测量仪器和激励源仪器。测量仪器只有输入端口，用来输入被测电路的电参量，如万用表、示波器和毫伏表等。激励源仪器只有输出端口，用来输出被测电路需要的电参量，如信号发生器和直流电源等。

1.1　数字万用表的使用

万用表又称多用表，可以用来测量直流电压和电流、交流电压和电流以及电阻等，有的万用表还可以用来测量电容、电感以及二极管、晶体管的某些参数。

数字万用表是一种多功能数字显示仪表，既可以像指针式万用表一样测直、交流电压和电流，还可以测二极管和晶体管的某些参数。数字万用表的测量值由液晶显示屏直接以数字的形式显示，读取方便。有些数字万用表还带有语音提示功能。

数字万用表的外形结构如图 1-1 所示。它的液晶显示屏的下方有一个转换旋钮，旋钮所指的是测量的挡位。

数字万用表的挡位主要有以下几种：Ω（R），表示测量电阻的挡位；hFE，表示测量晶体管的挡位；$\tilde{\mathrm{V}}$，表示测量交流电压的挡位；$\overline{\mathrm{V}}$，表示测量直流电压的挡位；$\tilde{\mathrm{A}}$，表示测量交流电流的挡位；$\overline{\mathrm{A}}$，表示测量直流电流的挡位。

图 1-1　数字万用表的外形结构

数字万用表（若无特殊说明，以下简称万用表）的红表笔接外电路正极，黑表笔接外电路负极。

1. 操作中的注意事项

（1）转换旋钮应置于正确的测量位置。

（2）表笔绝缘层应完好，无破损和断线。

（3）红、黑表笔应插在符合测量要求的插孔内，保证接触良好。

（4）严禁在电压测量或电流测量过程中改变转换旋钮挡位，以防损坏仪表。

（5）必须用同类型规格的保险丝更换坏保险丝。

（6）为防止电击，测量公共端"COM"和大地"GND"之间的电位差不得超过1 000 V。

（7）当液晶显示屏显示"⊟"符号时，应及时更换电池，以确保测量精度。

（8）测量完毕应及时关断电源；长期不用时，应取出电池。

2. 使用方法

1）电压的测量

电压的测量分为直流电压的测量和交流电压的测量。

（1）直流电压的测量。

① 将黑表笔插入万用表的"COM"孔，红表笔插入万用表的"VΩ"孔。

② 把万用表的转换旋钮旋至直流挡"$\overline{V}$"，然后将旋钮调到比估计值大的量程。表盘上的数值均为最大量程。

③ 把两表笔接到电源或电池的两端，并保持接触稳定。

④ 从液晶显示屏上直接读取测量数值。若液晶显示屏显示为"1"，表明量程太小，要加大量程后再测量。如果在数值左边出现"–"，表明表笔极性与实际电源极性相反，此时红表笔接的是负极。

（2）交流电压的测量。

① 将黑表笔插入万用表的"COM"孔，红表笔插入万用表的"VΩ"孔。

② 把万用表的转换旋钮旋至交流挡"$\widetilde{V}$"，然后将旋钮调到比估计值大的量程。

（3）把两表笔接到电源的两端（交流电压无正负之分），然后从液晶显示屏上读取测量数值。

2）电流的测量

电流的测量同样分为直流电流的测量和交流电流的测量。

（1）直流电流的测量。

① 将黑表笔插入万用表的"COM"孔。若测量大于200 mA的电流，则将红表笔插入"10 A"插孔，并将转换旋钮旋至直流"10 A"挡；若测量小于200 mA的电流，则将红表笔插入"200 mA"插孔，并将转换旋钮旋至直流200 mA以内的合适量程。

② 将转换旋钮旋至直流挡（$\overline{A}$）的合适位置，调整好后，开始测量。将万用表串联接入电路中，保持示数稳定。

③ 从液晶显示屏上读取测量数值。若液晶显示屏显示为"1"，表明量程太小，要加大量程后再测量；如果在数值左边出现"–"，表明表笔极性与实际电源极性相反，此时红表笔接的是负极。

（2）交流电流的测量。

交流电流的测量方法与直流电流的测量基本相同，不过挡位应该旋至交流挡（$\widetilde{A}$）。电流测量完毕后，应将红笔插回"VΩ"孔。

3）电阻的测量

（1）将黑表笔插入"COM"孔，红表笔插入"VΩ"孔。

（2）把转换旋钮旋至"Ω"挡合适的量程，将两表笔接在待测电阻的两端。测量过程中可以用手接触电阻，但不要用手同时接触电阻两端，因为人体是一个电阻很大的导体，这样会影响测量的精确度。

（3）保持两表笔和电阻接触良好的同时，从液晶显示屏上读取测量数据。

4）二极管的测量

万用表可以测量发光二极管和整流二极管，测量方法如下。

（1）将黑表笔插入"COM"孔，红表笔插入"VΩ"孔。

（2）将转换旋钮旋至晶体管挡。

（3）用红表笔接二极管的正极，黑表笔接负极，这时会显示二极管的正向压降。

锗二极管的压降为0.15~0.3 V，硅二极管的压降为0.5~0.7 V，发光二极管的压降为1.8~2.3 V。调换表笔，如果万用表的液晶显示屏显示"1"则为正常（因为二极管的反向电阻很大），否则表明该管已被击穿。

5）晶体管的测量

选万用表的晶体管挡，用红表笔去接晶体管的某一引脚，黑表笔分别接另外两只引脚。如果万用表的液晶显示屏上两次都显示零点几伏的电压（锗管为0.3 V左右，硅管为0.7 V左右），则此管为NPN型晶体管且红表笔所接的那一只引脚是基极；如果两次所显示的都是"OL"，则红表笔所接的那一只引脚是PNP型晶体管的基极。

在判别出晶体管的型号和基极的基础上，可以再判别其发射极和集电极。仍用万用表的晶体管挡，对于NPN型晶体管，用红表笔接其基极，黑表笔分别接另外两只引脚，两次测得的极间电压中，电压高的为发射极，电压低的为集电极。对于PNP型晶体管，用黑表笔接其基极，红表笔分别接另外两只引脚，同样所得电压高的为发射极，电压低的为集电极。例如，用红表笔接C9018中间那只引脚（基极），黑表笔分别接另外两只引脚，可得0.719 V、0.731 V两个电压值。其中，0.719 V为基极与集电极之间的电压，0.731 V为基极与发射极之间的电压。

判别晶体管的好坏，只需要查看晶体管各PN结是否损坏即可。可以用万用表测量其发射极、集电极的正向电压和反向电压。如果测得的正向电压和反向电压相似且几乎为零，或者正向电压为"OL"，说明晶体管已经发生短路或断路。

1.2 数字示波器的使用

数字示波器是一种常用的电子测量工具，集数据采集、A/D转换、软件编程等一系列技术于一体。数字示波器含有多级菜单，能给用户提供多种分析功能。功能较全的示波器可以存储波形，并对波形进行保存和处理。

1. 数字示波器面板功能

数字示波器面板功能如图1-2所示。

1）液晶显示区

液晶显示区采用高清晰彩色液晶显示屏，具有320×234的分辨率。

2）运行控制区

（1）AUTO键：自动搜寻信号和设定。

（2）RUN/STOP键：运行或停止波形采样。

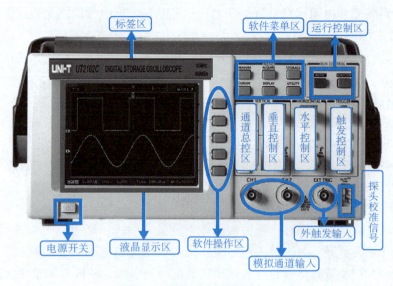

标签区　软件菜单区　运行控制区
通道总控区　垂直控制区　水平控制区　触发控制区
电源开关　液晶显示区　软件操作区　外触发输入　探头校准信号
模拟通道输入

图 1-2　数字示波器面板功能

3）垂直控制区

垂直控制区用于调节波形在垂直方向的位置。

4）软件菜单区

（1）MEASURE 键：用于自动测量。

（2）ACQUIRE 键：用于采样系统设置。

（3）STORAGE 键：用于储存或读取 USB 和内部存储器的图像、波形和设定储存。

（4）CURSOR 键：用于水平与垂直光标的设定。

（5）DISPLAY 键：用于显示系统的设定。

（6）UTILITY 键：用于辅助系统的设定。

5）模拟通道输入

模拟通道输入有两路通道，通道 1 为 CH1，通道 2 为 CH2。

6）通道总控区

通道总控区中的屏幕显示对应通道的操作菜单、标志、波形和挡位状态信息。

7）水平控制区

水平控制区用于将波形往右（顺时针旋转）移动或往左（逆时针旋转）移动。

8）外触发输入

外触发输入是外触发信号输入端口。

9）探头校准信号

探头校准信号用来输出幅值为 3 V、频率为 1 kHz 的方波校准信号。

10）软件操作区

软件操作区对应不同的功能键，菜单会有所不同。

11）触发控制区

触发控制区用于触发信号的设定。

2. 数字示波器显示画面

数字示波器显示画面如图 1-3 所示。

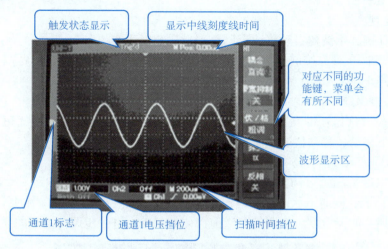

图 1-3 数字示波器显示画面

3. 示波器的基本操作方法

1）示波器探头

示波器探头如图 1-4 所示。

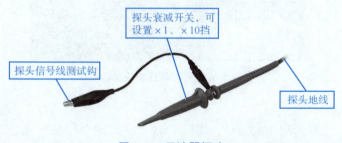

图 1-4 示波器探头

2）输入、输出通道

输入、输出通道如图 1-5 所示。CH1 和 CH2 为信号输入通道；EXT TRIG 为外触发信号输入端；最右侧为示波器校正信号输出端，输出幅值为 3 V、频率为 1 kHz 的方波校准信号。

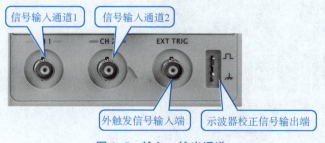

图 1-5 输入、输出通道

3）示波器校准

将示波器探头接到示波器的校正信号输出端，调整探头上校正孔的补偿电容，直到屏幕上显示的方波为平顶。

4）运行控制

按下 AUTO 键，示波器自动将波形调整到最适合观测的状态。

按下 RUN/STOP 键，按键显示绿色，表明波形采样处于运行状态；再按一下，按键显示红色，表明停止波形采样。

5）垂直控制系统

（1）垂直位置旋钮：可设置所选通道波形的垂直显示位置。转动该旋钮，屏幕上显示的波形会上、下移动，移动值显示于屏幕左下方。

按下 SETTOZERO 键，波形水平中心点回到零点（中点）。

（2）垂直衰减旋钮：可调整所选通道波形的显示幅度，如图 1-6 所示。改变"V/div"（伏/格）垂直挡位，同时下状态栏对应通道显示的幅值也会发生变化。粗调以 1-2-5 步进方式确定垂直挡位的灵敏度。细调是在当前挡位的基础上进一步调节波形的显示幅度。

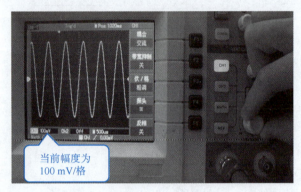

当前幅度为 100 mV/格

图 1-6 调节垂直衰减旋钮

6）信号通道选择

按下 CH1 键，选择通道 1 的波形，同时 CH1 键显示绿色。按下 CH2 键，选择通道 2 的波形，同时 CH2 键显示绿色。CH1 和 CH2 键都被按下，CH1 键显示绿色，CH2 键显示黄色，显示屏上显示两个通道的波形。

7）通道菜单

通道菜单如图 1-7 所示。

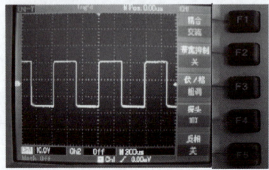

按下 F1 键设置耦合方式：交流 / 直流 / 接地

按下 F2 键设置通道带宽限制：关闭 / 打开

按下 F3 键设置垂直挡位调节幅度：粗调 / 细调

按下 F4 键设置调节探头衰减系数：×1/×10/×100/×1 000

按下 F5 键设置波形反相：开 / 关

图 1-7 通道菜单

注意：

（1）带宽限制为关闭状态时，允许被测信号含有的高频分量通过；带宽限制为打开状态时，阻隔大于 20 MHz 的高频分量。

（2）探头衰减系数改变仪器的垂直挡位比例，设定时必须使探头上黄色开关的设定值与输入通道探头菜单的衰减系数一致。

（3）波形反相设置为打开，显示的被测信号波形相位翻转 180°。

8）水平控制系统

水平控制系统主要用于设置水平时基。

（1）POSITION 旋钮：用于水平中心位置的调整。

顺时针或逆时针旋转 POSITION 旋钮，波形向右或向左移动。

按下 SETTOZERO 键，波形水平中心点回到零点（中点）。

（2）SCALE 旋钮：用于水平衰减的调整。

顺时针或逆时针旋转 SCALE 旋钮，水平扫描速率增大或减小。

（3）水平软件菜单 MENU。

按下水平软件菜单 MENU，在显示屏上出现 ZOOM 菜单。按下 F1 键可以关闭视窗扩展回到主时基；按下 F3 键可以开启视窗扩展。视窗扩展用来放大一段波形，以便查看图像细节，设置触发释抑时间。

9）软件菜单区

软件菜单区主要包含自动测量、采样系统设置、存储和调出、显示系统设置、辅助系统设置、光标测量等功能。

（1）自动测量。按下 MEASURE 键，显示自动测量菜单。按下 F1 键，返回测量菜单；按下 F2 键，选择测量参数的通道；按下 F3 键，进入电压类的参数菜单；按下 F4 键，进入时间类的参数菜单；按下 F5 键，显示/关闭所有测量参数。

（2）采样系统设置。数字示波器按相等的时间间隔对信号进行采样以重建波形。按下 ACQUIRE 键，弹出采样设置菜单，通过菜单控制按键调整采样方式。

（3）存储和调出。使用 STORAGE 键显示存储设置菜单，可以通过该菜单对数字示波器的内部存储器和 USB 存储设备上的波形和设置文件进行保存和调出操作。

（4）显示系统设置。按下 DISPLAY 键会弹出设置菜单，通过菜单控制按键调整显示方式。

①点：波形直接显示采样点。

②YT 格式：屏幕上显示李萨如图形，其中 CH1 为 X 输入，CH2 为 Y 输入。

③关闭：屏幕上的波形以高刷新率更新。

（5）辅助系统设置。按下 UTILITY 键会弹出设置菜单，通过菜单控制按键调整显示方式。

①自校正：执行自校正操作或取消自校正操作，并返回。

②波形录制：设置波形录制操作。

③语言：选择界面语言，有简体中文、繁体中文和英语。

④出厂设置：调出出厂设置。

⑤界面风格：设置界面风格，可以选择 4 种彩色屏风格。

（6）光标测量。在 CURSOR 模式下可以移动光标进行测量，有 3 种模式：电压、时间和跟踪。

电压/时间测量模式：光标 1 和光标 2 将同时出现，显示的读数即为两个光标之间的电压或时间值。

跟踪测量模式：光标 1 和光标 2 将同时出现，显示的读数为光标 1 和光标 2 之间的水平、垂直增量。其中，水平坐标以时间值显示，垂直坐标以电压值显示。

10）触发控制系统

（1）LEVEL 旋钮：改变触发电平。转动 LEVEL 旋钮，触发电平将发生上下移动，同时可以观察到屏幕下部触发电平的数值发生相应的变化。

（2）TRIGGERMENU 按键：改变触发设置。按下 F1 键，选择触发类型为边沿、脉宽、视频或交替触发；按下 F2 键，选择触发源为输入通道（CH1 或 CH2）、外部触发（EXT、EXT/5）或市电；按下 F3 键，设置边沿类型为上升；按下 F4 键，设置触发方式为自动、普通或单次；按下 F5 键，设置触发耦合为直流、交流或接地。

（3）50% 按键：设定触发电平在触发信号幅值的垂直中点。

（4）FORCE 按键：强制产生一个触发信号，主要用于触发方式中的正常和单次模式。

1.3　函数信号发生器的使用

1. 概述

YB1610 系列函数信号发生器是一种新型高精度信号源，仪器外形美观、新颖，操作直观、方便，具有数字频率计、计数器及电压显示功能。该仪器功能齐全，各端口具有保护功能，能有效防止输出短路和外电路电流的倒灌对仪器的损坏，大大提高整机的可靠性，广泛适用于教学、电子实验、科研开发、邮电通信以及电子仪器测量等领域。

1）主要特点

（1）具有数字频率计和计数器功能（6 位 LED 显示）。

（2）具有数字输出电压指示功能（3 位 LED 显示）。

（3）按键只需轻触，操作方便，面板上有各项功能指示，直观清晰。

（4）采用金属外壳，具有优良的电磁兼容性，外形美观、坚固。

（5）具有内置线性/对数扫频功能。

（6）具有数字频率微调功能，测量更精确。

（7）用 50 Hz 正弦波输出，便于教学实验。

（8）具有外接调频功能。

（9）具有压控调频信号输入。

（10）所有端口具有短路和抗输入电压保护功能。

2）幅度显示

显示位数：3 位。

显示单位：V_{p-p} 或 mV_{p-p}。

显示误差：±1 个字。

负载电阻为 1 MΩ 时：<u>直读</u>；负载电阻为 50 Ω 时：读数/2。

分辨率：1 mV$_{p-p}$（40 dB）。

3）电源

电压：220×（1±10%）V。

频率：50×（1±5%）Hz。

视在功率：约 10 V·A。

电源保险丝：BGXP-1-1-0.5A。

4）环境条件

工作温度：0~40 ℃。

存储温度：-40~60 ℃。

工作湿度上限：90%（40 ℃）。

存储湿度上限：90%（50 ℃）。

其他要求：避免频繁振动和冲击，周围空气中无酸、碱等腐蚀性物质。

2. 使用注意事项

（1）工作环境和电源应满足技术指标中给定的要求。

（2）初次使用本机或长久储存后再用，应先将其放置于通风和干燥处几小时，再通电 1~2 h 后使用。

（3）为了获得高质量的小信号（mV 级），可暂将"外测开关"置于"外"挡，以降低数字信号的波形干扰。

（4）外测频时，先选择高量程挡，然后根据测量值选择合适的量程，以确保测量精度。

（5）电压幅度输出、TTL/CMOS 输出要尽可能避免长时间短路或电流倒灌。

（6）各输入端口的输入电压不要超出±35 V 范围。

（7）为了观察到准确的函数波形，示波器带宽应高于该仪器上限频率的 2 倍。

（8）如果仪器不能正常工作，应重新开机检查操作步骤是否正确。

3. 面板操作键说明

YB1610 系列函数信号发生器面板如图 1-8 所示，面板中各操作键的说明如下。

①电源（POWER）开关：电源开关弹出时为"关"位置；将电源线接入，按下电源开关，即可接通电源。

②LED 显示窗口：此窗口指示输出信号的频率。当外测开关接入时，此窗口显示外测信号的频率。若超出测量范围，则溢出指示灯亮。

③频率调节（FREQUENCY）旋钮：调节此旋钮可以改变输出信号的频率。顺时针旋转，频率增大；逆时针旋转，频率减小。微调该旋钮可以微调频率。

④占空比（DUTY）按键：按下占空比按键，占空比指示灯亮，此时调节占空比旋钮，可改变波形的占空比。

⑤波形选择（WAVE-FORM）按键：按下对应波形的某一键，可选择需要的波形。

⑥衰减（ATTE）按键：此为电压输出衰减按键，二挡按键组合为 20 dB、40 dB 和 60 dB。

⑦频率范围选择按键（也称频率计闸门按键）：根据所需要的频率，按下其中一键。

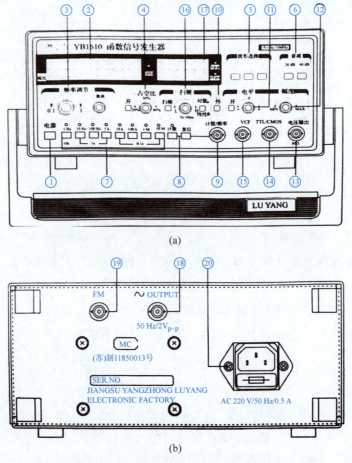

图1-8 YB1610系列函数信号发生器面板

（a）前面板；（b）后面板

⑧计数、复位按键：按下计数键，LED 显示窗口开始计数；按下复位键，LED 显示窗口显示为 0。

⑨计数/频率端口：此为计数、外测频率输入端口。

⑩外测频（COUNTER）按键：按下此按键，LED 显示窗口显示外测信号频率或计数值。

⑪电平调节按键：按下此按键，电平指示灯亮，此时调节电平调节旋钮，可改变直流偏置电平。

⑫幅度调节（AMPLITUDE）旋钮：顺时针转动可增大电压输出幅度，逆时针转动可减小电压输出幅度。

⑬电压输出（VOLTAGEOUT）端口：由此端口输出电压。

⑭TTL/CMOS 输出端口：由此端口输出 TTL/CMOS 信号。

⑮VCF 端口：由此端口输入电压控制频率变化。

⑯扫频按键：按下此按键，电压输出端口输出的信号为扫频信号；调节速率旋钮，可改变扫频速率；按下线性/对数按键可产生线性扫频/对数扫频。

⑰电压输出指示：3 位 LED 显示输出电压值，输出接 50 Ω 负载时应将读数除以 2 得到真实输出电压值。

⑱50 Hz 正弦波输出端口：由此端口输出 50 Hz 约 2 V_{p-p} 的正弦波。

⑲调频（FM）输入端口：由此端口输入外调频波。

⑳交流电源 220 V 输入插座：与 220 V 交流电源相连接。

4. 基本操作方法

打开电源开关前，首先检查输入电压。将电源线插入后面板上的交流电源 220 V 输入插座，各控制键的设定如表 1–1 所示。

表 1–1　各控制键的设定

控制键	设定
电源（POWER）开关	电源开关弹出
衰减（ATTE）按键	衰减按键弹出
外测频（COUNTER）按键	外测频按键弹出
电平调节按键	电平调节按键弹出
扫频按键	扫频按键弹出
占空比按键	占空比按键弹出

将各控制键按表 1–1 设定后，按下电源开关。函数信号发生器默认产生"10 k"挡正弦波，LED 显示窗口显示本机输出信号的频率。

（1）将电压信号由电压输出（VOLTAGEOUT）端口通过连接线送入示波器 Y 输入端口。

（2）三角波、方波、正弦波的产生。

①在波形选择（WAVE-FORM）按键处分别按下正弦波、方波和三角波按键，此时示波器屏幕上将分别显示正弦波、方波和三角波。

②改变频率范围选择按键，示波器显示的波形以及 LED 显示窗口显示的频率将发生变化。

③将幅度调节（AMPLITUDE）旋钮顺时针旋转至最大，示波器显示的波形幅度将高于 20 V。

④按下电平调节按键，顺时针旋转电平调节旋钮时示波器波形将向上移动，逆时针旋转时示波器波形将向下移动，变化量为 ±10 V 以上。

注意：
　信号超过 ±10 V 或 ±5 V（50 Ω）范围时将被限幅。

⑤按下衰减（ATTE）按键，输出波形将发生衰减。

（3）计数、复位：

①按下复位键，LED 显示窗口显示为 0；

②当计数/频率端口输入信号时，按下计数键，LED 显示窗口开始计数。

（4）斜波的产生：

①按下波形选择（WAVE-FORM）开关的三角波按键；

②按下占空比（DUTY）按键，占空比指示灯亮；

③调节占空比旋钮，三角波将变成斜波。

（5）外测频率：

①按下外测频（COUNTER）按键，外测频指示灯亮；

②外测信号由计数/频率端口输入；

③由高量程向低量程选择合适的频率范围，确保测量精度，当有溢出指示时，应将量程提高一挡。

（6）TTL 输出：

①TTL/CMOS 输出端口接示波器 Y 轴输入端（DC 输入）；

②示波器将显示方波或脉冲波，TTL/CMOS 输出端口可作为 TTL/CMOS 数字电路实验的时钟信号源。

（7）扫频（SCAN）：

①按下扫频按键，此时电压输出端口输出的信号为扫频信号；

②在扫频状态下，线性/对数按键弹出时为线性扫频，按下时为对数扫频；

③调节速率旋钮，可改变扫频速率，顺时针调节时增大扫频速率，逆时针调节时减小扫频速率。

（8）压控调频：由 VCF 输入端口输入 0～5 V 的调制信号，此时电压输出端口输出压控信号。

（9）调频（FM）：由调频（FM）输入端口输入电压为 10 Hz～20 kHz 的调制信号，此时电压输出端口输出调频信号。

（10）50 Hz 正弦波：由 50 Hz 正旋波输出端口输出 50 Hz 约 2 V_{p-p} 的正弦波。

1.4 交流毫伏表的使用

交流毫伏表的外形结构如图 1-9 所示。

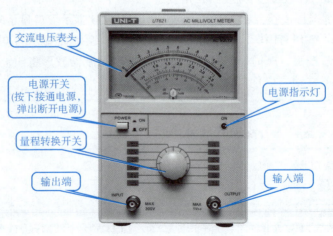

图 1-9　交流毫伏表的外形结构

1. 使用说明

（1）当电源开关关闭时，如果指针指示不在零处，可用绝缘螺丝刀调节表头机械螺丝，使指针置于零处。

（2）该毫伏表的最大输入电压不得大于 450 V（AC+DC）；最大输入电压若大于该值，部分电路可能会被损坏。

（3）调节量程转换开关，使其指向合适的量程，若不知道被测电压的大小，可使其指向 300 V 量程。

（4）接上电源，打开电源开关，指示灯亮。指针在 5 s 内不规则地摆动是正常现象，待指针稳定后，即可正常使用。

（5）当给输入端口加上测量电压时，指头应有指示。如果读数小于满刻度值的 30%，则逆时针转动量程转换开关逐渐减小电压量程，当指针指在大于满刻度值的 30% 且小于满刻度值的范围时读出指示值。

（6）刻度盘上有 3 条刻度线，从上至下第一、二条为电压刻度线，第三条为分贝刻度线。若量程转换开关置于"1"字头的各挡位（如 1 V、100 V、100 mV）处，则在第一条刻度线上读数。若指针指向满刻度线处，即代表该量程挡的值。例如，量程转换开关置于 100 mV 挡，指针满偏至"1"，即为 100 mV。

若量程转换开关置于"3"字开头的各挡位（如 300 V、3 V、30 V、300 mV 等）处，则在第二条刻度线上读数，读数方法同上。

2. 注意事项

（1）输入电压不可高于规定的最大输入电压。

（2）为了确保测量结果的准确度，测量时必须把仪表的地线与被测电路的地线连接在一起。

1.5　功率表的使用

功率表，又称瓦特表，可用于测量直流电路和交流电路的功率。D26-W 单相功率表适合在直流及交流 45～65 Hz 电路中测量功率。该表按使用条件划为属于 P 级，适合在周围环境温度为（23±10）℃、湿度为 25%～80% 的条件下工作。功率表的外形结构如图 1-10 所示。

1. 量程的选择

选择功率表的量程时，不能只从功率的角度考虑，还须使电流量程、电压量程均能承受负载的电流和电压，否则功率表的电流绕组或电压绕组可能因不能承受而被损坏。

2. 功率表的使用

在连接功率表时，应注意极性不能接反。

1）功率表电流线圈的接法

功率表的电流线圈要和负载串联，且标有"＊"的端钮一定要接在电源一方，另一端

图 1-10　功率表的外形结构

钮接在负载一方。否则，功率表的可动部分将受到反方向的力矩作用而反向偏转，这样不仅无法读数，且仪表指针容易被打弯。

2）功率表电压支路的接法

功率表的电压支路应和负载并联，且标有"＊"的电压端钮可以接到电流线圈端钮的任一端，而电压支路的另一端钮则跨接到负载的另一端，如图 1-11（a）所示。反之，如果将电压支路和负载反向并联，将可能发生事故，如图 1-11（b）所示。事故包括：仪表指针反向偏转，不仅无法读数，而且易被打弯；由于功率表电压支路所串的附加电阻 R 的数值很大，所以电压几乎全降落在 R 上，这样电压线圈和电流线圈之间的电压很高，电场力的作用将引起附加误差，且有可能发生绝缘被击穿的危险。

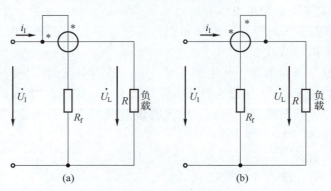

图 1-11　功率表的正确接线

（a）电压支路和负载并联；（b）电压支路和负载反向并联

D26-W 单相功率表的技术参数如表 1-2 所示。

表 1-2　D26-W 单相功率表的技术参数

型号	测量范围	50 Hz 消耗/VA	刻度分格	频率/Hz
D26-W	75/150/300 V 0.5/1 A	2.25/4.5/9 1.34/1.33	150	45～65
	125/250/500 V 0.5/1 A	3.75/7.5/15 1.34/1.33	125	
	150/300/600 V 0.5/1 A	4.5/9/18 1.34/1.33	150	
	75/150/300 V 1/2 A	2.25/4.5/9 1.17/1.17	150	
	125/250/500 V 1/2 A	3.75/7.5/15 1.17/1.17	125	
	150/300/600 V 1/2 A	4.5/9/18 1.17/1.17	150	

型号	测量范围	50 Hz 消耗/VA	刻度分格	频率/Hz
D26-W	75/150/300 V 2.5/5 A	2.25/4.5/9 1.09/1.09	150	45~65
	125/250/500 V 2.5/5 A	3.75/7.5/15 1.09/1.09	125	
	150/300/600 V 2.5/5 A	4.5/9/18 1.09/1.09	150	
	75/150/300 V 5/10 A	2.25/4.5/9 1.24/1.29	150	
	125/250/500 V 5/10 A	3.75/7.5/15 1.24/1.29	125	
	150/300/600 V 5/10 A	4.5/9/18 1.24/1.29	150	
	75/150/300 V 10/20 A	2.25/4.5/9 1.72/1.72	150	
	125/250/500 V 10/20 A	3.75/7.5/15 1.72/1.72	125	
	150/300/600 V 10/20 A	4.5/9/18 1.72/1.72	150	

注意:

(1) 用单相功率表扩大量程测量有功功率时,若负载功率超出功率表的量程范围,可使用电流互感器来扩大量程。

(2) 三相两元件功率表常用于高压电路功率的测量,采用电压互感器和电流互感器来扩大量程。

(3) 在对称三相电路中,采用一只单相功率表测量三相无功功率时,与测量有功功率不同的是,把 U、V、W 加在功率表的电压支路上,这时实际的三相功率就是该测得值乘以 3。

(4) 用两只单相功率表测量三相功率时,用其中一只功率表去测 UV 线电压、U 相电流,另一只功率表去测 WV 线电压、W 相电流。

三相有功功率:

$$P = \left| P_1 \pm P_2 \right|$$

三相无功功率:

$$Q = \sqrt{3(P_1 - P_2)}$$

(5) 用 3 只单相功率表测量三相无功功率时,在三相负载完全平衡的电路中,只要测出其中一相的无功功率,就可以知道三相无功功率。

第 2 章　常用电子元器件的命名及识别

2.1　常用电子元器件的命名

任何电子电路都是由元器件组成的，电阻、电容、电感和各种半导体器件是电工与电子技术中常见的元器件，也是电子产品中用得最多的元器件。为了正确地选择和使用这些元器件，必须了解它们的基本常识。

1. 电阻和电位器型号命名方法

电阻和电位器型号命名方法如表 2-1 所示。

表 2-1　电阻和电位器型号命名方法

第一部分：主称		第二部分：材料		第三部分：特征分类			第四部分：序号
符号	意义	符号	意义	符号	意义		
					电阻	电位器	
R	电阻	T	碳膜	1	一般	一般	
W	电位器	H	合成膜	2	一般	一般	
		S	有机实芯	3	超高频	—	
		N	无机实芯	4	高阻	—	对主称、材料相同，仅性能指标、尺寸大小有差别，但基本不影响互换使用的产品，给予同一序号；假设性能指标、尺寸大小明显影响互换，那么在序号后面用大写字母作为区别代号
		J	金属膜	5	高温	—	
		Y	氧化膜	6	—	—	
		C	沉积膜	7	周密	周密	
		I	玻璃釉膜	8	高压	专门函数	
		P	硼碳膜	9	专门	专门	
		U	硅碳膜	G	高功率	—	
		X	线绕	T	可调	—	
		M	压敏	W	—	微调	
		G	光敏	D	—	多圈	
		R	热敏	B	温度补偿用	—	
				C	温度测量用	—	
				P	旁热式	—	
				W	稳压式	—	
				Z	正温度系数	—	

例如，精密金属膜电阻型号命名方法如图2-1所示；多圈线绕电位器型号命名方法如图2-2所示。

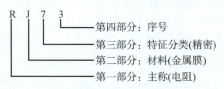

图2-1　精密金属膜电阻型号命名方法

图2-2　多圈线绕电位器型号命名方法

2. 电容型号命名方法

电容型号命名方法如表2-2所示。

表2-2　电容型号命名方法

第一部分：主称		第二部分：材料		第三部分：特征分类						第四部分：序号
符号	意义	符号	意义	符号	意义					
					瓷介	云母	玻璃	电解	其他	
C	电容器	C	瓷介	1	圆片	非密封	—	箔式	非密封	对主称、材料相同，仅尺寸、性能指标略有不同，但基本不影响互换使用的产品，给予同一序号；假设尺寸性能指标的差别明显，影响互换使用，那么在序号后面用大写字母作为区别代号
		Y	云母	2	管形	非密封	—	箔式	非密封	
		I	玻璃釉	3	迭片	密封	—	烧结粉固体	密封	
		O	玻璃膜	4	独石	密封	—	烧结粉固体	密封	
		Z	纸介	5	穿心	—	—	—	穿心	
		J	金属化纸	6	支柱	—	—	—	—	
		B	聚苯乙烯	7	—	—	—	无极性	—	
		L	涤纶	8	高压	高压	—	—	高压	
		Q	漆膜	9	—	—	—	专门	专门	
		S	聚碳酸酯	J	金属膜					
		H	复合介质	W	微调					
		D	铝							
		A	钽							
		N	铌							
		G	合金							
		Y	钛							
		E	其他							

例如，铝电解电容型号命名方法如图2-3所示；圆片形瓷介电容型号命名方法如图2-4所示；纸介金属膜电容型号命名方法如图2-5所示。

图 2-3　铝电解电容型号命名方法

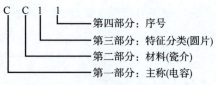

图 2-4　圆片瓷介电容型号命名方法

图 2-5　纸介金属膜电容型号命名方法

3. 半导体分立器件型号命名方法

1）我国半导体分立器件型号命名方法

我国半导体分立器件型号命名方法如表 2-3 所示。

表 2-3　我国半导体分立器件型号命名方法

第一部分：电极数目		第二部分：材料和极性		第三部分：器件的类型				第四部分：序号	第五部分：规格号
符号	意义	符号	意义	符号	意义	符号	意义		
2	二极管	A	N 型，锗材料	P	一般管	D	低频大功率管（$<3\,\mathrm{MHz}$，$P_c^3 1\,\mathrm{W}$）	用数字表示器件序号	用汉语拼音字母表示规格的区别代号
		B	P 型，锗材料	V	微波管				
		C	N 型，硅材料	W	稳压管				
		D	P 型，硅材料	C	参量管	A	高频大功率管（$\geqslant 3\,\mathrm{MHz}$，$P_c^3 1\,\mathrm{W}$）		
3	晶体管	A	PNP 型，锗材料	Z	整流管				
		B	NPN 型，锗材料	L	整流堆				
		C	PNP 型，硅材料	S	隧道管	T	半导体闸流管（可控硅整流器）		
		D	NPN 型，硅材料	N	阻尼管				
		E	化合物材料	U	光电器件	Y	体效应器件		
				K	开关管	B	雪崩管		
				X	低频小功率管（$<3\,\mathrm{MHz}$，$P_c<1\,\mathrm{W}$）	J	阶跃复原管		
						CS	场效应器件		
						RT	半导体专门器件		
				G	高频小功率管（$\geqslant 3\,\mathrm{MHz}$，$P_c<1\,\mathrm{W}$）	FH	复合管		
						PIN	PIN 型管		
						JG	激光器件		

例如，锗材料 PNP 型低频大功率晶体管型号命名方法如图 2-6 所示；硅材料 NPN 型高频小功率晶体管型号命名方法如图 2-7 所示；N 型硅材料稳压二极管型号命名方法如图 2-8 所示。

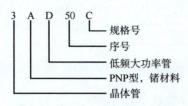

图 2-6　锗材料 PNP 型低频大功率晶体管型号命名方法

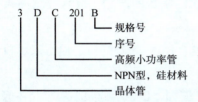

图 2-7　硅材料 NPN 型高频小功率
晶体管型号命名方法

图 2-8　N 型硅材料稳压
二极管型号命名方法

2）国际电子联合会半导体器件型号命名方法

国际电子联合会半导体器件型号命名方法如表 2-4 所示。

表 2-4　国际电子联合会半导体器件型号命名方法

第一部分：材料		第二部分：器件的类型和主要特性				第三部分：登记号		第四部分：对同一型号的某一参数进行分挡	
符号	意义	符号	意义	符号	意义	符号	意义	符号	意义
A	锗材料	A	检波、开关和混频二极管	M	封闭磁路中的霍尔元件	3位数字	通用半导体器件的登记号（同一类型器件使用同一登记号）	A B C D E ：	同一型号器件按某一参数进行分挡的标志
		B	变容二极管	P	光敏元件				
B	硅材料	C	低频小功率晶体管	Q	发光器件				
		D	低频大功率晶体管	R	小功率可控硅				
C	砷化镓	E	隧道二极管	S	小功率开关管				
		F	高频小功率晶体管	T	大功率可控硅	1个字母加2位数字	专用半导体器件的登记号（同一类型器件使用同一登记号）		
D	锑化铟	G	复合器件及其他器件	U	大功率开关管				
		H	磁敏二极管	X	倍增二极管				
R	复合材料	K	开放磁路中的霍尔元件	Y	整流二极管				
		L	高频大功率晶体管	Z	稳压二极管即齐纳二极管				

例如，锗材料高频小功率通用晶体管型号命名方法如图 2-9 所示

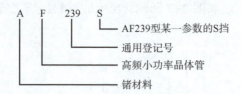

图 2-9　锗材料高频小功率通用晶体管型号命名方法

国际电子联合会半导体器件型号命名方法的特点如下。

（1）这种命名方法被欧洲许多国家采用，因此凡型号以两个字母开头，并且第一个字母是 A、B、C、D 或 R 的半导体管件，大都是由欧洲制造的产品，或是按欧洲某一厂家专利生产的产品。

（2）第一个字母表示材料（例如 A 表示锗材料，B 表示硅材料），但不表示极性（NPN 型或 PNP 型）。

（3）第二个字母表示器件的类型和主要特性。例如，C 表示低频小功率晶体管，D 表示低频大功率晶体管，F 表示高频小功率晶体管，L 表示高频大功率晶体管等。只要记住这些字母的意义，不查手册也可以判断出其类型。

（4）第三部分表示登记号。3 位数字者表示通用产品，1 个字母加 2 位数字者表示专用产品，序号相邻的两个型号的特性可能相差很大。例如，AC184 为 PNP 型，而 AC185 则为 NPN 型。

（5）第四部分表示对同一型号的某一参数（如 hFE 或 NF）进行分挡。

（6）型号中的符号均不反应器件的极性（指 NPN 型或 PNP 型），器件的极性需查阅手册或测量确定。

3）美国半导体器件型号命名方法

美国半导体器件或其他国家按美国专利生产的半导体器件的型号命名方法较混乱。美国电子工业协会（Electronic Industries Association，EIA）规定的半导体器件型号命名方法如表 2-5 所示。

表 2-5　美国电子工业协会规定的半导体器件型号命名方法

第一部分：用途的类型		第二部分：PN 结的数目		第三部分：EIA 注册标志		第四部分：EIA 登记号		第五部分：器件分挡	
符号	意义	符号	意义	符号	意义	符号	意义	符号	意义
JAN 或 J	军用品	1	二极管	N	该器件已在美国电子工业协会注册登记	多位数字	该器件在美国电子工业协会的登记号	A B C D ⋮	同一型号的不同挡位
		2	晶体管						
		3	3 个 PN 结器件						
无	非军用品	n	n 个 PN 结器件						

例如，军用注册晶体管型号命名方法如图 2-10 所示；非军用注册二极管型号命名方法如图 2-11 所示。

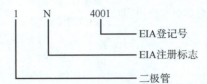

图 2-10　军用注册晶体管型号命名方法　　图 2-11　非军用注册二极管型号命名方法

美国电子工业协会规定的半导体器件型号命名方法的特点如下。

（1）该型号命名方法规定产生较早，未做过改进，型号内容很不完备。材料、极性、主要特性和类型在型号中不能反映出来。例如，"2N" 开头的既可能是一般晶体管，也可能是场效应管。因此，仍有一些厂家按自己规定的型号命名方法命名。

（2）组成型号的第一部分是前缀，第五部分是后缀，中间的 3 个部分为型号的基本部分。

（3）除去前缀以外，凡型号以 "1N""2N" 或 "3NLL" 开头的晶体管分立器件，大都是由美国制造或是按美国专利在其他国家制造的产品。

（4）第四部分数字只表示登记号，不含其他意义。因此，序号相邻的两器件，其特性可能相差很大。例如，2N3464 为硅 NPN 型高频大功率管，而 2N3465 为 N 沟道场效应管。

（5）不同厂家生产的性能基本一致的器件，都使用同一个登记号，同一型号中某些参数的差异常用后缀字母表示。因此，型号相同的器件可以通用。

（6）登记号大的通常是近期产品。

4）日本半导体器件型号命名方法

日本半导体器件（包括晶体管）或其他国家按日本专利生产的这类器件，都是按日本工业标准（Japanese Industrial Standards，JIS）规定的命名方法（JIS-C-702）命名的。

日本半导体器件的型号由 5~7 个部分组成，通常只用到前 5 个部分，如表 2-6 所示。第六、七部分的符号及意义通常是由各公司自行规定的，第六部分的符号表示特殊的用途及特性，第七部分的符号常被用来作为器件某个参数的分挡标志。

例如，日本收音机中常用的高频放大管命名方法如图 2-12 所示；日本夏普公司 GF-9494 收音机中用的小功率管命名方法如图 2-13 所示。

日本半导体器件型号命名方法的特点如下。

（1）第一部分是数字，表示器件的类型或有效电极数。例如，1 表示二极管，2 表示晶体管。屏蔽用的接地电极不是有效电极。

（2）第二部分均为字母 S，S 是日本电子工业协会（Electronic Industries Association of Japan，EIAJ）的注册标志。

（3）第三部分表示器件的极性和类型。例如，A 表示 PNP 型高频管，J 表示 P 沟道场效应管。但是，第三部分既不表示材料，也不表示功率的大小。

表 2-6　日本半导体器件型号命名方法

第一部分：器件的类型或有效电极数		第二部分：日本电子工业协会（EIAJ）的注册产品		第三部分：器件的极性及类型		第四部分：在日本电子工业协会（EIAJ）登记的顺序号		第五部分：对原先型号的改进产品	
符号	意义	符号	意义	符号	意义	符号	意义	符号	意义
0	光电（即光敏）二极管、晶体管及其组合管	S	表示已在 EIAJ 注册登记的半导体分立器件	A	PNP 型高频管	4位以上的数字	从 11 开始表示在 EIAJ 注册登记的顺序号，不同公司性能相同的器件能够使用同一顺序号，其数字越大越是近期产品	A B C D E F ：	表示对原先型号的改进产品
				B	PNP 型瓦频管				
1	二极管			C	PNP 型高频管				
				D	PNP 型高频管				
2	晶体管、具有 2 个以上 PN 结的其他晶体管			F	P 操纵极可控硅				
				G	N 操纵极可控硅				
3	具有 4 个有效电极或具有 3 个 PN 结的晶体管			H	N 基极单结晶体管				
				J	P 沟道场效应管				
$n-1$	具有 n 个有效电极或 $n-1$ 个 PN 结的晶体管			K	N 沟道场效应管				
				M	双向可控硅				

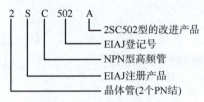

图 2-12　日本收音机中
常用的高频放大管命名方法

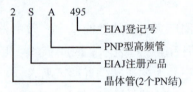

图 2-13　日本夏普公司 GF-9494
收音机中用的小功率管命名方法

（4）第四部分只表示在 EIAJ 登记的顺序号，并不反映器件的性能，顺序号相邻的两个器件的某一性能可能相差很远。例如，2SC2680 型器件的最大额定耗散功率为 200 mW，而 2SC2681 型器件的最大额定耗散功率为 100 W。但是，登记号能反映产品生产时间的先后。登记号的数字越大，越表示该产品为近期产品。

（5）第五部分表示对原先型号的改进。

（6）第六、七两部分的符号和意义各公司不完全相同。

（7）日本有些半导体分立器件的外壳上标记的型号，常采用简化标记的方法，即把"2S"省略。例如，2SD764 简化为 D764，2SC502A 简化为 C502A。

（8）在低频管（2SB 和 2SD 型）中，也有工作频率很高的晶体管。例如，2SD355 型器件的特征频率 f_T 为 100 MHz，所以它们也可作为高频管使用。

（9）日本通常把 $P_{cm} \geqslant 1$ W 的晶体管称为大功率管。

5）我国半导体集成电路型号命名方法

我国半导体集成电路型号命名方法如表 2-7 所示。

表 2-7　我国半导体集成电路型号命名方法

第一部分：器件符合国家标准		第二部分：器件的类型		第三部分：器件的系列和品种代号	第四部分：器件的工作温度范畴		第五部分：器件的封装	
符号	意义	符号	意义		符号	意义	符号	意义
C	中国制造	T	TTL		C	0~70 ℃	W	陶瓷扁平
		H	HTL		E	−40~85 ℃	B	塑料扁平
		E	ECL		R	−55~85 ℃	F	全封闭扁平
		C	CMOS		M	−55~125 ℃	D	陶瓷直插
		F	线性放大器				P	塑料直插
		D	音响、电视电路				J	黑陶瓷直插
		W	稳压器				K	金属菱形
		J	接口电路				T	金属圆形

半导体集成电路型号命名方法示例如图 2-14 所示。

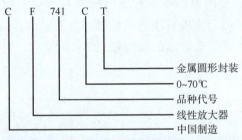

图 2-14　半导体集成电路型号命名方法示例

2.2　常用电子元器件的识别

1. 电阻

1）标称阻值

阻值是电阻的主要参数之一。不同类型的电阻，其阻值范围不同；不同精度的电阻，其阻值系列也不同。根据国家标准，常用的标称阻值系列如表 2-8 所示。E24、E12 和 E6 系列也适用于电位器和电容。

2）精度等级

电阻的精度等级如表 2-9 所示。

表 2-8　常用的标称阻值系列

标称阻值系列	精度	电阻/Ω							
E24	±5%	1.0 2.2 4.7	1.1 2.4 5.1	1.2 2.7 5.6	1.3 3.0 6.2	1.5 3.3 6.8	1.6 3.6 7.5	1.8 3.9 8.2	2.0 4.3 9.1
E12	±10%	1.0 3.3	1.2 3.9	1.5 4.7	1.8 5.6	2.2 6.8	2.7 8.2	—	—
E6	±20%	1.0	1.5	2.2	3.3	4.7	6.8	8.2	—

注: 表中数值再乘以 10^n 即为电阻值,其中 n 为正整数或负整数。

表 2-9　电阻的精度等级

允许误差/%	±0.001	±0.002	±0.005	±0.01	±0.02	±0.05	±0.1
等级符号	E	X	Y	H	U	W	B
允许误差/%	±0.2	±0.5	±1	±2	±5	±10	±20
等级符号	C	D	F	G	J(Ⅰ)	K(Ⅱ)	M(Ⅲ)

3)电阻的标志内容及方法

(1)文字符号直标法:用阿拉伯数字和字母两者有规律的组合来表示标称阻值、额定功率、允许误差等级等。字母前面的数字表示整数部分的阻值,后面的数字依次表示第一位小数阻值和第二位小数阻值。字母表示的单位如表 2-10 所示。例如,1R5 表示 1.5 Ω,2K7表示 2.7 kΩ。

表 2-10　字母表示的单位

字母	R	K	M	G	T
表示的单位	欧姆(Ω)	千欧姆(10^3 Ω)	兆欧姆(10^6 Ω)	吉欧姆(10^9 Ω)	太欧姆(10^{12} Ω)

文字符号直标法示例如图 2-15 所示,从图中可知,该电阻是精密金属膜电阻,额定功率为 1/8 W,标称阻值为 5.1 kΩ,允许误差为±10%。

(2)色标法:将电阻的类别及主要技术参数的数值用颜色(色环或色点)标注在它的外表面上,如图 2-16 所示。色标电阻(又称色环电阻)有三环、四环、五环 3 种标法,其含义如图 2-17 和图 2-18 所示。

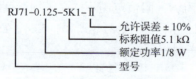

```
RJ71-0.125-5K1-Ⅱ
          │  │  └── 允许误差±10%
          │  └───── 标称阻值5.1 kΩ
          │──────── 额定功率1/8 W
          └──────── 型号
```

图 2-15　文字符号直标法示例

图 2-16　色标电阻

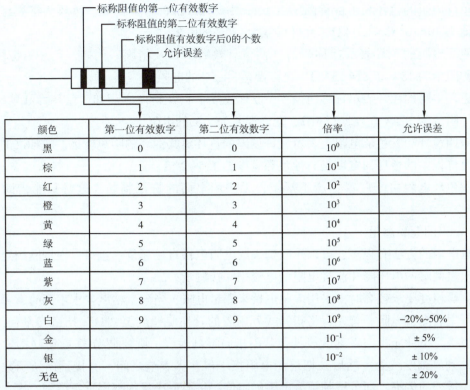

颜色	第一位有效数字	第二位有效数字	倍率	允许误差
黑	0	0	10^0	
棕	1	1	10^1	
红	2	2	10^2	
橙	3	3	10^3	
黄	4	4	10^4	
绿	5	5	10^5	
蓝	6	6	10^6	
紫	7	7	10^7	
灰	8	8	10^8	
白	9	9	10^9	$-20\%\sim50\%$
金			10^{-1}	$\pm5\%$
银			10^{-2}	$\pm10\%$
无色				$\pm20\%$

图 2-17　两位有效数字阻值的色标法

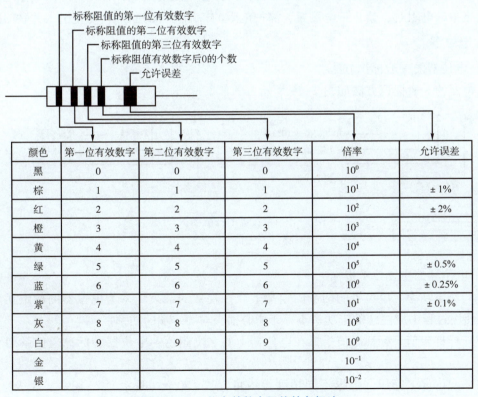

颜色	第一位有效数字	第二位有效数字	第三位有效数字	倍率	允许误差
黑	0	0	0	10^0	
棕	1	1	1	10^1	$\pm1\%$
红	2	2	2	10^2	$\pm2\%$
橙	3	3	3	10^3	
黄	4	4	4	10^4	
绿	5	5	5	10^5	$\pm0.5\%$
蓝	6	6	6	10^0	$\pm0.25\%$
紫	7	7	7	10^1	$\pm0.1\%$
灰	8	8	8	10^8	
白	9	9	9	10^0	
金				10^{-1}	
银				10^{-2}	

图 2-18　三位有效数字阻值的色标法

三色环电阻的色环表示标称阻值（允许误差均为±20%）。例如，色环为棕黑红，表示标称阻值为 $10×10^2$ Ω=1.0 kΩ、允许误差为±20%的电阻。

四色环电阻的色环表示标称阻值（两位有效数字）及精度。例如，色环为棕绿橙金，表示标称阻值为 $15×10^3$ Ω=15 kΩ、允许误差为±5%的电阻。

五色环电阻的色环表示标称阻值（3位有效数字）及精度。例如，色环为红紫绿黄棕，表示标称阻值为 $275×10^4$=2.75 MΩ、允许误差为±1%的电阻。

一般四色环和五色环电阻上表示允许误差的色环离其他环的距离较远。较标准的方式应是表示允许误差的色环的宽度是其他色环宽度的1.5~2倍。

有些色环电阻由于厂家生产不规范，无法用上面的特征判断，这时只能借助万用表判断。

4）电阻的简易测量

测量电阻的方法有很多，可以用欧姆表或电阻电桥直接测量；也可以根据欧姆定律，通过测量电阻两端的电压降和流过电阻的电流来间接测量。

当测量精度要求较高时，采用电阻电桥来测量电阻；当测量精度要求不高时，可直接用指针式万用表测量电阻。首先，将指针式万用表的转换旋钮旋至"Ω"挡适当量程，将红、黑表笔短接，指针应指向零刻度线处；若不指向零刻度线，则要调节 Ω 旋钮（即零点调整电位器）到零刻度线处。然后，把被测电阻接于红、黑表笔之间，直接读出所示数值，再乘以所选量程的倍率，即可得到被测电阻的阻值。每换一次量程都要重新调零一次。

应特别注意，在测量电阻时，双手不能同时捏住电阻的两端，否则将导入人体电阻。在测量电路中的电阻时，禁止带电测量，需把电阻的一端与电路断开，防止引入并联回路。

2. 电位器

1）电位器的一般标识方法

电位器的一般标识方法如图2-19所示。

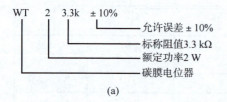
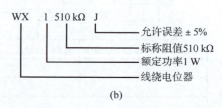

(a)   (b)

图2-19 电位器的一般标识方法

（a）方法一；（b）方法二

2）电位器的主要技术指标

（1）额定功率。电位器的两个固定端上允许耗散的最大功率为电位器的额定功率。电位器在使用过程中应注意额定功率不等于中心抽头与固定端的功率。

（2）标称阻值。标称阻值指标在电位器上的名义阻值。电位器的标称阻值系列与电阻的类似。

（3）允许误差等级。根据不同精度等级可允许±20%（Ⅲ级）、±10%（Ⅱ级）、±5%（Ⅰ级）、±2%（02或0级）、±1%（01或00级）的误差，精密电位器的精度可达0.1%。

（4）阻值变化规律是指阻值与滑动片触点旋转角度（或滑动行程）之间的变化关系。这种变化关系可以是任何函数形式，常用的有直线式、对数式和指数式（反转对数式）。

在使用过程中，直线式电位器适合作为分压器；指数式（反转对数式）电位器适用于音响电路音调控制，维修时若找不到同类产品，可用直线式电位器代替，但不宜用对数式电位器代替；对数式电位器只适用于收音机、录音机、电视机等中的音量控制等。

3. 电容

1）电容的标识方法

（1）直标法。电容单位有：F（法拉）、μF（微法）、nF（纳法）和 pF（皮法或微微法），它们之间的关系如下：

$$1\ F = 10^6\ \mu F = 10^{12}\ pF,\ 1\ \mu F = 10^3\ nF = 10^6\ pF,\ 1\ nF = 10^3\ pF$$

4n7 表示 4.7 nF 或 4 700 pF。有时用大于 1 的两位以上的数字表示单位为 pF 的电容，例如 100 表示 100 pF；用小于 1 的数字表示单位为 μF 的电容，例如 0.1 表示 0.1 μF。

（2）数码表示法。一般用三位数字来表示电容容量的大小（单位为 pF），其中前两位为有效数字，后一位表示位率，即乘以 10^i，i 为第三位数字。若第三位数字为 9，则乘以 10^{-1}。数字之后的字母表示允许误差。例如，223J 代表 22×10^3 pF = 22 000 pF = 0.022 μF、允许误差为 ±10% 的电容；又如，479K 表示容量为 47×10^{-1} pF = 4.7 pF、允许误差为 ±5% 的电容。这种表示方法最为常见。

（3）色码表示法。这种表示方法与电阻的色标法类似，颜色涂于电容的一端或从顶端向引脚排列。色码一般只有三种颜色，前两环表示有效数字，第三环表示位率，单位为 pF。前两环颜色相同时，如红红橙，可将两个红色环涂成一个宽的红色环，表示 22 000 pF。

2）电容的简易判别

用指针式万用表的欧姆挡可简单地测出电解电容的优劣，粗略地辨别其漏电、容量衰减或失效的情况。

具体方法：根据电容的容量来选择欧姆挡的倍率，一般选用"R×1k"挡或"R×100"挡。将黑表笔接电容正极，红表笔接电容负极，若指针摆动大且返回慢，返回位置接近，说明该电容正常，且电容量大；若指针摆动大，但返回时显示的欧姆值较小，说明该电容的漏电流较大；若指针摆动大，接近于 ∞ 刻度线且不返回，说明该电容已被击穿；若指针不摆动，说明该电容开路，电容失效。

电解电容具有极性，所以在电子电路中使用时，正、负极不能接错。若电容的正、负极接反，电解作用会反向进行，氧化膜很快变薄，漏电流急剧增加；如果所加直流电压过大，则电容会发热，甚至发生爆炸。还可利用上述办法，根据电容正向连接时漏电电阻大、反向连接时漏电电阻小的特点来进行极性的判别。

该方法也适用于辨别其他类型的电容。如果需要再次对电容进行测量，必须将其放电后才能进行。如果要求精确测量，可以采用交流电桥和高频 Q 表来测量。

4. 二极管的识别

二极管可以利用指针式万用表的欧姆挡来作简单的判别。根据二极管正向连接时导通电阻小、反向连接时截止的原理，可简单判断二极管的好坏和极性。

具体方法是：将指针式万用表的欧姆挡置于"R×100"挡或"R×1k"挡，两表笔分别接触二极管的两端，测出一个结果后，用红、黑表笔反过来再次接触二极管两端，再测出一个结果，若两次指针指示的阻值相差很大，说明二极管单向导电性好，并且阻值小（几十欧左右）的那次黑表笔所接的一端为二极管的正极；若两次指针指示的阻值相差很小，说明二极管失去单向导电性；若两次指针指示的阻值均很大，则说明二极管开路。

5. 晶体管的识别

1）判断基极 B 和晶体管的类型

将指针式万用表欧姆挡置于"R×100"挡或"R×1k"挡。先假设晶体管的某一引脚为基极 B，并将黑表笔接在假设的基极上，再将红表笔先后接到其余两只引脚上。如果两次测得的阻值都很小（或者都很大），为几百欧姆（或者为几千欧姆至几十千欧姆），而对换表笔后两次测得的阻值都很大（或者都很小），则可以确定假设的基极 B 是真正的基极 B，假设是正确的。如果两次测得的阻值一大一小，则可以肯定原假设的基极 B 是错误的，这时重新假设另外的一只引脚为基极 B，再重复上述的测试，直到找出真正的基极 B。

当基极 B 确定以后，晶体管的类型即可确定下来。用黑表笔确定基极 B 时，两次测得的阻值都很小，那么晶体管的类型为 NPN 型，反之则为 PNP 型。

2）判断集电极 C

如果晶体管的类型是 NPN 型，那么可用黑表笔确定集电极 C。在三只引脚中任意假设一只引脚为集电极 C，把黑表笔接到假设的集电极 C 上，红表笔接到假设的发射极 E 上，并用手捏住基极 B 和集电极 C（不能使基极 B 和集电极 C 直接接触），通过人体或外接电阻读出指针所示集电极 C、发射极 E 间的阻值，然后将红、黑表笔反接重测。若第一次测得的电阻比第二次测得的电阻小，说明原假设成立，黑表笔所接的为晶体管的集电极 C，红表笔所接的为晶体管的发射极 E。因为集电极 C、发射极 E 间的阻值小，通过指针式万用表的电流大，PN 结正向偏置。

还可以根据已测得晶体管的结构、基极 B，再调节转换旋钮到"hFE"挡，选择对应的插孔，把基极 B 对应的引脚插入，另外两只引脚分别插入发射极 E 和集电极 C 插孔，读数，然后对调两只引脚再读数，选取两次测量的阻值中较大的一个，确定为对应发射极 E 和集电极 C。因此，可以测得晶体管的 β 值和确定发射极 E、基极 B、集电极 C 所对应的引脚。

第二篇

基础性实验

第3章 电路实验

实验一 基本电工仪表的使用及测量误差的计算

一、实验目的

（1）熟悉实验台上各类电源及各类测量仪表的布局和使用方法。

（2）掌握指针式电压表、电流表内阻的测量方法。

（3）熟悉电工仪表测量误差的计算方法。

二、实验原理

为了准确地测量电路中实际的电压和电流，必须保证仪表接入电路后不会改变被测电路的工作状态。这就要求电压表的内阻为无穷大，电流表的内阻为零。而实际使用的指针式仪表都不能满足上述要求，因为当测量仪表一旦接入电路，就会改变电路原有的工作状态，这就导致仪表的读数值与电路原有的实际值之间出现误差。误差的大小与仪表本身内阻的大小密切相关。只要测出仪表的内阻，即可计算出由其产生的测量误差。以下介绍几种测量指针式仪表内阻的方法。

1. 用"分流法"测量电流表的内阻

如图3-1所示，Ⓐ 为被测内阻（R_A）的直流电流表。测量时先断开开关S，调节电流源的输出电流 I 使电流表指针满偏转。然后合上开关S，并保持 I 值不变，调节电阻箱 R_B 的阻值，使电流表的指针指在1/2满偏转位置，此时有

$$I_A = I_S = I/2$$

所以

$$R_A = R_B /\!/ R_1$$

式中，R_1 为固定电阻的阻值，R_B 可由电阻箱上的刻度盘读得。

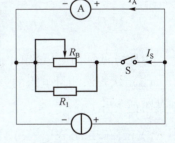

图3-1 可调电流源

2. 用"分压法"测量电压表的内阻

如图3-2所示，Ⓥ 为被测内阻（R_V）的电压表。测量时先将开关S闭合，调节直流稳压源的输出电压，使电压表的指针为满偏转。然后断开开关S，调节 R_B 使电压表的指示值减半。

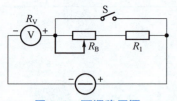

图 3-2　可调稳压源

此时有

$$R_V = R_B + R_1$$

电压表的灵敏度为

$$S = R_V / U \; (\Omega / V)$$

式中，U 为电压表满偏时的电压值。

3. 仪表内阻引起的测量误差的计算

（1）以图 3-3 所示电路为例，R_1 上的电压为 $U_{R_1} = \dfrac{R_1}{R_1 + R_2} U$，若 $R_1 = R_2$，则 $U_{R_1} = \dfrac{1}{2} U$。

现用一内阻为 R_V 的电压表来测量 U_{R_1}，当 $R_V R_1$ 并联后，$R_{AB} = \dfrac{R_V R_1}{R_V + R_1}$，以此来替代上式中的

R_1，则得 $U'_{R_1} = \dfrac{\dfrac{R_V R_1}{R_V + R_1}}{\dfrac{R_V + R_1}{R_V R_1} + R_2} U$。

绝对误差为

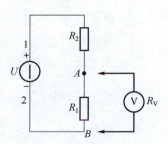

图 3-3　测量误差的计算

$$\Delta U = U'_{R1} - U_{R1} = U \left(\dfrac{\dfrac{R_V R_1}{R_V + R_1}}{\dfrac{R_V R_1}{R_1 + R_2} \cdot \dfrac{1}{R_V + R_1}} - \dfrac{R_1}{\dfrac{R_1}{R_V + R_1} + R_2} \right)$$

化简后得

$$\Delta U = \dfrac{-R_1^2 R_2 U}{R_V (R_1^2 + 2R_1 R_2 + R_2^2) + R_1 R_2 (R_1 + R_2)}$$

若 $R_1 = R_2 = R_V$，则得

$$\Delta U = -\dfrac{U}{6}$$

相对误差为

$$\Delta U\% = \dfrac{U'_{R_1} - U_{R_1}}{U_{R_1}} \times 100\% = \dfrac{-U/6}{U/2} \times 100\% = -33.3\%$$

由此可见，当电压表的内阻与被测电路的电阻相近时，测量的误差是非常大的。

（2）伏安法测量电阻的原理：测出流过被测电阻 R_X 的电流 I_R 及其两端的电压降 U_R，则其阻值 $R_X = U_R / I_R$。实际测量时，有两种测量电路，即相对于电源而言，电流表 Ⓐ（内阻为 R_A）接在电压表 Ⓥ（内阻为 R_V）的内侧，或接在电压表 Ⓥ 的外测。两种电路如图 3-4（a）（b）所示。

由图 3-4（a）可知，只有当 $R_X \ll R_V$ 时，R_V 的分流作用才可忽略不计，电流表 Ⓐ 的读数接近于实际流过 R_X 的电流值。图 3-4（a）的接法称为电流表的内接法。

由图 3-4（b）可知，只有当 $R_X \gg R_A$ 时，R_A 的分压作用才可忽略不计，电压表 Ⓥ 的读

数接近于 R_X 两端的电压值。图 3-4（b）的接法称为电流表的外接法。

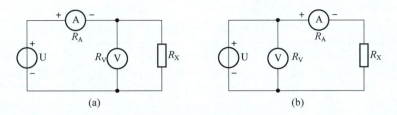

图 3-4　伏安法测电阻

（a）内接法；（b）外接法

实际应用时，应根据不同情况选用合适的测量电路，这样才能获得较准确的测量结果。以下举一实例。

在图 3-4 中，设 $U=20\,V$，$R_A=100\,\Omega$，$R_V=20\,k\Omega$。假定 R_X 的实际值为 $10\,k\Omega$。

如果采用图 3-4（a）测量，经计算，Ⓐ Ⓥ的读数分别为 $2.96\,mA$ 和 $19.73\,V$，故 $R_X=19.73/2.96=6.667\,k\Omega$，相对误差为 $(6.667-10)/10\times100\%=-33.3\%$。

如果采用图 3-4（b）测量，经计算，Ⓐ Ⓥ的读数分别为 $1.98\,mA$ 和 $20\,V$，故 $R_X=20/1.98=10.1\,k\Omega$，相对误差为 $(10.1-10)/10\times100\%=1\%$。

三、实验设备与器件

（1）0~30 V 二路可调直流稳压电源。

（2）0~200 mA 可调直流恒流源。

（3）万用表。

（4）可调电阻箱。

（5）电阻。

四、实验内容

（1）根据"分流法"原理测定指针式万用表（MF-47 型或其他型号）直流电流 0.5 mA 和 5 mA 挡量程的内阻，电路如图 3-1 所示。R_B 可选用 DGJ-05 中的电阻箱（下同），将测量数据填入表 3-1。

表 3-1　测量数据 1

被测电流表量程	S 断开时表的读数（mA）	S 闭合时表的读数（mA）	R_B（Ω）	R_1（Ω）	计算内阻 R_A（Ω）
0.5 mA					
5 mA					

（2）根据"分压法"原理按图 3-2 接线，测定指针式万用表直流电压 2.5 V 和 10 V 挡量程的内阻，将测量数据填入表 3-2。

表 3-2　测量数据 2

被测电压表量程	S 闭合时表的读数（V）	S 断开时表的读数（V）	R_B（kΩ）	R_1（kΩ）	计算内阻R_V（kΩ）	S（Ω/V）
2.5 V						
10 V						

（3）用指针式万用表直流电压 10 V 挡量程测量图 3-3 所示电路中 R_1 上的电压 U'_{R_1} 的值，并计算测量的绝对误差与相对误差，将数据填入表 3-3。

表 3-3　测量数据 3

U	R_2	R_1	R_{10V}（kΩ）	计算值 U_{R_1}（V）	实测值 U'_{R_1}（V）	绝对误差ΔU	相对误差（$\Delta U/U$）×100%
12 V	10 kΩ	50 kΩ					

五、实验注意事项

（1）在开启直流稳压电源的电源开关前，应将两路电压源的输出调节旋钮调至最小（逆时针旋到底），并将恒流源的输出粗调旋钮调至 2 mA 挡，输出细调旋钮应调至最小。接通电源后，再根据需要缓慢调节。

（2）当恒流源输出端接有负载时，如果需要将其粗调旋钮由低挡位向高挡位切换时，必须先将其细调旋钮调至最小，否则输出电流会突增，可能会损坏外接器件。

（3）电压表应与被测电路并联，电流表应与被测电路串联，并且都要注意正、负极性与量程的合理选择。

（4）实验内容（1）（2）中，R_1 的取值应与 R_B 相近。

（5）本实验仅测试指针式仪表的内阻。由于所选指针式仪表的型号不同，故本实验中所列的电流、电压量程及选用的 R_B、R_1 等均会不同。实验时应按选定的表型自行确定。

六、预习要求

（1）根据实验内容（1）和（2），若已求出 0.5 mA 挡和 2.5 V 挡的内阻，可否直接计算出 5 mA 挡和 10 V 挡的内阻？

（2）用量程为 10 A 的电流表测实际值为 8 A 的电流时，电流表实际读数为 8.1 A，求测量的绝对误差和相对误差。

七、实验报告

（1）列表记录实验数据，并计算各被测仪表的内阻。

（2）分析实验结果，总结应用场合。

（3）解答预习要求中的问题。

（4）总结心得体会及其他。

实验二　电路元件伏安特性的测试

一、实验目的

（1）学会识别常用电路元件的方法。
（2）掌握线性电阻、非线性电阻元件伏安特性曲线的测绘。
（3）掌握实验台上直流电工仪表和设备的使用方法。

二、实验原理

任何一个二端元件的特性可用该元件上的端电压 U 与通过该元件的电流 I 之间的函数关系 $I=f(U)$ 来表示，即用 I–U 平面上的一条曲线来表征，这条曲线称为该元件的伏安特性曲线。

（1）线性电阻的伏安特性曲线是一条通过坐标原点的直线，如图 3–5 中的曲线 a 所示，该直线的斜率等于该电阻的阻值。

（2）一般的白炽灯在工作时灯丝处于高温状态，其灯丝电阻随着温度的升高而增大，通过白炽灯的电流越大，其温度越高，阻值也越大，一般白炽灯的"冷电阻"与"热电阻"的阻值可相差几倍至十几倍，所以它的伏安特性曲线如图 3–5 中的曲线 b 所示。

（3）一般的半导体二极管是一个非线性电阻元件，其伏安特性曲线如图 3–5 中的曲线 c 所示。其正向压降很小（一般的锗管为 0.2~0.3 V，硅管为 0.5~0.7 V），正向电流随正向压降的升高而急骤上升，而当反向电压从零一直增加到十几伏至几十伏时，其反向电流增加得很慢，粗略地可视为零。可见，二极管具有单向导电性，但当其反向电压增加得过快，超过管子的极限值时，会导致管子被击穿而损坏。

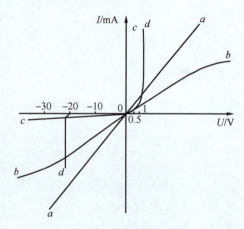

图 3–5　伏安特性曲线

（4）稳压二极管（简称稳压管）是一种特殊的半导体二极管，其正向特性与普通二极管类似，但其反向特性较特别，如图 3–5 中的曲线 d 所示。在反向电压开始增加时，其反向电流几乎为零，但当反向电压增加到某一数值时（称为管子的稳压值，有各种不同稳压值的稳压管）电流将突然增加，以后它的端电压将基本维持恒定，当外加的反向电压继续升高时，其端电压仅有少量增加。

> **注意：**
> 流过二极管或稳压管的电流不能超过管子的极限值，否则管子会被烧坏。

三、实验设备与器件

（1）可调直流稳压电源。
（2）直流数字毫安表。
（3）直流数字电压表。
（4）线性电阻。
（5）万用表。
（6）二极管。
（7）稳压管。
（8）白炽灯。

四、实验内容

1. 测定线性电阻的伏安特性

按图 3-6 所示电路接线，调节直流稳压电源的输出电压 U，从 0 V 开始缓慢地增加，一直到 10 V，记下相应的电压表和电流表的读数 U_R、I，并填入表 3-4。

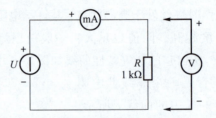

图 3-6　测定线性电阻的伏安特性

表 3-4　测量数据 1

U_R（V）	0	2	4	6	8	10
I（mA）						

2. 测定非线性白炽灯的伏安特性

将图 3-6 中的 R 换成一只 12 V、0.1 A 的白炽灯，重复实验内容 1 中的操作，将测量数据填入表 3-5。U_L 为灯泡的端电压。

表 3-5　测量数据 2

U_L（V）	0.1	0.5	1	2	3	4	5
I（mA）							

3. 测定半导体二极管的伏安特性

按图 3-7 所示电路接线，R 为限流电阻。测二极管的正向特性时，其正向电流不得超过 35 mA，二极管的正向施压 U_{D+} 可在 0~0.75 V 范围内取值。在 0.5~0.75 V 范围内应多取几个测量点，将测量结果填入表 3-6。测二极管的反向特性时，只需将图 3-7 中的二极管 VD

反接，且其反向施压 U_{D-} 可达 30 V，将测量数据填入表 3-7。

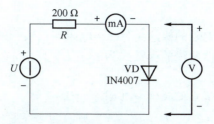

图 3-7　测定半导体二极管的伏安特性

表 3-6　测量数据 3

U_{D+}（V）	0.10	0.30	0.50	0.55	0.60	0.65	0.70	0.75
I（mA）								

表 3-7　测量数据 4

U_{D-}（V）	0	−5	−10	−15	−20	−25	−30
I（mA）							

4. 测定稳压管的伏安特性

（1）稳压管正向特性实验：将图 3-7 中的二极管换成稳压管 2CW51，重复实验内容 3 中的正向特性测量，将测量数据填入表 3-8。U_{Z+} 为稳压管的正向施压。

表 3-8　测量数据 5

U_{Z+}（V）						
I（mA）						

（2）稳压管反向特性实验：将图 3-7 中的 R 换成 1 kΩ 的电阻，稳压管反接，测量稳压管的反向特性。直流稳压电源的输出电压 U_o 为 0～20 V，测量稳压管二端的电压 U_{Z-} 及电流 I，由 U_{Z-} 可看出其稳压特性，将测量数据填入表 3-9。

表 3-9　测量数据 6

U_o（V）						
U_{Z-}（V）						
I（mA）						

五、实验注意事项

（1）测二极管正向特性时，直流稳压电源的输出应由小至大逐渐增加，应时刻注意电流表读数不得超过 35 mA。

（2）进行不同实验时，应先估算电压和电流值，合理选择仪表的量程，勿使仪表超量程，仪表的极性亦不可接错。

六、预习要求

（1）线性电阻与非线性电阻的概念是什么？电阻与二极管的伏安特性曲线有何区别？

（2）设某器件的伏安特性曲线的函数式为 $I=f(U)$，试问在逐点绘制曲线时，其坐标变量应如何放置？

（3）稳压管与普通二极管有何区别？其用途如何？

（4）在图 3-7 中，设 $U=2\,\text{V}$，$U_{D+}=0.7\,\text{V}$，则直流数字毫安表的读数为多少？

七、实验报告

（1）根据各实验数据，分别在坐标纸上绘制出光滑的伏安特性曲线（其中二极管和稳压管的正、反向特性均要求画在同一张方格纸中，正、反向电压可取为不同的比例尺）。

（2）根据实验结果，总结、归纳被测各元件的特性。

（3）必要的误差分析。

（4）总结心得体会及其他。

实验三　基尔霍夫定律的验证

一、实验目的

（1）验证基尔霍夫定律的正确性，加深对基尔霍夫定律的理解。

（2）学会用电流插头、插座测量各支路电流。

二、实验原理

基尔霍夫定律是电路的基本定律。测量某电路的各支路电流及每个元件两端的电压，应能分别满足基尔霍夫电流定律（KCL）和基尔霍夫电压定律（KVL）。也就是说，对电路中的任一个节点而言，应有 $\sum I=0$；对任何一个闭合回路而言，应有 $\sum U=0$。

运用上述定律时必须注意各支路或闭合回路中电流的正方向，此方向可预先任意设定。

三、实验设备与器件

（1）可调直流稳压电源。

（2）直流数字毫安表。

（3）直流数字电压表。

（4）线性电阻。

（5）万用表。

（6）二极管。

（7）稳压管。

（8）白炽灯。

四、实验内容

实验电路如图 3-8 所示，采用 DGJ-03 挂箱的"基尔霍夫定律/叠加原理"电路。

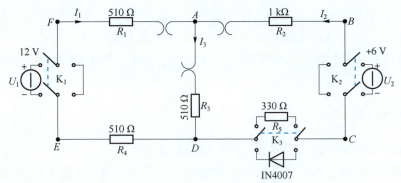

图 3-8　实验电路

（1）实验前先任意设定 3 条支路和 3 个闭合回路的电流正方向。图 3-8 中的 I_1、I_2、I_3 的方向已设定。3 个闭合回路的电流正方向可设为 ADEFA、BADCB 和 FBCEF。

（2）分别将两路直流可调稳压电源接入电路，令 $U_1 = 12$ V，$U_2 = 6$ V。

（3）熟悉电流插头的结构，将电流插头的两端接至自流数字毫安表的"+""−"两端。

（4）将电流插头分别插入 3 条支路的 3 个电流插座中，读出并记录电流值，填入表 3-10。

（5）用直流数字电压表分别测量两路电源及电阻元件上的电压值，填入表 3-10。

表 3-10　测量数据

被测量	I_1 （mA）	I_2 （mA）	I_3 （mA）	U_1 （V）	U_2 （V）	U_{FA} （V）	U_{AB} （V）	U_{AD} （V）	U_{CD} （V）	U_{DE} （V）
计算值										
测量值										
相对误差										

五、实验注意事项

（1）用电流插头测量各支路电流，或者用电压表测量电压降时，应注意仪表的极性，正确判断测得值的"+""−"号后，填入数据表格，但需用到电流插座。

（2）所有需要测量的电压值，均以电压表测量的读数为准。U_1、U_2 也需测量，不应取电源本身的显示值。

（3）防止可调直流稳压电源两个输出端碰线短路。

（4）用指针式电压表或电流表测量电压或电流时，如果仪表指针反偏，则必须调换仪表极性，重新测量。此时仪表指针正偏，可读得电压或电流值。若用数显电压表或电流表测量，则可直接读出电压或电流值。但应注意：所读得的电压或电流值的"+""−"应根据设定的电流参考方向来判断。

六、预习要求

（1）根据图 3-8 的电路参数，计算出待测的电流 I_1、I_2、I_3 和各电阻上的电压值，填入表 3-10，以便实验测量时，可正确选定直流数字毫安表和直流数字电压表的量程。

（2）实验中，若用指针式万用表的直流毫安挡测各支路电流，在什么情况下可能出现指针反偏？应如何处理？在记录数据时应注意什么？若用直流数字毫安表进行测量，则会有什么显示呢？

七、实验报告

（1）根据实验数据，选定节点 A，验证 KCL 的正确性。
（2）根据实验数据，选定实验电路中的任何一个闭合回路，验证 KVL 的正确性。
（3）将支路和闭合回路的电流方向重新设定，重复（1）（2）的验证。
（4）误差原因分析。
（5）总结心得体会及其他。

实验四　叠加原理的验证

一、实验目的

验证线性电路叠加原理的正确性，加深对线性电路的叠加性和齐次性的认识和理解。

二、实验原理

叠加原理：在有多个独立源共同作用下的线性电路中，通过每一个元件的电流或其两端的电压，可以看成是由每一个独立源单独作用时在该元件上所产生的电流或电压的代数和。

线性电路的齐次性：当激励信号（某独立源的值）增加或减小 k 倍时，电路的响应（即在电路中各电阻元件上所建立的电流和电压值）也将增加或减小 k 倍。

三、实验设备与器件

（1）直流可调稳压电源。
（2）直流数字电压表。
（3）直流数字毫安表。
（4）叠加原理实验电路板。
（5）万用表。

四、实验内容

实验电路同实验三的图 3-8，采用 DGJ-03 挂箱的"基尔夫定律/叠加原理"电路。

（1）将两路稳压源的输出分别调节为 12 V 和 6 V，接入 U_1 和 U_2 处。

（2）令 U_1 单独作用（将开关 K_1 掷向 U_1 侧，开关 K_2 掷向短路侧）。用直流数字电压表和直流数字毫安表（接电流插头）测量各支路电流及各电阻元件两端的电压，数据填入表 3-11。

（3）令 U_2 单独作用（将开关 K_1 掷向短路侧，开关 K_2 掷向 U_2 侧），重复实验内容（2）的测量和记录，数据填入表 3-11。

（4）令 U_1 和 U_2 共同作用（开关 K_1 和 K_2 分别掷向 U_1 和 U_2 侧），重复上述测量和记录，数据填入表 3-11。

（5）将 U_2 的数值调至 +12 V，重复上述实验内容（3）的测量并记录，数据填入表 3-11。

表 3-11　测量数据 1

实验内容	测量项目									
	U_1 (V)	U_2 (V)	I_1 (mA)	I_2 (mA)	I_3 (mA)	U_{AB} (V)	U_{CD} (V)	U_{AD} (V)	U_{DE} (V)	U_{FA} (V)
U_1 单独作用										
U_2 单独作用										
U_1、U_2 共同作用										
$2U_2$ 单独作用										

（6）将 R_5（330 Ω）换成二极管 IN4007（即将开关 K_3 掷向 IN4007 侧），重复实验内容（1）～（5）的测量过程，数据填入表 3-12。

（7）任意按下某个故障设置按键，重复实验内容（4）的测量和记录，再根据测量数据判断出故障的性质。

表 3-12　测量数据 2

实验内容	测量项目									
	U_1 (V)	U_2 (V)	I_1 (mA)	I_2 (mA)	I_3 (mA)	U_{AB} (V)	U_{CD} (V)	U_{AD} (V)	U_{DE} (V)	U_{FA} (V)
U_1 单独作用										
U_2 单独作用										
U_1、U_2 共同作用										
$2U_2$ 单独作用										

五、实验注意事项

（1）同实验三的实验注意事项（1）。

（2）注意仪表量程的及时更换。

六、预习要求

（1）在叠加原理实验中，要令 U_1、U_2 分别单独作用，应如何操作？可否直接将不作用的电源（U_1 或 U_2）短接置零？

（2）实验电路中，若有一只电阻改为二极管，试问叠加原理的叠加性与齐次性还成立吗？为什么？

七、实验报告

（1）根据实验数据表格，进行分析、比较，归纳、总结实验结论，即验证线性电路的叠加性与齐次性。

（2）各电阻所消耗的功率能否用叠加原理计算得出？试用上述实验数据，进行计算并作结论。

（3）通过实验内容（6）及分析表格 3-12 的数据，你能得出什么样的结论？

（4）总结心得体会及其他。

实验五　电压源与电流源的等效变换

一、实验目的

（1）掌握电源外特性的测试方法。

（2）验证电压源与电流源等效变换的条件。

二、实验原理

（1）一个直流稳压电源在一定的电流范围内，具有很小的内阻。因此，在实用中，常将它视为一个理想的电压源，即其输出电压不随负载电流而变。其外特性曲线，即其伏安特性曲线 $U = f(I)$ 是一条平行于 I 轴的直线。一个实用中的恒流源在一定的电压范围内，可视为一个理想的电流源。

（2）一个实际的电压源（或电流源），其端电压（或输出电流）不可能不随负载而变，因为它具有一定的内阻。因此，在实验中，用一个小阻值的电阻（或大电阻）与稳压源（或恒流源）相串联（或并联）来模拟一个实际的电压源（或电流源）。

（3）一个实际的电源，就其外特性而言，既可以看作一个电压源，又可以作一个电流源。若将其视为电压源，则可用一个理想的电压源 U_S 与一个电阻 R_0 相串联来表示；若将其视为电流源，则可用一个理想电流源 I_S 与一电导 g_0 相并联来表示。如果这两个电源能向同样大小的负载提供同样大小的电流和端电压，则称这两个电源是等效的，即具有相同的外特性。

一个电压源与一个电流源等效变换的条件为 $I_S = U_S / R_0$，$g_0 = 1/R_0$　或　$U_S = I_S R_0$，$R_0 = 1/g_0$，如图 3-9 所示。

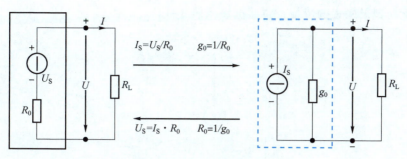

图 3-9   等效变换的条件

三、实验设备与器件

（1）直流可调稳压电源。
（2）可调直流恒流源。
（3）直流数字电压表。
（4）直流数字毫安表。
（5）可调电阻箱。
（6）万用表。
（7）电阻。

四、实验内容

1. 测定直流稳压电源与实际电压源的外特性

（1）按图 3-10 所示电路接线。U_S 为 +6 V 直流稳压电源。调节 R_2，令其阻值由大至小变化，记录两表的读数，将数据填入表 3-13。

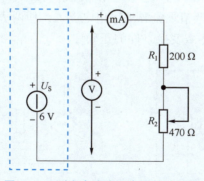

图 3-10   测定直流稳压电源的外特性

表 3-13   测量数据 1

U（V）						
I（mA）						

（2）按图 3-11 所示电路接线，虚线框可模拟成一个实际的电压源。调节 R_2，令其阻值

由大至小变化，记录两表的读数，将数据填入表 3-14。

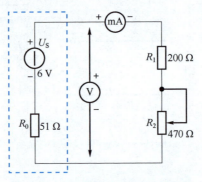

图 3-11 测定实际电压源的外特性

表 3-14 测量数据 2

U（V）							
I（mA）							

2. 测定电流源的外特性

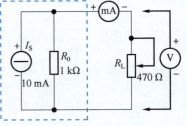

按图 3-12 所示电路接线，I_S 为直流恒流源，调节其输出为 10 mA，令 R_0 分别为 1 kΩ 和 ∞（即接入和断开），调节电位器 R_L（0~470 Ω），测出这两种情况下的电压表和电流表的读数。自拟数据表格，记录实验数据。

3. 测定电源等效变换的条件

先按图 3-13（a）所示电路接线，记录电路中两表的读数；然后利用图 3-13（a）中的元件和仪表，按

图 3-12 测定电流源的外特性

图 3-13（b）所示电路接线。调节恒流源的输出电流 I_S，使两表的读数与图 3-13（a）的数值相等，记录 I_S 的值，验证等效变换条件的正确性。

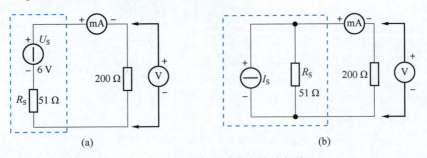

图 3-13 测定电源等效变换的条件

五、实验注意事项

（1）在测电压源的外特性时，不要忘记测空载时的电压值；在测电流源的外特性时，不要忘记测短路时的电流值。

（2）改接电路时，必须关闭电源开关。

（3）直流仪表的接入应注意极性与量程。

六、预习要求

电压源与电流源的外特性为什么呈下降变化趋势？稳压源和恒流源的输出在任何负载下是否保持恒值？

七、实验报告

（1）根据实验数据绘出电源的 4 条外特性曲线，并总结、归纳各类电源的特性。

（2）从实验结果，验证电源等效变换条件的正确性。

（3）总结心得体会及其他。

| 实验六 | 戴维南定理和诺顿定理的验证——有源二端网络等效参数的测定 |

一、实验目的

（1）验证戴维南定理和诺顿定理的正确性，加深对这两条定理的理解。

（2）掌握测量有源二端网络等效参数的一般方法。

二、实验原理

1. 戴维南定理和诺顿定理

任何一个线性含源网络，如果仅研究其中一条支路的电压和电流，则可将电路的其余部分看作一个有源二端网络（或称为含源一端网络）。

戴维南定理指出：任何一个线性有源网络，总可以用一个电压源与一只电阻的串联来等效代替，此电压源的电动势 U_S 等于这个有源二端网络的开路电压 U_{oc}，其等效内阻 R_0 等于该网络中所有独立源均置零（理想电压源视为短接，理想电流源视为开路）时的等效电阻。

诺顿定理指出：任何一个线性有源网络，总可以用一个电流源与一只电阻的并联来等效代替，此电流源的电流 I_S 等于这个有源二端网络的短路电流 I_{sc}，其等效内阻 R_0 的定义同戴维南定理。

$U_{oc}(U_S)$ 和 R_0 或 $I_{sc}(I_S)$ 和 R_0 称为有源二端网络的等效参数。

2. 有源二端网络等效参数的测量方法

1）开路电压、短路电流法测 R_0

在有源二端网络的输出端开路时，用电压表直接测其输出端的开路电压 U_{oc}，然后将其输出端短路，用电流表测其短路电流 I_{sc}，则等效内阻为

$$R_0 = \frac{U_{oc}}{I_{sc}}$$

如果有源二端网络的内阻很小，将其输出端短路则易损坏其内部元件，因此不宜用此法。

2）伏安法测 R_0

用电压表、电流表测出有源二端网络的外特性曲线，如图 3-14 所示。根据外特性曲线求出斜率 $\tan \varphi$，则内阻为

$$R_0 = \tan \varphi = \frac{\Delta U}{\Delta I} = \frac{U_{oc}}{I_{sc}}$$

也可以先测量开路电压 U_{oc}，再测量电流为额定值 I_N 时的输出端电压值 U_N，则内阻为

$$R_0 = \frac{U_{oc} - U_N}{I_N}$$

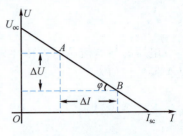

图 3-14　有源二端网络的
外特性曲线

3）半电压法测 R_0

如图 3-15 所示，当负载电压为被测有源二端网络开路电压的一半时，负载电阻（由电阻箱的读数确定）即为被测有源二端网络的等效内阻。

4）零示法测 U_{oc}

在测量具有高内阻有源二端网络的开路电压时，用电压表直接测量会造成较大的误差。为了消除电压表内阻的影响，往往采用零示法测量，如图 3-16 所示。

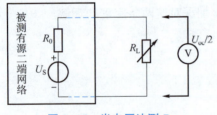

图 3-15　半电压法测 R_0

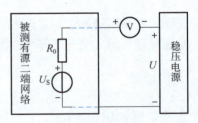

图 3-16　零示法测 U_{oc}

零示法测量的原理是用一低内阻的稳压电源与被测有源二端网络进行比较，当稳压电源的输出电压与有源二端网络的开路电压相等时，电压表的读数将为"0"。然后将电路断开，测量此时稳压电源的输出电压，即为被测有源二端网络的开路电压。

三、实验设备与器件

（1）可调直流稳压电源。

（2）可调直流恒流源。

（3）直流数字电压表。

（4）直流数字毫安表。

（5）戴维南定理实验电路板。

（6）可调电阻箱。

（7）万用表。

（8）电位器。

四、实验内容

被测有源二端网络如图 3-17（a）所示。

（1）用开路电压、短路电流法测定戴维南等效电路的 U_{oc}、R_0 和诺顿等效电路的 I_{sc}、R_0。按图 3-17（a）接入稳压电源 $U_S = 12$ V 和恒流源 $I_S = 10$ mA，不接入 R_L。测出 U_{oc} 和 I_{sc}，并计算出 R_0，将数据填入表 3-15（测 U_{oc} 时，不接入直流数字毫安表）。

表 3-15 测量数据 1

U_{oc}（V）	I_{sc}（mA）	$R_0 = U_{oc}/I_{sc}$（Ω）

（2）负载实验。按图 3-17（a）接入 R_L。改变 R_L 的阻值，测量有源二端网络的外特性曲线，并将数据填入表 3-16。

表 3-16 测量数据 2

U（V）							
I（mA）							

（3）验证戴维南定理：从电阻箱上取得按实验内容（1）所得的等效电阻 R_0，然后令其与直流稳压电源（调到实验内容（1）时所测得的开路电压 U_{oc}）相串联，如图 3-17（b）所示，仿照实验内容（2）测其外特性，对戴维南定理进行验证，将数据填入表 3-17。

表 3-17 测量数据 3

U（V）							
I（mA）							

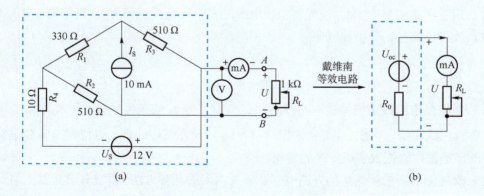

图 3-17 戴维南等效电路

（4）验证诺顿定理：从电阻箱上取得按实验内容（1）所得的等效电阻 R_0，然后令其与直流恒流源（调到实验内容（1）时所测得的短路电流 I_{sc}）相并联，如图 3-18 所示，仿照实验内容（2）测其外特性，对诺顿定理进行验证，将数据填入表 3-18。

表 3-18　测量数据 4

U（V）									
I（mA）									

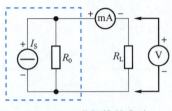

图 3-18　诺顿等效电路

（5）有源二端网络等效电阻（又称入端电阻）的直接测量法。如图 3-17（a）所示，将被测有源二端网络内的所有独立源置零（去掉电流源 I_S 和电压源 U_S，并在原电压源位置用一根短路导线相连），然后用伏安法或直接用万用表的欧姆挡去测定负载 R_L 开路时 A、B 两点间的电阻，此即为被测有源二端网络的等效内阻 R_0，或者称网络的入端电阻 R_i。

（6）用半电压法和零示法测量被测有源二端网络的等效内阻 R_0 及其开路电压 U_{oc}。电路及数据表格自拟。

五、实验注意事项

（1）测量时应注意直流数字毫安表量程的更换。

（2）实验内容（5）中，电压源置零时不可将稳压电源短接。

（3）用万用表直接测 R_0 时，网络内的独立源必须先置零，以免损坏万用表；欧姆挡必须经调零后再进行测量。

（4）用零示法测量 U_{oc} 时，应先将稳压电源的输出调至接近于 U_{oc}，再按图 3-16 测量。

（5）改接电路时，要关掉电源。

六、预习要求

（1）在用戴维南或诺顿等效电路作短路试验时，测 I_{sc} 的条件是什么？在本实验中可否直接作负载短路实验？（请在实验前对图 3-17（a）预先做好计算，以便调整实验电路及测量时可准确地选取直流数字毫安表的量程。）

（2）简述测有源二端网络的开路电压及等效内阻的几种方法，并比较其优缺点。

七、实验报告

（1）根据实验内容（2）～（4），分别绘出外特性曲线，验证戴维南定理和诺顿定理的正确性，并分析产生误差的原因。

（2）根据实验内容（1）（5）（6）的方法测得的 $U_{\rm oc}$ 与 R_0 与预习时电路计算的结果作比较，你能得出什么结论？

（3）归纳、总结实验结果。

（4）总结心得体会及其他。

实验七　受控源 VCVS、VCCS、CCVS、CCCS 的实验研究

一、实验目的

通过测试受控源的外特性及其转移参数，进一步理解受控源的物理概念，加深对受控源的认识和理解。

二、实验原理

（1）电源有独立电源（简称独立源，如电池、发电机等）与非独立电源（或称为受控源）之分。

独立源与受控源的不同之处在于：独立源的电动势 $E_{\rm s}$ 或电激流 $I_{\rm s}$ 是某一固定的数值，或是时间的某一函数，它不随电路其余部分的状态而变；而受控源的电动势或电激流则是随电路中另一支路的电压或电流而变的一种电源。

受控源又与无源元件不同，无源元件两端的电压和它自身的电流有一定的函数关系，而受控源的输出电压或电流则和另一支路（或元件）的电流或电压有某种函数关系。

（2）独立源与无源元件是二端元件，受控源则是四端元件，或者称为双口元件。它有一对输入端（U_1、I_1）和一对输出端（U_2、I_2）。输入端可以控制输出端电压或电流的大小。施加于输入端的控制量可以是电压或电流，因而有两种受控电压源（即电压控制电压源 VCVS 和电流控制电压源 CCVS）和两种受控电流源（即电压控制电流源 VCCS 和电流控制电流源 CCCS），如图 3-19 所示。

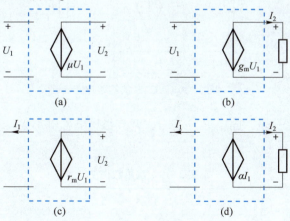

图 3-19　受控源

(a) VCVS；(b) VCCS；(c) CCVS；(d) CCCS

（3）当受控源的输出电压（或输出电流）与控制支路的电压（或电流）成正比变化时，称该受控源是线性的。

理想受控源的控制支路中只有一个独立变量（电压或电流），另一个独立变量等于零，即从输入端看，理想受控源或短路（即输入电阻 $R_1=0$，因而 $U_1=0$）或开路（即输入电导 $G_1=0$，因而输入电流 $I_1=0$）；从输出端看，理想受控源或是一个理想电压源，抑或是一个理想电流源。

（4）受控源的控制端与受控端的关系式称为转移函数。

4 种受控源的转移函数参量的定义如下。

①VCVS：$U_2=f(U_1)$，$\mu=U_2/U_1$ 称为转移电压比（或电压增益）。

②VCCS：$I_2=f(U_1)$，$g_m=I_2/U_1$ 称为转移电导。

③CCVS：$U_2=f(I_1)$，$r_m=U_2/I_1$ 称为转移电阻。

④CCCS：$I_2=f(I_1)$，$\alpha=I_2/I_1$ 称为转移电流比（或电流增益）。

三、实验设备与器件

（1）可调直流稳压源。

（2）可调直流恒流源。

（3）直流数字电压表。

（4）直流数字毫安表。

（5）受控源实验电路板。

（6）可变电阻箱。

四、实验内容

（1）测量 VCVS 的转移特性 $U_2=f(U_1)$ 及负载特性 $U_2=f(I_L)$，实验电路如图 3-20 所示。

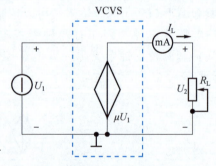

图 3-20　VCVS 的实验电路

①不接直流数字毫安表，固定 $R_L=2\ \mathrm{k}\Omega$，调节稳压电源输出电压 U_1，测量 U_1 及相应的 U_2，填入表 3-19。

表 3-19　测量数据 1

U_1（V）	0	1	2	3	5	7	8	9	μ
U_2（V）									

在坐标纸上绘出电压转移特性曲线 $U_2=f(U_1)$，并在其线性部分求出转移电压比 μ。

②接入直流数字毫安表，保持 $U_1=2\,V$，调节 R_L 的阻值，测量 U_2 及 I_L，填入表3-20，绘制负载特性曲线 $U_2=f(I_L)$。

表3-20　测量数据2

R_L（Ω）	50	70	100	200	300	400	500	∞
U_2（V）								
I_L（mA）								

（2）测量 VCCS 的转移特性 $I_L=f(U_1)$ 及负载特性 $I_L=f(U_2)$，实验电路如图3-21所示。

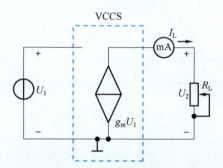

图3-21　VCCS 的实验电路

①固定 $R_L=2\,k\Omega$，调节稳压电源的输出电压 U_1，测出相应的 I_L，绘制 $I_L=f(U_1)$ 曲线，并由其线性部分求出转移电导 g_m，填入表3-21。

表3-21　测量数据3

U_1（V）	0.1	0.5	1.0	2.0	3.0	3.5	3.7	4.0	g_m
I_L（mA）									

②保持 $U_1=2\,V$，令 R_L 从大到小变化，测出相应的 I_L 及 U_2，填入表3-22，绘制 $I_L=f(U_2)$ 曲线。

表3-22　测量数据4

R_L（kΩ）	5	4	2	1	0.5	0.4	0.3	0.2	0.1	0
I_L（mA）										
U_2（V）										

（3）测量 CCVS 的转移特性 $U_2=f(I_1)$ 与负载特性 $U_2=f(I_L)$，实验电路如图3-22所示。

①固定 $R_L=2\,k\Omega$，调节恒流源的输出电流 I_S，按表3-23所列 I_1，测出 U_2，绘制 $U_2=f(I_1)$ 曲线，并由其线性部分求出转移电阻 r_m。

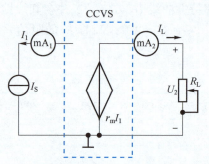

图 3-22　CCVS 的实验电路

表 3-23　测量数据 5

I_1（mA）	0.1	1.0	3.0	5.0	7.0	8.0	9.0	9.5	r_m
U_2（V）									

②保持 $I_S = 2\ \text{mA}$，按表 3-24 所列 R_L，测出 U_2 及 I_L，绘制 $U_2 = f(I_L)$ 曲线。

表 3-24　测量数据 6

R_L（kΩ）	0.5	1	2	4	6	8	10
U_2（V）							
I_L（mA）							

（4）测量 CCCS 的转移特性 $I_L = f(I_1)$ 及负载特性 $I_L = f(U_2)$，实验电路如图 3-23 所示。

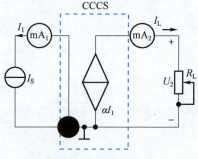

图 3-23　CCCS 的实验电路

①参见实验内容（3）-①的方法测出 I_L，绘制 $I_L = f(I_1)$ 曲线，并由其线性部分求出转移电流比 α，填入表 3-25。

表 3-25　测量数据 7

I_1（mA）	0.1	0.2	0.5	1	1.5	2	2.2	α
I_L（mA）								

②保持 $I_S = 1\ \text{mA}$，按表 3-26 所列 R_L，测出 I_L，绘制 $I_L = f(U_2)$ 曲线。

表 3-26 测量数据 8

R_L（kΩ）	0	0.2	0.4	0.6	0.8	1	2	5	10	20
I_L（mA）										
U_2（V）										

五、实验注意事项

（1）每次组装电路，必须事先断开电源，但不必关闭电源总开关。

（2）如果只有 VCCS 和 CCVS 两种电路，要进行 VCVS 或 CCCS 实验，须利用 VCCS 和 CCVS 进行适当连接。

六、预习要求

（1）受控源和独立源相比有何异同点？比较 4 种受控源的代号、电路模型、控制量与被控量的关系。

（2）4 种受控源中的 r_m、g_m、α 和 μ 的意义是什么？如何测得？

（3）若受控源控制量的极性反向，试问其输出极性是否发生变化？

（4）受控源的控制特性是否适合交流信号？

（5）如何由两个基本的 CCVS 和 VCCS 获得另外两个 CCCS 和 VCVS？它们的输入、输出如何连接？

七、实验报告

（1）根据实验数据，在坐标纸上分别绘出 4 种受控源的转移特性和负载特性曲线，并求出相应的转移参量。

（2）解答预习要求中的问题。

（3）对实验结果作出合理的分析和结论，总结对 4 种受控源的认识和理解。

（4）总结心得体会及其他。

实验八　RC 一阶电路的响应测试

一、实验目的

（1）测定 RC 一阶电路的零输入响应、零状态响应及完全响应。

（2）学习电路时间常数的测量方法。

（3）掌握有关微分电路和积分电路的概念。

（4）进一步学会用示波器观测波形。

二、实验原理

（1）动态网络的过渡过程是十分短暂的单次变化过程。要用普通示波器观察动态网络的过渡过程和测量有关参数，就必须使这种单次变化过程重复出现。为此，我们利用信号发生器输出的方波来模拟阶跃激励信号，即利用方波的上升沿作为零状态响应的正阶跃激励信号；利用方波的下降沿作为零输入响应的负阶跃激励信号。只要选择方波的重复周期远大于电路的时间常数 τ，那么电路在这样的方波序列脉冲信号的激励下，它的响应就和直流电接通与断开的过渡过程是基本相同的。

（2）图 3-24（a）所示的 RC 一阶电路的零输入响应和零状态响应分别按指数规律衰减和增长，其变化的快慢取决于电路的时间常数 τ。

（3）时间常数 τ 的测定方法。

用示波器测量零输入响应的波形，如图 3-24（b）所示。

根据一阶微分方程的求解可知，$u_C = U_{\mathrm{m}}\mathrm{e}^{-t/RC} = U_{\mathrm{m}}\mathrm{e}^{-t/\tau}$。当 $t = \tau$ 时，$u_C(\tau) = 0.368U_{\mathrm{m}}$。此时所对应的时间就等于 τ。亦可用零状态响应波形增加到 $0.632U_{\mathrm{m}}$ 所对应的时间测得，如图 3-24（c）所示。

（4）微分电路和积分电路是 RC 一阶电路中的典型，它对电路元件参数和输入信号的周期有特定的要求。一个简单的 RC 串联电路，在方波序列脉冲信号的重复激励下，当满足 $\tau = RC \ll \dfrac{T}{2}$ 时（T 为方波脉冲的重复周期），且由 R 两端的电压作为响应输出，该电路就是一个微分电路，如图 3-25（a）所示。因为此时电路的输出信号电压与输入信号电压的微分成正比。利用微分电路可以将方波转变成尖脉冲。

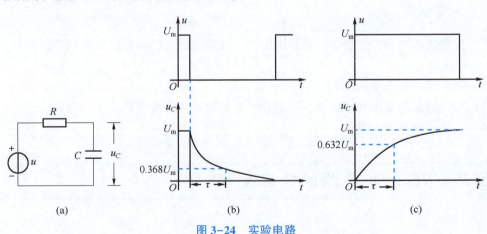

(a)　　　　　　　(b)　　　　　　　(c)

图 3-24　实验电路

（a）RC 一阶电路；（b）零输入响应；（c）零状态响应

若将图 3-25（a）中的 R 与 C 的位置调换一下，如图 3-25（b）所示，将 C 两端的电压作为响应输出，且当电路的参数满足 $\tau = RC \gg \dfrac{T}{2}$，则该 RC 电路称为积分电路。因为此时电路的输出电压与输入电压的积分成正比。利用积分电路可以将方波转变成三角波。

从输入、输出波形来看，上述两个电路均起着波形变换的作用，请在实验过程中仔细观察与记录。

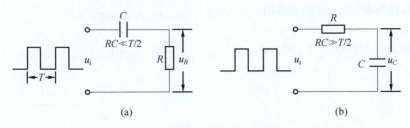

图 3-25　微分电路和积分电路

（a）微分电路；（b）积分电路

三、实验设备与器件

（1）函数信号发生器。

（2）动态电路实验电路板。

（3）双踪示波器。

四、实验内容

实验电路板的元件如图 3-26 所示，请认清 R、C 元件的布局及其标称值，以及各开关的通断位置等。

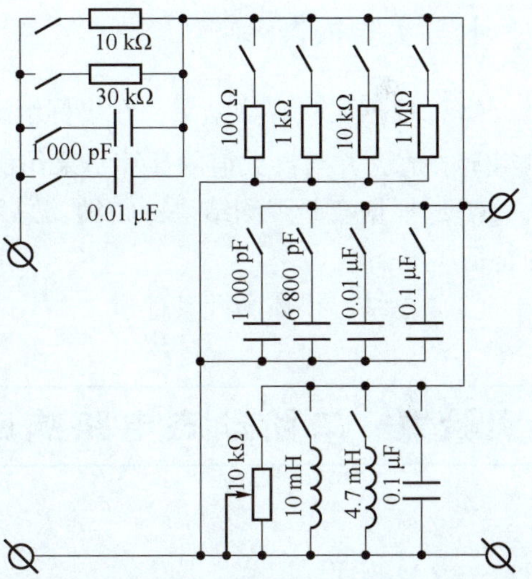

（1）从实验电路板上选 $R = 10\ \text{k}\Omega$，$C = 6\ 800\ \text{pF}$ 组成如图 3-25（b）所示的 RC 充放电电路。u_i 为信号发生器输出的 $U_{p-p} = 3\ \text{V}$、$f = 1\ \text{kHz}$ 的方波电压信号，并通过两根同轴电缆，将激励源 u_i 和响应 u_C 的信号分别连至示波器的两个输入端口 Y_A 和 Y_B。这时可在示波器的屏幕上观察到激励与响应的变化规律，请测算出时间常数 τ，并用坐标纸按 1：1 的比例描绘波形。

图 3-26　实验电路板的元件

少量地改变电容值或电阻值，定性地观察其对响应的影响，记录观察到的现象。

（2）令 $R = 10\ \text{k}\Omega$，$C = 0.1\ \mu\text{F}$，观察并描绘响应的波形，继续增大 C，定性地观察其对响应的影响。

（3）令 $C = 0.01\ \mu\text{F}$，$R = 100\ \Omega$，组成如图 3-25（a）所示的微分电路。在同样的方波激励信号（$U_{p-p} = 3\ \text{V}$，$f = 1\ \text{kHz}$）的作用下，观测并描绘激励与响应的波形。

增减 R，定性地观察其对响应的影响，并作记录。当 R 增至 $1\ \text{M}\Omega$ 时，输入、输出波形有何本质上的区别？

五、实验注意事项

（1）调节电子仪器各旋钮时，动作不要过快、过猛。实验前，需熟读双踪示波器的使用说明书。观察双踪示波器时，要特别注意相应开关、旋钮的操作与调节。

（2）信号源的接地端与示波器的接地端要连在一起（称为共地），以防外界干扰而影响测量的准确性。

（3）双踪示波器的辉度不应过亮，尤其是当光点长期停留在荧光屏上不动时，应将辉度调暗，以延长双踪示波管的使用寿命。

六、预习要求

（1）什么样的电信号可作为 RC 一阶电路零输入响应、零状态响应和完全响应的激励源？

（2）已知 RC 一阶电路中 $R = 10\,\mathrm{k\Omega}$，$C = 0.1\,\mathrm{\mu F}$，试计算时间常数 τ，并根据 τ 的物理意义，拟定测量 τ 的方案。

（3）何谓积分电路和微分电路？它们必须具备什么条件？它们在方波序列脉冲信号的激励下，其输出信号波形的变化规律如何？这两种电路有何功用？

（4）熟读仪器使用说明书，回答上述问题，准备坐标纸。

七、实验报告

（1）根据实验观测结果，在坐标纸上绘出 RC 一阶电路充放电时 u_C 的变化曲线，由曲线测得 τ 的值，并与参数值的计算结果作比较，分析误差原因。

（2）根据实验观测结果，归纳、总结积分电路和微分电路的形成条件，阐明波形变换的特征。

（3）总结心得体会及其他。

实验九　二阶动态电路响应的研究

一、实验目的

（1）测试二阶动态电路的零状态响应和零输入响应，了解电路元件参数对响应的影响。

（2）观察、分析二阶电路响应的 3 种状态轨迹及其特点，以加深对二阶电路响应的认识与理解。

二、实验原理

一个二阶电路在方波正、负阶跃信号的激励下，可获得零状态与零输入响应，其响应的变化轨迹取决于电路的固有频率。当调节电路的元件参数值，使电路的固有频率分别为负实数、共轭复数及虚数时，可获得单调衰减、衰减振荡和等幅振荡的响应。在实验中可获得过阻尼、欠阻尼和临界阻尼这 3 种响应波形。

简单而典型的二阶电路是一个 RLC 串联电路和 GCL 并联电路，二者之间存在对偶关系。本实验仅对 GCL 并联电路进行研究。

三、实验设备与器件

（1）函数信号发生器。
（2）动态电路实验电路板。
（3）双踪示波器。

四、实验内容

动态电路实验电路板与实验八中的相同，如图 3-26 所示。利用动态电路实验电路板中的元件与开关的配合作用，组成如图 3-27 所示的 *GCL* 并联电路。

令 $R_1 = 10\ \text{k}\Omega$，$L = 4.7\ \text{mH}$，$C = 1\,000\ \text{pF}$，R_2 为 10 kΩ 可调电阻。令函数信号发生器的输出为 $U_{\text{p-p}} = 1.5\ \text{V}$、$f = 1\ \text{kHz}$ 的方波脉冲，通过同轴电缆接至图中的激励端，同时用同轴电缆将激励端和响应输出接至双踪示波器的 Y_A 和 Y_B 两个输入端口。

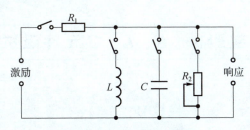

图 3-27 *GCL* 并联电路

（1）调节 R_2，观察二阶电路的零输入响应和零状态响应由过阻尼过渡到临界阻尼，最后过渡到欠阻尼的变化过程，分别定性地描绘、记录响应的典型变化波形。

（2）调节 R_2 使双踪示波器的屏幕上呈现稳定的欠阻尼响应波形，定量计算此时电路的衰减常数 α 和振荡频率 ω_d。

（3）改变一组电路参数，例如增、减 L 或 C，重复实验内容（2）的测量，并作记录；随后仔细观察，改变电路参数时，ω_d 与 α 的变化趋势，并作记录，填入表 3-27。

表 3-27 测量数据

电路参数 实验次数	元件参数				计算值	
	R_1	R_2	L	C	α	ω_d
1	10 kΩ		4.7 mH	1 000 pF		
2	10 kΩ	调至某一次 欠阻尼状态	4.7 mH	0.01 μF		
3	30 kΩ		4.7 mH	0.01 μF		
4	10 kΩ		10 mH	0.01 μF		

五、实验注意事项

（1）调节 R_2 时，要细心、缓慢，临界阻尼要找准。
（2）观察双踪示波器时，显示要稳定，如果不同步，则可采用外同步法触发（参见双踪示波器的使用说明书）。

六、预习要求

（1）根据二阶电路实验电路元件的参数，计算出处于临界阻尼状态的 R_2。

（2）在双踪示波器的屏幕上，如何测得二阶电路零输入响应欠阻尼状态的衰减常数 α 和振荡频率 ω_d？

七、实验报告

（1）根据实验观测结果，在坐标纸上描绘二阶电路过阻尼、临界阻尼和欠阻尼的响应波形。

（2）测算欠阻尼振荡曲线上的 α 与 ω_d。

（3）归纳、总结电路元件参数的改变对响应变化趋势的影响。

（4）总结心得体会及其他。

实验十　R、L、C 元件阻抗特性的测定

一、实验目的

（1）验证电阻、感抗、容抗与频率的关系，测定 R—f、X_L—f 及 X_C—f 阻抗频率特性曲线。

（3）加深理解 R、L、C 元件端电压与电流间的相位关系。

二、实验原理

（1）在正弦交变信号作用下，R、L、C 元件在电路中的抗流作用与信号的频率有关，它们的阻抗频率特性曲线 R—f，X_L—f，X_C—f 如图 3–28 所示。

（2）元件阻抗频率特性的测量电路如图 3–29 所示。

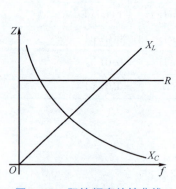

图 3–28　阻抗频率特性曲线

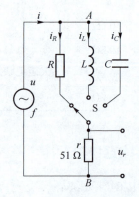

图 3–29　元件阻抗频率的测量电路

图中的 r 是提供测量回路电流用的标准小电阻，由于 r 的阻值远小于被测元件的阻抗值，因此可以认为 A、B 之间的电压就是被测元件 R、L 或 C 两端的电压，流过被测元件的电流则可由 r 两端的电压除以 r 所得。

若用双踪示波器同时观察 r 与被测元件两端的电压，亦就展现出被测元件两端的电压和

流过该元件电流的波形，从而可在屏幕上测出电压与电流的幅值及它们之间的相位差。

（3）将元件 R、L、C 串联或并联，亦可用同样的方法测得 $Z_{串}$ 与 $Z_{并}$ 的阻抗频率特性 $Z—f$，根据电压、电流的相位差可判断 $Z_{串}$ 或 $Z_{并}$ 是感性还是容性负载。

（4）元件的阻抗角（即相位差 φ）随输入信号的频率变化而改变，将各个不同频率下的相位差画在以频率 f 为横坐标、阻抗角 φ 为纵坐标的坐标纸上，并用光滑的曲线连接这些点，即得到阻抗角的频率特性曲线。

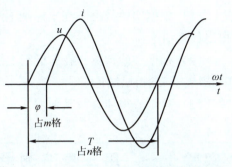

图 3-30　用双踪示波器测量阻抗角的方法

用双踪示波器测量阻抗角的方法如图 3-30 所示。从双踪示波器的屏幕上数得一个周期占 n 格，相位差占 m 格，则实际的相位差 φ（阻抗角）为 $\varphi = m \times \dfrac{360°}{n}$。

三、实验设备与器件

（1）函数信号发生器。
（2）实验电路元件 $R=1\ \text{k}\Omega$，$r=51\ \Omega$，$C=1\ \mu\text{F}$，$L \approx 10\ \text{mH}$。
（3）双踪示波器。
（4）交流毫伏表。
（5）频率计。

四、实验内容

（1）测量 R、L、C 元件的阻抗频率特性。

通过电缆将函数信号发生器输出的正弦信号接至图 3-29 的电路中，作为激励源 u，并用交流毫伏表测量，使激励电压的有效值为 $U=3\ \text{V}$，并保持不变。

将信号源的输出频率从 200 Hz 逐渐增至 5 kHz（用频率计测量），并使开关 S 分别接通 R、L、C 3 个元件，用交流毫伏表测量 U_r，并计算各频率所对应的 I_R、I_L 和 I_C（即 U_r/r）以及 $R=U/I_R$，$X_L=U/I_L$ 及 $X_C=U/I_C$。

注意： 在接通 C 测试时，信号源的频率应控制在 200～2 500 Hz。

（2）用双踪示波器观察在不同频率下各元件阻抗角的变化情况，按图 3-30 记录 n 和 m，算出 φ。

（3）测量 R、L、C 元件串联的阻抗角的频率特性。

五、实验注意事项

（1）交流毫伏表属于高阻抗电表，测量前必须先调零。
（2）测 φ 时，示波器的 "V/div" 和 "t/div" 的微调旋钮应旋置 "校准位置"。

六、预习要求

测量 R、L、C 元件的阻抗角时，为什么要与它们串联一个小电阻？可否用一个小电感或大电容代替？为什么？

七、实验报告

（1）根据实验数据，在坐标纸上绘制 R、L、C 3 个元件的阻抗频率特性曲线，从中可得出什么结论？

（2）根据实验数据，在坐标纸上绘制 R、L、C 3 个元件串联的阻抗角的频率特性曲线，并总结、归纳得出结论。

（3）总结心得体会及其他。

实验十一　用三表法测量电路等效参数

一、实验目的

（1）学会用交流电压表、交流电流表和功率表测量元件的交流等效参数的方法。

（2）学会功率表的接法和使用。

二、实验原理

（1）正弦交流信号激励下的元件值或阻抗值，可以用交流电压表、交流电流表和功率表分别测量出元件两端的电压 U、流过该元件的电流 I 和它所消耗的功率 P，然后通过计算得到所求的各值，这种方法称为三表法，是用来测量 50 Hz 交流电路参数的基本方法。

计算的基本公式为：阻抗的模 $|Z| = \dfrac{U}{I}$，电路的功率因数 $\cos\varphi = \dfrac{P}{UI}$，等效电阻 $R = \dfrac{P}{I^2} = |Z|\cos\varphi$，等效电抗 $X = |Z|\sin\varphi$ 或 $X = X_L = 2\pi fL$，$X = X_C = \dfrac{1}{2\pi fC}$。

阻抗性质的判别方法：可用在被测元件两端并联电容或将被测元件与电容串联的方法来判别。

三表法的原理如下。

①在被测元件两端并联一只适当容量的试验电容，若串接在电路中的电流表的读数增大，则被测阻抗为容性；若电流表的读数减小，则被测阻抗为感性。

图 3-31（a）中，Z 为被测元件，C' 为试验电容。图 3-31（b）是图 3-31（a）的等效电路，图中 G、B 为被测阻抗 Z 的电导和电纳，B' 为并联电容 C' 的电纳。在端电压有效值不变的条件下，按下面两种情况进行分析：设 $B+B' = B''$，若 B' 增大，B'' 也增大，则电路中的电流 I 将单调上升，故可判断 B 为容性元件；设 $B+B' = B''$，若 B' 增大，而 B'' 先减小再增大，电流 I 也是先减小后增大，如图 3-32 所示，则可判断 B 为感性元件。

由以上分析可见，当 B 为容性元件时，对并联电容 C' 无特殊要求；而当 B 为感性元件

时，只有 $B' < |2B|$ 才有判定为感性的意义。当 $B' > |2B|$ 时，电流单调上升，与 B 为容性时相同，并不能说明电路是感性的。因此，$B' < |2B|$ 是判断电路性质的可靠条件，由此得判定条件为 $C' < \left| \dfrac{2B}{\omega} \right|$。

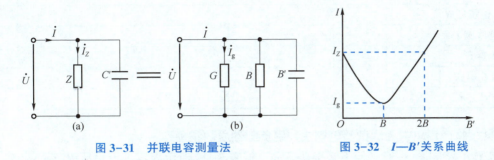

图 3-31　并联电容测量法　　　　　　图 3-32　I—B' 关系曲线

②与被测元件串联一只适当容量的试验电容，若被测阻抗的端电压下降，则判为容性；若被测阻抗的端压上升，则判为感性，判定条件为 $\dfrac{1}{\omega C'} < |2X|$，其中 X 为被测阻抗的电抗值，C' 为串联试验电容值，此关系式可自行证明。

判断被测元件的性质，除上述借助试验电容 C' 法测定外，还可以利用该元件的电流 i 与电压 u 之间的相位关系来判断。若 i 超前于 u，则被测元件为容性；若 i 滞后于 u，则被测元件为感性。

（2）本实验所用的功率表为智能交流功率表，其电压接线端应与负载并联，电流接线端应与负载串联。

三、实验设备与器件

（1）交流电压表。

（2）交流电流表。

（3）自耦调压器。

（4）镇流器（电感线圈）。

（5）功率表。

（6）电容。

（7）白炽灯。

四、实验内容

测试电路如图 3-33 所示。

（1）按图 3-33 所示电路接线，并经指导老师检查后，方可接通电源。

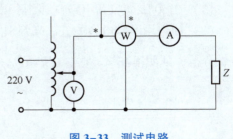

图 3-33　测试电路

（2）分别测量 25 W 白炽灯（R）、30 W 日光灯镇流器（L）和 4.7 μF 电容（C）的等效参数，填入表 3-28。

（3）测量 L、C 串联与并联后的等效参数，填入表 3-28。

表 3-28　测量数据 1

被测阻抗	测量值				计算值		电路等效参数		
	U （V）	I （A）	P （W）	$\cos\varphi$	Z （Ω）	$\cos\varphi$	R （Ω）	L （mH）	C （μF）
25 W 白炽灯 R									
电感线圈 L									
电容 C									
L 与 C 串联									
L 与 C 并联									

（4）验证用串、并联试验电容法判别负载性质的正确性。

实验电路同图 3-33，但不必接功率表，按表 3-29 所示内容进行测量和记录。

表 3-29　测量数据 2

被测元件	串联 4.7 μF 电容		并联 4.7 μF 电容	
	串联前端电压（V）	串联后端电压（V）	并联前电流（A）	并联后电流（A）
R（3 只 25 W 白炽灯）				
C（4.7 μF）				
L（1 H）				

五、实验注意事项

（1）本实验直接用市电 220 V 交流电源供电，实验中要特别注意人身安全，不可用手直接触摸通电线路的裸露部分，以免触电，进实验室前应穿绝缘鞋。

（2）自耦调压器在接通电源前，应将其手柄置在零位上，调节时，使其输出电压从零开始逐渐升高。每次改接实验电路、换拨黑匣子上的开关及实验完毕，都必须先将其旋柄慢慢调回零位，再断电源。必须严格遵守这一安全操作规程。

（3）实验前应详细阅读智能交流功率表的使用说明书，熟悉其使用方法。

六、预习要求

（1）在 50 Hz 的交流电路中，测得一个铁芯线圈的 P、I 和 U，如何算得它的阻值及电感量？

（2）如何用串联电容的方法来判别阻抗的性质？试用 I 随 X'_C（串联容抗）的变化关系作定性分析，证明串联试验时，C' 满足 $\dfrac{1}{\omega C'} < |2X|$。

七、实验报告

（1）根据实验数据，完成各项计算。
（2）解答预习要求中的问题。
（3）总结心得体会及其他。

实验十二 *RC* 选频网络特性测试

一、实验目的

（1）熟悉文氏电桥电路的结构特点及其应用。

（2）学会用交流毫伏表和双踪示波器测定文氏电桥电路的幅频特性和相频特性。

二、实验原理

文氏电桥电路是一个 *RC* 的串、并联电路，如图 3-34 所示。该电路结构简单，被广泛用于低频振荡电路中作为选频环节，可以获得很高纯度的正弦波电压。

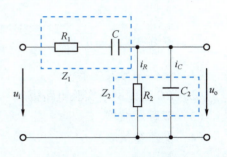

图 3-34　文氏电桥电路

（1）用函数信号发生器的正弦输出信号作为图 3-34 的激励信号 u_i，在保持 U_i 不变的情况下，改变输入信号的频率 f，用交流毫伏表或双踪示波器测出输出端相对于各个频率下的输出电压 U_o，将这些数据画在以频率 f 为横轴、U_o 为纵轴的坐标纸上，用一条光滑的曲线连接这些点，该曲线就是上述电路的幅频特性曲线。

文氏电桥电路的一个特点是其输出电压的幅度不仅会随输入信号的频率而变，还会出现一个与输入电压同相位的最大值，如图 3-35 所示。

由电路分析可知，该网络的传递函数为

$$\beta = \frac{1}{3 + j\ (\omega RC - 1/\omega RC)}$$

当角频率 $\omega = \omega_0 = \dfrac{1}{RC}$ 时，$|\beta| = \dfrac{U_o}{U_i} = \dfrac{1}{3}$，此时 u_o 与 u_i 同相。由图 3-35 可见，*RC* 串、并联电路具有带通特性。

（2）将上述电路的输入和输出分别接到双踪示波器的 Y_A 和 Y_B 两个输入端口，改变输入正弦信号的频率，观测相应的输入和输出波形间的时延 τ 及信号的周期 T，则两波形间的相位差为 $\varphi = \dfrac{\tau}{T} \times 360° = \varphi_o - \varphi_i$（输出相位与输入相位之差）。

将各个不同频率下的相位差 φ 画在以 f 为横轴，φ 为纵轴的坐标纸上，用光滑的曲线将这些点连接起来，即是被测电路的相频特性曲线，如图 3-36 所示。

由电路分析理论可知，当 $\omega = \omega_0 = \dfrac{1}{RC}$，即 $f = f_0 = \dfrac{1}{2\pi RC}$ 时，$\varphi = 0$，即 u_o 与 u_i 同相位。

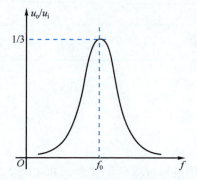
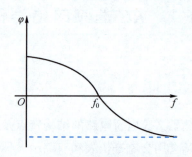

图 3-35　文氏电桥电路的幅频特性曲线　　　　图 3-36　文氏电桥电路的相频特性曲线

三、实验设备与器件

（1）函数信号发生器。
（2）RC 选频网络实验电路板。
（3）双踪示波器。
（4）交流毫伏表。
（5）频率计。

四、实验内容

1. 测量 RC 串、并联电路的幅频特性

（1）利用 DGJ-03 挂箱的"RC 串、并联选频网络"电路，组成图 3-34 所示电路。取 $R=1\ \text{k}\Omega$，$C=0.1\ \mu\text{F}$。

（2）调节信号源的输出电压为 3 V 的正弦信号，接入图 3-34 的输入端。

（3）改变信号源的频率 f（由频率计读得），并保持 $U_i=3$ V 不变，测量输出电压 U_o（可先测量 $\beta=1/3$ 时的频率 f_0，再在 f_0 左右设置其他频率进行测量），填入表 3-30。

（4）取 $R=200\ \Omega$，$C=2.2\ \mu\text{F}$，重复上述测量，将数据填入表 3-30。

表 3-30　测量数据 1

$R=1\ \text{k}\Omega$, $C=0.1\ \mu\text{F}$	f（Hz）	
	U_o（V）	
$R=200\ \Omega$, $C=2.2\ \mu\text{F}$	f（Hz）	
	U_o（V）	

2. 测量 RC 串、并联电路的相频特性

将图 3-34 的输入 u_i 和输出 u_o 分别接至双踪示波器的 Y_A 和 Y_B 两个输入端口，改变输入正弦信号的频率，观测不同频率下，相应的输入与输出波形间的时延 τ 及信号的周期 T（两波形间的相位差为 $\varphi=\varphi_o-\varphi_i=\dfrac{\tau}{T}\times360°$），填入表 3-31。

表 3-31　测量数据 2

$R=1\ \text{k}\Omega$, $C=0.1\ \mu\text{F}$	f（Hz）					
	T（ms）					
	τ（ms）					
	φ（°）					
$R=200\ \Omega$, $C=2.2\ \mu\text{F}$	f（Hz）					
	T（ms）					
	τ（ms）					
	φ（°）					

五、实验注意事项

由于信号源内阻的影响，输出电压的幅度会随输入信号的频率而变。因此，在调节输出信号的频率时，应同时调节输出电压的幅度，使实验电路的输入电压保持不变。

六、预习要求

（1）根据电路参数，分别估算文氏电桥电路两组参数时的固有频率 f_0。

（2）推导 RC 串、并联电路的幅频、相频特性的数学表达式。

七、实验报告

（1）根据实验数据，绘制文氏电桥电路的幅频特性和相频特性曲线。找出 f_0，并与计算值比较，分析误差原因。

（2）讨论实验结果。

（3）总结心得体会及其他。

实验十三　RLC 串联谐振电路的研究

一、实验目的

（1）学习用实验方法绘制 RLC 串联电路的幅频特性曲线。

（2）加深理解电路发生谐振的条件、特点，掌握电路品质因数（电路 Q 值）的物理意义及其测定方法。

二、实验原理

（1）在图 3-37 所示的 RLC 串联电路中，当正弦交流信号源的频率 f 改变时，电路中的感抗、容抗随之而变，电路中的电流也随 f 而变。取电阻 R 上的电压 u_o 作为响应，当输入电压 u_i 的幅值维持不变时，在不同频率的信号激励下，测出 U_o，然后以 f 为横坐标，以 U_o / U_i 为纵坐标（因 U_i 不变，故也可直接以 U_o 为纵坐标），在坐标纸上绘出光滑的曲线，此即为幅频特性曲线，亦称谐振曲线，如图 3-38 所示。

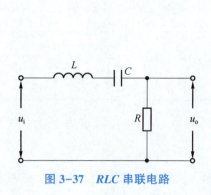

图 3-37　*RLC* 串联电路

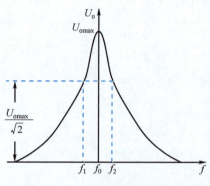

图 3-38　幅频特性曲线

（2）在 $f=f_0=\dfrac{1}{2\pi\sqrt{LC}}$ 处，即幅频特性曲线尖峰所在的频率称为谐振频率。此时 $X_L = X_C$，电路呈纯阻性，电路阻抗的模为最小。在输入电压 U_i 为定值时，电路中的电流达到最大值，且与输入电压同相位。从理论上讲，此时 $U_i = U_R = U_o$，$U_L = U_C = Q U_i$，式中的 Q 称为电路品质因数。

（3）电路品质因数 Q 的两种测量方法，一是根据公式 $Q=\dfrac{U_L}{U_o}=\dfrac{U_C}{U_o}$ 测定，U_C 与 U_L 分别为谐振时电容 C 和电感线圈 L 上的电压；二是通过测量谐振曲线的通频带宽度 $\Delta f = f_2 - f_1$，再根据 $Q=\dfrac{f_0}{f_2-f_1}$ 求出 Q 值。式中的 f_0 为谐振频率；f_2 和 f_1 是当电器失谐时，亦即输出电压的幅度下降到最大值的 $1/\sqrt{2}$（≈ 0.707）倍时的上、下频率。Q 值越大，谐振曲线越尖锐，通频带越窄，电路的选择性越好。在恒压源供电时，电路的品质因数、选择性与通频带只取决于电路本身的参数，而与信号源无关。

三、实验设备与器件

（1）函数信号发生器。
（2）谐振电路实验电路板。
（3）双踪示波器。
（4）交流毫伏表。
（5）频率计。

四、实验内容

（1）按图 3-39 连接实验电路。选用合适的 C、R，用交流毫伏表测电压，用双踪示波器监视信号源的输出。令信号源的输出电压 $U_i = 4\ \mathrm{V_{p-p}}$，并保持不变。

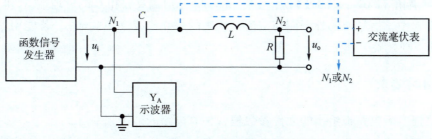

图 3-39　实验电路

（2）找出电路的谐振频率 f_0，方法是将交流毫伏表接在 R（200 Ω）两端，令信号源的频率由小逐渐变大（注意要维持信号源的输出幅度不变），当 U_o 的读数为最大时，读得频率计上的频率值即为电路的谐振频率 f_0，并测量 U_C 与 U_L（注意及时更换交流毫伏表的量程）。

（3）在谐振频率两侧，按频率递增或递减 500 Hz 或 1 kHz，依次各取 8 个测量点，逐点测出 U_o、U_L、U_C，填入表 3-32。

表 3-32　测量数据 1

f（kHz）									
U_o（V）									
U_L（V）									
U_C（V）									
$U_i = 4\ V_{p\text{-}p}$，$C = 0.01\ \mu F$，$R = 200\ \Omega$，$f_0 =$ _____，$f_2 - f_1 =$ _____，$Q =$ _____									

（4）将电阻改为 R_2，重复实验内容（2）（3）的测量过程，将数据填入表 3-33。

表 3-33　测量数据 2

f（kHz）									
U_o（V）									
U_L（V）									
U_C（V）									
$U_i = 4\ V_{p\text{-}p}$，$C = 0.01\ \mu F$，$R = 1\ k\Omega$，$f_0 =$ _____，$f_2 - f_1 =$ _____，$Q =$ _____									

（5）选用 C_2，重复实验内容（2）~（4）（自制表格）。

五、实验注意事项

（1）测试频率的选择应在靠近谐振频率附近多取几个。在变换频率测试前，应调整信号的输出幅度（用双踪示波器监视），使其维持在 4 $V_{p\text{-}p}$。

（2）测量 U_C 和 U_L 前，应将交流毫伏表的量程增大，而且在测量 U_L 与 U_C 时，交流毫

伏表的 "+" 端应接 C 与 L 的公共点，其接地端应分别触及 L 和 C 的近地端 N_2 和 N_1。

（3）实验中，信号源的外壳应与交流毫伏表的外壳绝缘（不共地）。若能用浮地式交流毫伏表测量，则效果更佳。

六、预习要求

（1）根据实验电路板给出的元件参数值，估算电路的谐振频率。

（2）改变电路的哪些参数可以使电路发生谐振？电路中 R 的大小是否影响谐振频率？

（3）如何判别电路是否发生谐振？测试谐振点的方案有哪些？

（4）电路发生串联谐振时，为什么输入电压不能太大？如果信号源输出 3 V 的电压，那么当电路发生谐振时，用交流毫伏表测 U_L 和 U_C，应该选用多大的量程？

（5）要提高 RLC 串联电路的品质因数，电路参数应如何改变？

（6）本实验在谐振时，对应的 U_L 与 U_C 是否相等？如有差异，原因何在？

七、实验报告

（1）根据测量数据，绘出不同 Q 值所对应的 3 条幅频特性曲线，即 $U_o = f(f)$，$U_L = f(f)$，$U_C = f(f)$。

（2）计算出通频带与 Q 值，说明不同 R 对电路通频带与品质因数的影响。

（3）对两种不同的测 Q 值的方法进行比较，分析误差原因。

（4）电路发生谐振时，输出电压 U_o 与输入电压 U_i 是否相等？试分析原因。

（5）通过本次实验，总结、归纳串联谐振电路的特性。

（6）总结心得体会及其他。

实验十四　三相交流电路电压、电流的测量

一、实验目的

（1）掌握三相负载作星形连接、三角形连接的方法，验证在这两种接法下线、相电压及线、相电流之间的关系。

（2）充分理解三相四线供电系统中中线的作用。

二、实验原理

（1）三相负载可接成星形或三角形。当三相对称负载作星形连接时，线电压 U_l 是相电压 U_p 的 $\sqrt{3}$ 倍，线电流 I_l 等于相电流 I_p，即

$$U_l = \sqrt{3}\,U_p，\ I_l = I_p$$

在这种情况下，流过中线的电流 $I_0 = 0$，所以可以省去中线。由三相三线制供电，无中

线的星形连接称为Y连接。

当三相对称负载作三角形连接（又称△连接）时，有 $I_1 = \sqrt{3} I_p$，$U_1 = U_p$。

（2）三相不对称负载作星形连接时，必须采用三相四线制供电，即 Y_0 连接。而且中线必须牢固连接，以保证三相不对称负载的每相电压维持对称不变。

倘若中线断开，会导致三相负载电压的不对称，致使负载轻的那一相的相电压过高，负载遭受损坏；负载重的那一相的相电压又过低，负载不能正常工作。尤其对于三相照明负载，应无条件地一律采用 Y_0 连接。

（3）当三相不对称负载作三角形连接时，$I_1 \neq \sqrt{3} I_p$，但只要电源的线电压 U_1 对称，加在三相负载上的电压仍是对称的，对各相负载工作没有影响。

三、实验设备与器件

（1）三相自耦调压器。
（2）三相灯组负载。
（3）交流电流表。
（4）交流电压表。
（5）电流插座。
（6）万用表。

四、实验内容

1. 三相负载星形连接（三相四线制供电）

按图3-40所示电路组接实验电路，即三相灯组负载经三相自耦调压器接通三相对称电源。将三相自耦调压器的旋柄置于输出为0 V的位置（即逆时针旋到底）。经指导老师检查合格后，方可开启实验台电源，然后调节三相自耦调压器的输出，使输出的三相线电压为220 V，并按下述内容完成各项实验，分别测量三相负载的线电压、相电压、线电流、相电流、中线电流、电源与负载中点间的电压。将所测得的数据记入表3-34，并观察各相灯组亮暗的变化程度，特别要注意观察中线的作用。

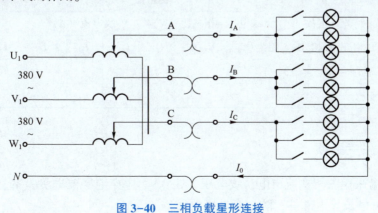

图3-40 三相负载星形连接

表 3-34　测量数据 1

实验内容 （负载情况）	开灯盏数			线电流（A）			线电压（V）			相电压（V）			中线电流 I_0（A）	中点电压 U_{N0}（V）
	A相	B相	C相	I_A	I_B	I_C	U_{AB}	U_{BC}	U_{CA}	U_{A0}	U_{B0}	U_{C0}		
Y_0 连接平衡负载	3	3	3											
Y 连接平衡负载	3	3	3											
Y_0 连接不平衡负载	1	2	3											
Y 连接不平衡负载	1	2	3											
Y_0 连接 B 相断开	1		3											
Y 连接 B 相断开	1		3											
Y 连接 B 相短路	1		3											

2. 三相负载三角形连接（三相三线制供电）

按图 3-41 所示改接电路，经指导老师检查合格后接通三相电源，并调节三相自耦调压器，使其输出线电压为 220 V，并按表 3-35 的内容进行测试。

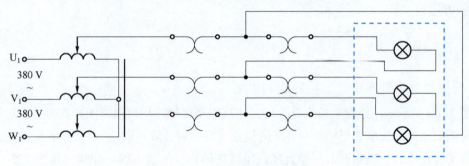

图 3-41　三相负载三角形连接

表 3-35　测量数据 2

负载情况	开灯盏数			线电压＝相电压（V）			线电流（A）			相电流（A）		
	A–B 相	B–C 相	C–A 相	U_{AB}	U_{BC}	U_{CA}	I_A	I_B	I_C	I_{AB}	I_{BC}	I_{CA}
三相平衡	3	3	3									
三相不平衡	1	2	3									

五、实验注意事项

（1）本实验采用三相交流市电，线电压为 380 V，应穿绝缘鞋进实验室。实验时要注意人身安全，不可触及导电部件，防止意外事故发生。

（2）每次接线完毕，同组同学应自查一遍，然后由指导老师检查合格后，方可接通电源，必须严格遵守"先断电、再接线、后通电，先断电、后拆线"的实验操作原则。

（3）星形负载作短路实验时，必须首先断开中线，以免发生短路事故。

（4）为避免烧坏灯泡，DGJ-04实验挂箱内设有过压保护装置。当任一相电压大于250 V时，即声光报警并跳闸。因此，在做星形连接不平衡负载或缺相实验时，所加线电压应以最高相电压小于240 V为宜。

六、预习要求

（1）三相负载根据什么条件作星形或三角形连接？

（2）预习三相交流电路有关内容，试分析不对称星形连接的负载在无中线的情况下，当某相负载开路或短路时会出现什么情况？如果接上中线，情况又如何？

（3）本实验为什么要通过三相自耦调压器将380 V的市电线电压降为220 V的线电压使用？

七、实验报告

（1）用实验数据验证三相对称电路中的$\sqrt{3}$关系。

（2）用实验数据和观察到的现象，总结三相四线制供电系统中中线的作用。

（3）不对称三角形连接的负载，能否正常工作？实验是否能证明这一点？

（4）根据三相不对称负载作三角形连接时的相电流作相量图，并求出线电流，然后与实验测得的线电流进行比较和分析。

（5）总结心得体会及其他。

实验十五　三相电路功率的测量

一、实验目的

（1）掌握用一瓦特表法、二瓦特表法测量三相电路有功功率与无功功率的方法。

（2）进一步熟练掌握功率表的接线和使用方法。

二、实验原理

（1）对于三相四线制供电的星形连接的三相负载（即Y_0连接），可用一只功率表测量各相的有功功率P_A、P_B、P_C，则三相负载的总有功功率为$\sum P = P_A + P_B + P_C$。这就是一瓦特表法，如图3-42所示。若三相负载是对称的，则只需测量一相的功率，再乘以3即得三相总的有功功率。

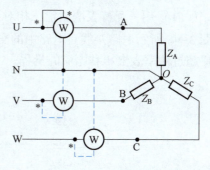

图3-42　一瓦特表法

（2）三相三线制供电系统中，无论三相负载是否对称，也无论负载是星形连接还是三角形连接，都可用二瓦特表法测量三相负载的总有功功率，测量电路如图3-43所示。当负载为感性或容性，且当相位差$\varphi>60°$时，电路中的一只功率表的指针将反偏（数字式功率表将出现负读数），这时应将功率表电流线圈的两个端子调换（不能调换电压线圈端子），其读数应记为负值。而三相负载的总有功功率为$\sum P = P_1 + P_2$（P_1、P_2本身不含任何意义）。

（3）对于三相三线制供电的三相对称负载，可用一瓦特表法测得三相负载的总无功功率$\sum Q$，测量电路如图3-44所示。

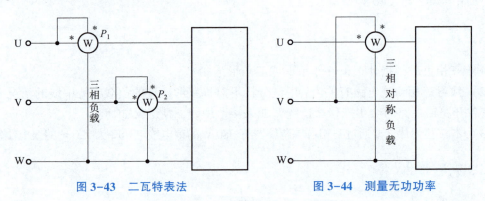

图3-43　二瓦特表法　　　　　　　　图3-44　测量无功功率

图3-44中功率表读数的$\sqrt{3}$倍，即为三相对称电路总的无功功率。除图中给出的一种连接方法（I_U、U_{VW}）外，还有另外两种连接方法，即接成（I_V、U_{UW}）或（I_W、U_{UV}）。

三、实验设备与器件

（1）三相自耦调压器。
（2）三相灯组负载。
（3）相电容负载。
（4）交流电流表。
（5）交流电压表。
（6）单相功率表。
（7）万用表。

四、实验内容

（1）用一瓦特表法测定三相对称Y_0连接以及不对称Y_0连接负载的总有功功率。实验按图3-45所示电路接线。电路中的交流电流表和交流电压表用以监视该相的电流和电压，不要超过功率表电压和电流的量程。

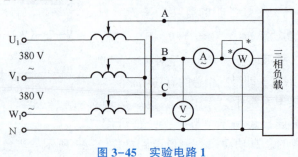

图3-45　实验电路1

经指导老师检查合格后，接通三相电源，调节自耦调压器的输出线电压为 220 V，按表 3-36 的要求进行测量及计算。

表 3-36　测量数据 1

负载情况	开灯盏数			测量值			计算值
	A 相	B 相	C 相	P_A（W）	P_B（W）	P_C（W）	$\sum P$（W）
三相对称 Y_0 连接负载	3	3	3				
三相不对称 Y_0 连接负载	1	2	3				

首先将 3 只仪表按图 3-45 接入 B 相进行测量，然后分别将它们换接到 A 相和 C 相，再进行测量。

（2）用二瓦特表法测定三相负载的总有功功率。

①按图 3-46 所示电路接线，将三相灯组负载接成星形。

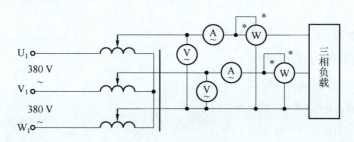

图 3-46　实验电路 2

经指导老师检查合格后，接通三相电源，调节自耦调压器的输出线电压为 220 V，按表 3-36 的内容进行测量。

②将三相灯组负载改接成三角形，重复步骤①的测量，将数据填入表 3-37。

表 3-37　测量数据 2

负载情况	开灯盏数			测量值		计算值
	A 相	B 相	C 相	P_1（W）	P_2（W）	$\sum P$（W）
三相平衡 Y 连接负载	3	3	3			
三相不平衡 Y 连接负载	1	2	3			
三相平衡 △ 连接负载	1	2	3			
三相不平衡 △ 连接负载	3	3	3			

③将两只功率表依次按另外两种接法接入电路，重复上述两步的测量（表格自拟）。

（3）用一瓦特表法测定三相对称 Y 连接负载的无功功率，按图 3-47 所示电路接线。

①每相负载由白炽灯和电容并联而成，并由开关控制其接入。检查电路接线无误后，接通三相电源，将三相自耦调压器的输出线电压调到 220 V，读取三表的读数，并计算无功功率 $\sum Q$，填入表 3-38。

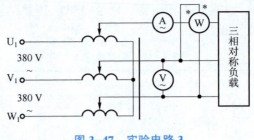

图 3-47　实验电路 3

②分别按 I_V、U_{WU} 和 I_W、U_{UV} 接法，重复上一步的测量，并比较各自的 $\sum Q$。

表 3-38　测量数据 3

接法	负载情况	测量值			计算值
		U（V）	I（A）	Q（var）	$\sum Q = \sqrt{3}\,Q$
I_U、U_{VW}	（1）三相对称灯组（每相开 3 盏）				
	（2）三相对称电容（每相 4.7 μF）				
	（3）（1）、（2）的并联负载				
I_V、U_{WU}	（1）三相对称灯组（每相开 3 盏）				
	（2）三相对称电容（每相 4.7 μF）				
	（3）（1）、（2）的并联负载				
I_W、U_{UV}	（1）三相对称灯组（每相开 3 盏）				
	（2）三相对称电容（每相 4.7 μF）				
	（3）（1）、（2）的并联负载				

五、实验注意事项

每次实验完毕，均需将三相自耦调压器的旋柄调回零位。每次改变电路的接线时，均需断开三相电源，以确保人身安全

六、预习要求

（1）预习二瓦特表法测量三相电路有功功率的原理。
（2）预习一瓦特表法测量三相电路无功功率的原理。
（3）测量功率时为什么在电路中通常都接有电流表和电压表？

七、实验报告

（1）完成数据表格中的各项测量和计算任务，比较一瓦特表和二瓦特表法的测量结果。
（2）总结、分析三相电路功率测量的方法与结果。
（3）总结心得体会及其他。

实验十六　相序及功率因数的测量

一、实验目的

（1）掌握三相交流电路相序的测量方法。

（2）熟悉功率因数的测量方法，了解负载性质对功率因数的影响。

二、实验原理

图 3-48 为相序指示器电路，用以测定三相电源的相序 A、B、C（或 U、V、W）。它是由一只电容和两只自炽灯组成的星形不对称三相负载电路。如果电容所接的是 A 相，则灯光较亮的是 B 相，较暗的是 C 相。相序是相对的，任何一相均可作为 A 相。但 A 相确定后，B 相和 C 相也就确定了。

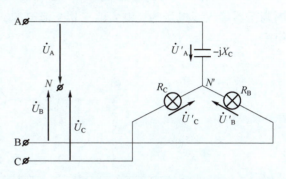

图 3-48　相序指示器电路

为了分析问题简单起见，设

$$X_C = R_B = R_C = R, \quad \dot{U}_A = U_p \angle 0°$$

则

$$\dot{U}_{N'N} = \frac{U_p\left(\dfrac{1}{-jR}\right) + U_p\left(-\dfrac{1}{2} - j\dfrac{\sqrt{3}}{2}\right)\left(\dfrac{1}{R}\right) + U_p\left(-\dfrac{1}{2} + j\dfrac{\sqrt{3}}{2}\right)\left(\dfrac{1}{R}\right)}{-\dfrac{1}{jR} + \dfrac{1}{R} + \dfrac{1}{R}}$$

$$\dot{U}'_B = \dot{U}_B - \dot{U}_{N'N} = U_p\left(-\dfrac{1}{2} - j\dfrac{\sqrt{3}}{2}\right) - U_p(-0.2 + j0.6)$$

$$= U_p(-0.3 - j1.466) = 1.49\angle -101.6° U_p$$

$$\dot{U}'_C = \dot{U}_C - \dot{U}_{N'N} = U_p\left(-\dfrac{1}{2} + j\dfrac{\sqrt{3}}{2}\right) - U_p(-0.2 + j0.6)$$

$$= U_p(-0.3 + j0.266) = 0.4\angle -138.4° U_p$$

由于 $\dot{U}'_B > \dot{U}'_C$，故 B 相灯光较亮。

三、实验设备与器件

（1）白炽灯组负载。

（2）单相功率表。

（3）交流电压表。

（4）交流电流表。

（5）电感线圈。

（6）电容。

四、实验内容

1. 相序的测定

（1）用 220 V、25 W 白炽灯和 1 μF/500 V 的电容，按图 3-49 所示电路接线，经三相自耦调压器接入线电压为 220 V 的三相交流电源，观察白炽灯的亮、暗，判断三相交流电源的相序。

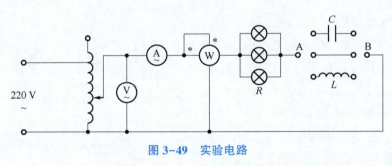

图 3-49　实验电路

（2）将电源线任意调换两相后再接入电路，观察两只白炽灯的亮、暗，判断三相交流电源的相序。

2. 电路功率（P）和功率因数（$\cos\varphi$）的测定

按图 3-49 所示电路接线，按表 3-39 所示在 A、B 间接入不同器件，记录各表的读数，算出功率因数并分析负载性质。

表 3-39　测量数据

A、B 间接入	U（V）	U_R（V）	U_L（V）	U_C（V）	I（A）	P（W）	$\cos\varphi$	负载性质
导线（短接）								
C								
L								
L 和 C（并联）								

说明：C 为 4.7 μF/500 V，L 为 30 W 日光灯镇流器。

五、实验注意事项

每次改接电路前都必须先断开电源。

六、预习要求

根据电路理论，分析图 3-48 检测相序的原理。

七、实验报告

（1）简述实验电路的相序检测原理。

（2）分析负载性质与 $\cos \varphi$ 的关系。

（3）总结心得体会及其他。

第 4 章　模拟电子电路实验

实验一　晶体管共射极单管放大器

一、实验目的

(1) 学会放大器静态工作点的调试方法，分析静态工作点对放大器性能的影响。

(2) 掌握放大器电压放大倍数、输入电阻、输出电阻及最大不失真输出电压的测试方法。

(3) 熟悉常用电子仪器及模拟电路实验设备的使用。

二、实验原理

电阻分压式工作点稳定单管放大器实验电路如图 4-1 所示。它的偏置电路采用 R_{B1} 和 R_{B2} 组成的分压电路，并在发射极中接有电阻 R_E，以稳定放大器的静态工作点。当在放大器的输入端加入输入信号 u_i 后，在放大器的输出端便可得到一个与 u_i 相位相反、幅值被放大了的输出信号 u_o，从而实现了电压放大。

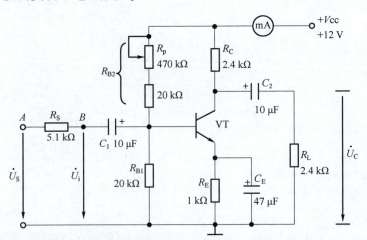

图 4-1　电阻力压式工作点稳定单管放大器实验电路

在图 4-1 中，当流过偏置电阻 R_{B1} 和 R_{B2} 的电流远大于晶体管 VT 的基极电流 I_B 时（一般为 5~10 倍），它的静态工作点可用下式估算：

$$U_B \approx \frac{R_{B1}}{R_{B1}+R_{B2}} V_{CC}$$

$$I_E \approx \frac{U_B - U_{BE}}{R_E} \approx I_C$$

$$U_{CE} = V_{CC} - I_C(R_C + R_E)$$

电压放大倍数为

$$A_u = -\beta \frac{R_C /\!/ R_L}{r_{be}}$$

输入电阻为

$$R_i = R_{B1} /\!/ R_{B2} /\!/ r_{be}$$

输出电阻为

$$R_o \approx R_C$$

由于电子器件性能的分散性比较大，因此在设计和制作晶体管放大电路时，离不开测量和调试技术。在设计前应测量所用元器件的参数，为电路的设计提供必要的依据，在完成设计和装配以后，还必须测量和调试放大器的静态工作点和各项性能指标。一个优质的放大器，必定是理论设计与实验调整相结合的产物。因此，除学习放大器的理论知识和设计方法外，还必须掌握必要的测量和调试技术。

放大器的测量和调试一般包括：放大器静态工作点的测量与调试，放大器各项动态指标的测量及干扰和自激振荡的消除等。

1. 放大器静态工作点的测量与调试

1）静态工作点的测量

测量放大器的静态工作点，应在输入信号 $u_i = 0$ 的情况下进行，即将放大器的输入端与地端短接，然后选用量程合适的直流毫安表和直流电压表，分别测量晶体管的集电极电流 I_C 以及各电极对地的电位 U_B、U_C 和 U_E。一般实验中，为了避免断开晶体管的集电极，所以采用测量电压 U_E 或 U_C，然后算出 I_C 的方法。例如，只要测出 U_E，即可用 $I_C \approx I_E = \frac{U_E}{R_E}$ 算出 I_C

（也可根据 $I_C = \frac{V_{CC} - U_C}{R_C}$，由 U_C 确定 I_C），也能算出 $U_{BE} = U_B - U_E$ $U_{CE} = U_C - U_E$。

为了减小误差，提高测量精度，应选用内阻较高的直流电压表。

2）静态工作点的调试

放大器静态工作点的调试是指对晶体管集电极电流 I_C（或 U_{CE}）的调整与测试。

静态工作点是否合适，对放大器的性能和输出波形都有很大影响。如果静态工作点偏高，放大器在加入交流信号以后易产生饱和失真，此时 u_o 的负半周将被削底，如图 4-2（a）所示；如果静态工作点偏低，则易产生截止失真，即 u_o 的正半周被缩顶（一般截止失真不如饱和失真明显），如图 4-2（b）所示。这些情况都不符合不失真放大的要求。因此，在选定静态工作点以后还必须进行动态调试，即在放大器的输入端加入一定的输入电压 u_i，

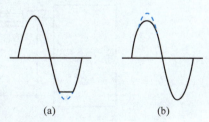

图 4-2　静态工作点对 u_o 波形失真的影响

检查输出电压 u_o 的大小和波形是否满足要求。如果不满足，则应调节静态工作点的位置。

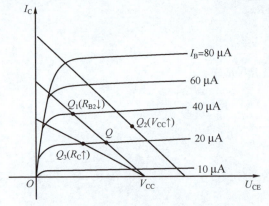

图 4-3　电路参数对静态工作点的影响

改变电路参数 V_{CC}、R_C、R_B（R_{B1}、R_{B2}）都会引起静态工作点的变化，如图 4-3 所示。但通常多采用调节偏置电阻 R_{B2} 的方法来改变静态工作点，如果减小 R_{B2}，则可使静态工作点的位置开高等。

最后还要说明的是，上面所说的静态工作点"偏高"或"偏低"不是绝对的，应该是相对信号的幅度而言，如果输入信号的幅度很小，即使静态工作点较高或较低也不一定会出现失真。因此，确切地说，产生波形失真是信号幅度与静态工作点的设置配合不当所致。如需满足较大信号幅度的要求，静态工作点最好尽量靠近交流负载线的中点。

2. 放大器各项动态指标的测量

放大器动态指标包括电压放大倍数、输入电阻、输出电阻、最大不失真输出电压（动态范围）和通频带等。

1）电压放大倍数 A_u 的测量

调整放大器到合适的静态工作点，然后加入输入电压 u_i，在输出电压 u_o 不失真的情况下，用交流毫伏表测出 u_i 和 u_o 的有效值 U_i 和 U_o，则

$$A_u = \frac{U_o}{U_i}$$

2）输入电阻 R_i 的测量

为了测量放大器的输入电阻，按图 4-4 所示电路在被测放大器的输入端与信号源之间串入一已知电阻 R，在放大器正常工作的情况下，用交流毫伏表测出 U_S 和 U_i，则根据输入电阻的定义可得

$$R_i = \frac{U_i}{I_i} = \frac{U_i}{\dfrac{U_R}{R}} = \frac{U_i}{U_S - U_i} R$$

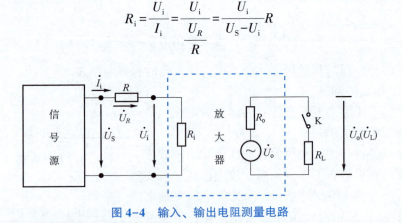

图 4-4　输入、输出电阻测量电路

测量时应注意下列几点：

（1）由于电阻 R 两端没有电路公共接地点，所以测量 R 两端电压 U_R 时必须分别测出 U_S

和 U_i，然后按 $U_R = U_S - U_i$ 求出 U_R；

（2）电阻 R 不宜取得过大或过小，以免产生较大的测量误差，通常取 R 与 R_i 为同一数量级为好，本实验可取 $R = 1 \sim 2\ \text{k}\Omega$。

3）输出电阻 R_o 的测量

图 4-4 中，在放大器正常工作的情况下，测出输出端不接负载 R_L 的输出电压 U_o 和接入负载后的输出电压 U_L，根据

$$U_L = \frac{R_L}{R_o + R_L} U_o$$

即可求出

$$R_o = \left(\frac{U_o}{U_L} - 1 \right) R_L$$

在测试中应注意，必须保持 R_L 接入前后输入信号的大小不变。

4）最大不失真输出电压 U_{OPP} 的测量（最大动态范围）

如上所述，为了得到最大动态范围，应将静态工作点调在交流负载线的中点。为此，在放大器正常工作的情况下，逐渐增大输入信号的幅度，并同时调节 R_p（改变静态工作点），用数字示波器观察 u_o，当输出波形同时出现削底和缩顶现象时（如图 4-5 所示），说明静态工作点已调在交流负载线的中点。然后反复调整输入信号，使波形输出幅度最大，且无明显失真时，用交流毫伏表测出 U_o（有效值），则最大动态范围等于 $2\sqrt{2}\,U_o$，或者用数字示波器直接读出 U_{OPP} 来。

5）放大器幅频特性的测量

放大器的幅频特性是指放大器的电压放大倍数 A_u 与输入信号频率 f 之间的关系曲线。单管阻容耦合放大电路的幅频特性曲线如图 4-6 所示，A_{um} 为中频电压放大倍数，通常规定电压放大倍数随频率变化下降到中频电压放大倍数的 $1/\sqrt{2}$ 倍，即 $0.707\,A_{um}$ 所对应的频率分别称为下限频率 f_L 和上限频率 f_H，则通频带 $f_{BW} = f_H - f_L$。

放大器的幅率特性就是测量不同频率信号时的电压放大倍数 A_u。为此，可采用前述测 A_u 的方法，每改变一个信号频率，测量其相应的电压放大倍数，测量时应注意频率的选择要恰当，在低频段与高频段应多测几次，在中频段可以少测几次。此外，在改变频率时，要保持输入信号的幅度不变，且输出波形不失真。

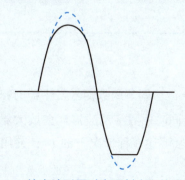

图 4-5　输出波形同时出现削底和缩顶现象

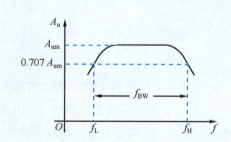

图 4-6　单管阻容耦合放大电路的幅频特性曲线

三、实验设备与器材

（1）+12 V 直流电源。

（2）函数信号发生器。

（3）数字示波器。

（4）交流毫伏表。

（5）直流电压表。

（6）直流毫安表。

（7）频率计。

（8）万用表。

3DG

3CG

9011(NPN)

9012(PNP)

9013(NFN)

（9）晶体管 3DG6×1（$\beta = 50 \sim 100$）或 9011×1 或 9013×1（引脚排列如图 4-7 所示）。

图 4-7 晶体管引脚排列

（10）电阻、电容若干。

四、实验内容

实验电路如图 4-1 所示。各电子仪器可按图 4-1 所示方式连接，为防止干扰，各仪器的公共端必须连在一起，同时信号源、交流毫伏表和数字示波器的引线应采用专用电缆或屏蔽线，如果使用屏蔽线，则屏蔽线的外包金属网应接在公共接地端上。

1. 调试静态工作点

接通直流电源前，先将 R_p 调至最大，函数信号发生器幅度调节旋钮和频率调节旋钮旋至零。接通 +12 V 直流电源、调节 R_p，使 $I_C = 2.0 \text{ mA}$（即 $U_E = 2.0 \text{ V}$），用直流电压表测量 U_B、U_E、U_C 及用万用表测量 R_{B2}，填入表 4-1。

表 4-1 测量数据 1

测量值				计算值		
U_B（V）	U_E（V）	U_C（V）	R_{B2}（kΩ）	U_{BE}（V）	U_{CE}（V）	I_C（mA）

2. 测量电压放大倍数

在放大器的输入端加入频率为 1 kHz 的正弦信号 u_S，调节函数信号发生器的幅度调节旋钮和频率调节旋钮使放大器的输入电压 $U_i \approx 10 \text{ mV}$，同时用数字示波器观察放大器的输出电压 u_o 波形，在波形不失真的条件下用交流毫伏表测量下述 3 种情况下的 U_o，并用数字示波器观察 u_o 和 u_i 的相位关系，填入表 4-2。

表 4-2　测量数据 2

R_C（kΩ）	R_L（kΩ）	U_o（V）	A_u	观察记录一组 u_o 和 u_i 波形
2.4	∞			
1.2	∞			
2.4	2.4			

3. 观察静态工作点对电压放大倍数的影响

置 $R_C = 2.4\ \mathrm{k\Omega}$，$R_L = \infty$，$U_i$ 适量，调节 R_p，用数字示波器监视 u_o 波形，在 u_o 不失真的情况下，测量 I_C 和 U_o，并计算 A_u，填入表 4-3。

表 4-3　测量数据 3

I_C（mA）			2.0		
U_o（V）					
A_u					

测量 I_C 时，要先将函数信号发生器的幅度调节旋钮和频率调节旋钮旋至零（即 $U_i = 0$）。

4. 观察静态工作点对输出波形失真的影响

置 $R_C = 2.4\ \mathrm{k\Omega}$，$U_i = 0\ \mathrm{mV}$，调节 R_p 使 $I_C = 2.0\ \mathrm{mA}$，测出 U_{CE}，再逐渐加大输入信号，使 u_o 足够大但不失真。然后保持输入信号不变，分别增大和减小 R_p，使波形出现失真，绘出 u_o 的波形，并测出失真情况下的 I_C 和 U_{CE}，填入表 4-4。每次测 I_C 和 U_{CE} 时都要将函数信号发生器的幅度调节旋钮和频率调节旋钮旋至零。

表 4-4　测量数据 4

I_C（mA）	U_{CE}（V）	u_o 波形	失真情况	管子工作状态
2.0				

5. 测量最大不失真输出电压

置 $R_C = 2.4\ \text{k}\Omega$，$R_L = 2.4\ \text{k}\Omega$，按照实验原理 2.4 中所述方法，同时调节输入信号的幅度和电位器 R_p，用数字示波器和交流毫伏表测量 U_{OPP} 及 U_o，填入表 4-5。

表 4-5　测量数据 5

I_C（mA）	U_i（mV）	U_o（V）	U_{OPP}（V）

6. 测量输入电阻和输出电阻

置 $I_C = 2.0\ \text{mA}$，$R_C = 2.4\ \text{k}\Omega$，$R_L = 2.4\ \text{k}\Omega$。输入 $f = 1\ \text{kHz}$ 的正弦信号，在 u_o 不失真的情况下，用交流毫伏表测出 U_S、U_i 和 U_L，填入表 4-6。

保持 U_S 不变，断开 R_L，测量输出电压 U_o，填入表 4-6。

表 4-6　测量数据 6

U_S（mV）	U_i（mV）	R_i（kΩ）		U_L（V）	U_o（V）	R_o（kΩ）	
		测量值	计算值			测量值	计算值

7. 测量幅频特性曲线

置 $I_C = 2.0\ \text{mA}$，$R_C = 2.4\ \text{k}\Omega$，$R_L = 2.4\ \text{k}\Omega$。保持输入信号 u_i 的幅度不变，改变信号源频率 f，逐点测出相应的输出电压 U_o，填入表 4-7。

表 4-7　测量数据 7

f（kHz）			
U_o（V）			
$A_u = U_o / U_i$			

为了信号源频率 f 取值合适，可先粗测一下，找出中频范围，再仔细读数。

说明：本实验内容较多，其中 6、7 可作为选做内容。

五、预习要求

（1）阅读教材中有关单管放大器的内容并估算实验电路的性能指标。

假设：晶体管 3DG6 的 $\beta = 100$，$R_{B1} = 20\ \text{k}\Omega$，$R_{B2} = 60\ \text{k}\Omega$，$R_C = 2.4\ \text{k}\Omega$，$R_L = 2.4\ \text{k}\Omega$。估算放大器的静态工作点、电压放大倍数 A_u、输入电阻 R_i 和输出电阻 R_o。

（2）阅读教材中有关放大器干扰和自激振荡消除内容。

能否用直流电压表直接测量晶体管的 U_{BE}？为什么实验中要采用测 U_B、U_E，再间接算出 U_{BE} 的方法？

（3）怎样测量 R_{B2}？

（4）当调节偏置电阻 R_{B2}，使放大器的输出波形出现饱和或截止失真时，晶体管的管压

降 U_{CE} 怎样变化？

（5）改变静态工作点对放大器的输入电阻 R_i 是否有影响？改变外接电阻 R_L 对输出电阻 R_o 是否有影响？

（6）在测试 A_u、R_i 和 R_o 时怎样选择输入信号的大小和频率？为什么信号频率一般选 1 kHz，而不选 100 kHz 或更高？

（7）测试中，如果将函数信号发生器、交流毫伏表、数字示波器中任一仪器的两个测试端子接线换位（即各仪器的接地端不再连在一起），将会出现什么问题？

注意：

图 4-8 为共射极单管放大器与带有负反馈的两级放大器组合实验模块。如果将 K_1、K_2 断开，则前级（Ⅰ）为典型电阻分压式单管放大器；如果将 K_1、K_2 接通，则前级（Ⅰ）与后级（Ⅱ）接通，组成带有电压串联负反馈的两级放大器。

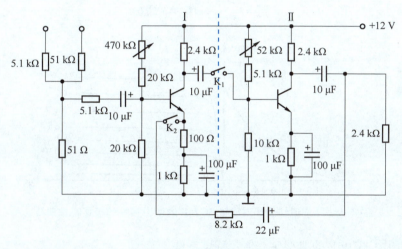

图 4-8　组合实验模块

六、实验报告

（1）列表整理测量结果，并把实测的静态工作点、电压放大倍数、输入电阻、输出电阻与理论计算值比较（取一组数据进行比较），分析产生误差的原因。

（2）总结 R_C、R_L 及静态工作点对放大器电压放大倍数、输入电阻、输出电阻的影响。

（3）讨论静态工作点的变化对放大器输出波形的影响。

（4）分析讨论在电路调试过程中出现的问题。

实验二　场效应管放大器

一、实验目的

（1）了解结型场效应管的性能和特点。

（2）进一步熟悉放大器动态指标的测试方法。

二、实验原理

场效应管是一种电压控制型器件，按结构可分为结型和绝缘栅型两种类型。由于场效应管栅源之间处于绝缘或反向偏置，所以输入电阻很高（一般可达上百兆欧姆）；又由于场效应管是一种多数载流子控制器件，因此其热稳定性好，抗辐射能力强，噪声系数小，加之其制造工艺较简单，便于大规模集成，因此得到越来越广泛的应用。

1. 结型场效应管的特性和参数

场效应管的特性主要有输出特性和转移特性。图 4-9 为 N 沟道结型场效应管 3DJ6F 的输出特性和转移特性曲线。其直流参数主要有饱和漏极电流 I_{DSS}、夹断电压 U_P 等；交流参数主要有低频跨导 g_m，其公式为

$$g_m = \frac{\Delta I_D}{\Delta U_{GS}} \mid U_{DS} = 常数$$

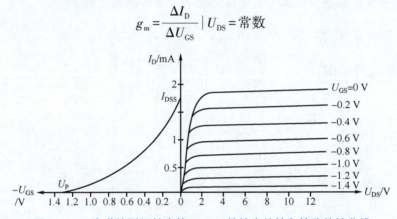

图 4-9 N 沟道结型场效应管 3DJ6F 的输出特性和转移特性曲线

表 4-8 列出了 3DJ6F 的典型参数值及测试条件。

表 4-8 3DJ6F 的典型参数值及测试条件

参数名称	饱和漏极电流 I_{DSS}（mA）	夹断电压 U_P（V）	跨导 g_m（μA/V）
测试条件	$U_{DS} = 10 \text{ V}$ $U_{GS} = 0 \text{ V}$	$U_{DS} = 10 \text{ V}$ $I_{DS} = 50 \text{ μA}$	$U_{DS} = 10 \text{ V}$ $I_{DS} = 3 \text{ mA}$ $f = 1 \text{ kHz}$
参数值	1~3.5	1~91	>100

2. 场效应管放大器的性能分析

图 4-10 为结型场效应管组成的共源级放大器，其静态工作点为

$$U_{GS} = U_G - U_S = \frac{R_{g1}}{R_{g1} + R_{g2}} U_{DD} - I_D R_S$$

$$I_D = I_{DSS} \left(1 - \frac{U_{GS}}{U_P}\right)^2$$

电压放大倍数为

$$A_u = -g_m R'_L = -g_m R_D // R_L$$

输入电阻为

$$R_i = R_G + R_{g1} /\!/ R_{g2}$$

输出电阻为

$$R_o \approx R_D$$

式中，跨导 g_m 可由特性曲线用作图法求得，或用公式

$$g_m = -\frac{2I_{DSS}}{U_P}\left(1 - \frac{U_{GS}}{U_P}\right)$$

计算。但要注意，计算时 U_{GS} 要用静态工作点处的数值。

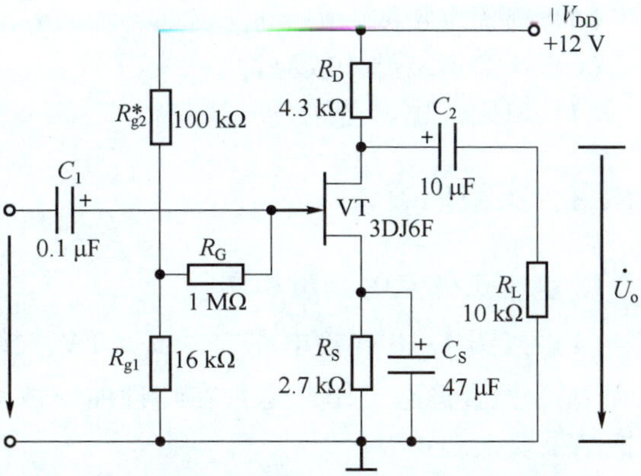

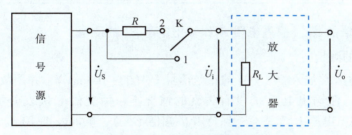

图 4-10　结型场效应管组成的共源级放大器

3. 输入电阻的测量方法

场效应管放大器的静态工作点、电压放大倍数和输出电阻的测量方法，与实验一中晶体管放大器的测量方法相同。其输入电阻的测量，从原理上讲，也可采用实验一中所述方法，但由于场效应管的 R_i 比较大，如果直接测输入电压 U_S 和 U_i，则限于测量仪器的输入电阻有限，必然会带来较大的误差。因此，为了减小误差，常利用被测放大器的隔离作用，通过测量输出电压 U_o 来计算输入电阻，测量电路如图 4-11 所示。

图 4-11　输入电阻的测量电路

在放大器的输入端串联电阻 R，把 K 拨向位置 1（即 $R = 0$），测量放大器的输出电压 $U_{o1} = A_u U_S$；保持 U_S 不变，再把 K 拨向 2（即接入 R），测量放大器的输出电压 U_{o2}。由于两次测量中 A_u 和 U_S 保持不变，故

$$U_{o2} = A_u U_i = \frac{R_i}{R + R_i} U_S A_u$$

由此可以求出

$$R_i = \frac{U_{o2}}{U_{o1} - U_{o2}} R$$

式中，R 和 R_i 不要相差太大，本实验可取 $R = 100 \sim 200$ kΩ。

三、实验设备与器件

（1）+12 V 直流电源。
（2）函数信号发生器。
（3）数字示波器。
（4）交流毫伏表。

（5）直流电压表。

（6）N 沟道结型场效应管。

（7）电阻、电容若干。

四、实验内容

1. 静态工作点的测量和调整

（1）按图 4-10 连接电路，令 $u_i = 0$ V，接通 +12 V 直流电源，用直流电压表测量 U_G、U_S 和 U_D。检查静态工作点是否在特性曲线放大区的中间部分。若静态工作点的位置合适，则把结果填入表 4-9。

（2）若静态工作点的位置不合适，则适当调整 R_{g2} 和 R_S，再测量 U_G、U_S 和 U_D，填入表 4-9。

表 4-9　测量数据 1

测量值						计算值		
U_G（V）	U_S（V）	U_D（V）	U_{DS}（V）	U_{GS}（V）	I_D（mA）	U_{DS}（V）	U_{GS}（V）	I_D（mA）

2. 电压放大倍数 A_u、输入电阻 R_i 和输出电阻 R_o 的测量

1）A_u 和 R_o 的测量

在放大器的输入端加入 $f = 1$ kHz 的正弦信号 U_i（50~100 mV），并用数字示波器监视输出电压 u_o 的波形。在输出电压 u_o 没有失真的情况下，用交流毫伏表分别测量 $R_L = \infty$ 和 $R_L = 10$ kΩ 时的输出电压 U_o（注意：保持 U_i 的幅值不变），填入表 4-10。

表 4-10　测量数据 2

测量值					计算值		u_i 和 u_o 波形
R_L	U_i（V）	U_o（V）	A_u	R_o（kΩ）	A_u	R_o（kΩ）	
$R_L = \infty$							
$R_L = 10$ kΩ							

用数字示波器同时观察 u_i 和 u_o 的波形，将它们描绘出来并分析两者之间的相位关系。

2）R_i 的测量

按图 4-11 改接实验电路，选择合适大小的输入电压 U_S（50~100 mV），将开关 K 掷向位置 1，测出 $R = 0$ Ω 时的输出电压 U_{o1}，然后将开关掷向位置 2（接入 R），保持 U_S 不变，再测出 U_{o2}，根据公式

$$R_i = \frac{U_{o2}}{U_{o1} - U_{o2}} R_o$$

求出 R_i，填入表 4-11。

表 4-11　测量数据 3

测量值			计算值
U_{o1}（V）	U_{o2}（V）	R_i（kΩ）	R_i（kΩ）

五、预习要求

（1）预习有关场效应管部分内容，并分别用图解法与计算法估算管子的静态工作点（根据实验电路参数），求出静态工作点处的跨导 g_m。

（2）场效应管放大器输入回路的电容 C_1 为什么可以取得小一些（可以取 $C_1 = 0.1\ \mu F$）？

（3）在测量场效应管静态工作电压 U_{GS} 时，能否用直流电压表直接并在 G、S 两端测量？为什么？

（4）为什么测量场效应管放大器的输入电阻时要用测量输出电压的方法进行测量？

六、实验报告

（1）整理实验数据，将测得的 A_u、R_i、R_o 和计算值进行比较。

（2）把场效应管放大器与晶体管放大器进行比较，总结场效应管放大器的特点。

（3）分析测试中的问题，总结实验收获。

实验三　负反馈放大器

一、实验目的

加深理解放大电路中引入负反馈方法和负反馈对放大器各项性能指标的影响。

二、实验原理

负反馈在电子电路中有非常广泛的应用，虽然它使放大器的放大倍数降低，但能在多方面改善放大器的动态指标，如稳定放大倍数，改变输入、输出电阻，减小非线性失真和展宽通频带等。因此，几乎所有的实用放大器都带有负反馈。

负反馈放大器有 4 种组态，即电压串联、电压并联、电流串联、电流并联。本实验以电压串联负反馈为例，分析负反馈对放大器各项性能指标的影响。

（1）图 4-12 为带有负反馈的两级阻容耦合放大器，在电路中通过 R_f 把输出电压 u_o 引回到输入端，加在晶体管 VT_1 的发射极上，在发射极电阻 R_{F1} 上形成反馈电压 u_f。根据反馈的判断法可知，它属于电压串联负反馈。

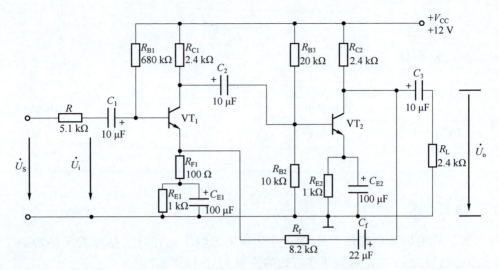

图 4-12　带有负反馈的两级阻容耦合放大器

负反馈放大器的主要性能指标如下。

①闭环电压放大倍数：

$$A_{\mathrm{uf}} = \frac{A_{\mathrm{u}}}{1 + A_{\mathrm{u}}F_{\mathrm{u}}}$$

式中，$A_{\mathrm{u}} = U_{\mathrm{o}}/U_{\mathrm{i}}$ 为基本放大器（无反馈）的电压放大倍数，即开环电压放大倍数；$1 + A_{\mathrm{u}}F_{\mathrm{u}}$ 为反馈深度，它的大小决定了负反馈对放大器性能改善的程度。

②反馈系数：

$$F_{\mathrm{u}} = \frac{R_{\mathrm{F1}}}{R_{\mathrm{f}} + R_{\mathrm{F1}}}$$

③输入电阻：

$$R_{\mathrm{if}} = (1 + A_{\mathrm{u}}F_{\mathrm{u}})R_{\mathrm{i}}$$

式中，R_{i} 为基本放大器的输入电阻。

④输出电阻：

$$R_{\mathrm{of}} = \frac{R_{\mathrm{o}}}{1 + A_{\mathrm{uo}}F_{\mathrm{u}}}$$

式中，R_{o} 为基本放大器的输出电阻；A_{uo} 为基本放大器 $R_{\mathrm{L}} = \infty$ 时的电压放大倍数。

（2）本实验还需要测量基本放大器的动态指标。为了实现无反馈而得到基本放大器，不能简单地断开反馈支路，而是要去掉反馈作用，但又要把反馈网络的影响（负载效应）考虑到基本放大器中去。为此：

①在画基本放大器的输入回路时，由于输出端是电压负反馈，因此可将负反馈放大器的输出端交流短路，即令 $u_{\mathrm{o}} = 0$，此时 R_{f} 相当于并联在 R_{F1} 上；

②在画基本放大器的输出回路时，由于输入端是串联负反馈，因此需将反馈放大器的输入端（VT$_{1}$ 的发射极）开路，此时 $R_{\mathrm{f}} + R_{\mathrm{F1}}$ 相当于并联在输出端，可近似认为 R_{f} 并联在输出端。

根据上述规律，就可得到所要求的基本放大器，如图 4-13 所示。

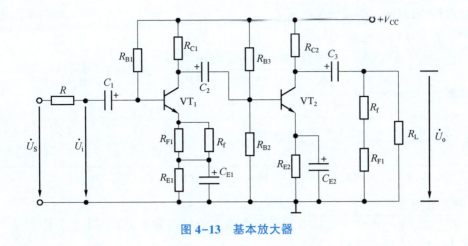

图 4-13　基本放大器

三、实验设备与器件

（1）+12 V 直流电源。
（2）函数信号发生器。
（3）数字示波器。
（4）频率计。
（5）交流毫伏表。
（6）直流电压表。
（7）晶体管 3DG6×2（$\beta = 50 \sim 100$）或 9011×2 或 9013×2。
（8）电阻、电容若干。

四、实验内容

1. 测量静态工作点

按图 4-12 连接实验电路，取 $V_{CC} = +12$ V，$U_i = 0$ V，用直流电压表分别测量第一级、第二级的静态工作点，填入表 4-12。

表 4-12　测量数据 1

测量对象	U_B（V）	U_E（V）	U_C（V）	I_C（mA）
第一级				
第二级				

2. 测量基本放大器的各项性能指标

将实验电路按图 4-13 改接，即把 R_f 断开后分别并联在 R_{F1} 和 R_L 上，其他连线不动。

1）测量开环电压放大倍数 A_u、输入电阻 R_i 和输出电阻 R_o

（1）以 $f = 1$ kHz、$U_S \approx 5$ mV 的正弦信号输入放大器，用数字示波器监视输出波形 u_o，在 u_o 不失真的情况下，用交流毫伏表测量 U_S、U_i、U_L，填入表 4-13。

（2）保持 U_S 不变，断开负载电阻 R_L（注意：R_f 不要断开），测量空载时的输出电压 U_o，填入表 4-13。

表 4-13　测量数据 2

基本放大器	U_S（mv）	U_i（mv）	U_L（V）	U_o（V）	A_u	R_i（kΩ）	R_o（kΩ）
负反馈放大器	U_S（mv）	U_i（mv）	U_L（V）	U_o（V）	A_uf	R_if（kΩ）	R_of（kΩ）

注：正弦输入信号 U_S 可根据实验条件，在保证 u_o 不失真的情况下，可适当增大。

2）测量通频带

接上 R_L，保持 U_S 不变，然后增加和减小输入信号的频率，找出上、下限频率 f_H 和 f_L，填入表 4-14。

表 4-14　测量数据 3

基本放大器	f_L（kHz）	f_H（kHz）	Δf（kHz）
负反馈放大器	f_Lf（kHz）	f_Hf（kHz）	Δf_f（kHz）

3. 测量负反馈放大器的各项性能指标

将实验电路恢复为图 4-12 的负反馈放大电路。适当增加 U_S（约 10 mV），在 U_o 不失真的情况下，测量负反馈放大器的 A_uf、R_if 和 R_of，填入表 4-13；测量 f_Hf 和 f_Lf，填入表 4-14。

4. 观察负反馈对非线性失真的改善

（1）实验电路改接成基本放大器形式，在输入端加入 $f=1$ kHz 的正弦信号，输出端接数字示波器，逐渐增大输入信号的幅度，使输出波形开始出现失真，记下此时的波形和输出电压的幅度。

（2）再将实验电路改接成负反馈放大器形式，增大输入信号的幅度，使输出电压幅度的大小与实验内容 2 中相同，比较有负反馈时，输出波形的变化。

五、预习要求

（1）按图 4-12 估算放大器的静态工作点（取 $\beta_1=\beta_2=100$）。

（2）怎样把负反馈放大器改接成基本放大器？为什么要把 R_f 并联在输入和输出端？

（3）估算基本放大器的 A_u、R_i 和 R_o；估算负反馈放大器的 A_uf、R_if 和 R_of，并验算它们之间的关系。

（4）如果按深度负反馈估算，则闭环电压放大倍数 A_uf 为多少？它和测量值是否一致？为什么？

（5）如果输入信号存在失真，能否用负反馈来改善？

（6）怎样判断放大器是否存在自激振荡？如何进行消振？

注意：
如果实验装置上有放大器的固定实验模块，则可参考实验二的图 4-11 进行实验。

六. 实验报告

（1）将基本放大器和负反馈放大器动态指标的测量值和估算值列表进行比较。

（2）根据实验结果，总结电压串联负反馈对放大器性能的影响。

实验四　射极跟随器

一、实验目的

（1）掌握射极跟随器的特性及测试方法。

（2）进一步学习放大器各项参数的测试方法。

二、实验原理

射极跟随器的原理如图 4-14 所示。它是一个电压串联负反馈放大电路，具有输入电阻高，输出电阻低，电压放大倍数接近于 1，输出电压能够在较大范围内跟随输入电压作线性变化以及输入、输出信号同相等特点。

射极跟随器的输出取自发射极，故称其为射极输出器。

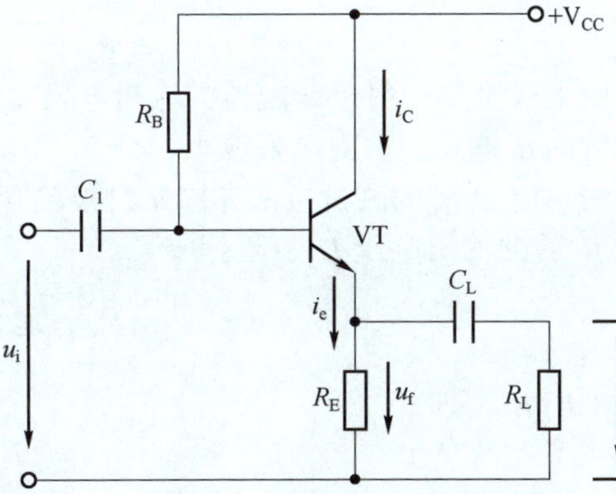

1. 输入电阻 R_i

图 4-14 所示电路的输入电阻为

$$R_i = r_{be} + (1+\beta) R_E$$

如果考虑偏置电阻 R_B 和负载 R_L 的影响，则

$$R_i = R_B /\!/ [r_{be} + (1+\beta)(R_E /\!/ R_L)]$$

由上式可知，射极跟随器的输入电阻 R_i 比共射极单管放大器的输入电阻 $R_i = R_B /\!/ r_{be}$ 大得多，但由于偏置电阻 R_B 的分流作用，输入电阻难以进一步提高。

射极跟随器输入电阻的测试方法同共射极单管放大器，实验电路如图 4-15 所示，公式为

$$R_i = \frac{U_i}{I_i} = \frac{U_i}{U_s - U_i} R$$

即只要测得 A、B 两点的对地电位即可计算出 R_i。

2. 输出电阻 R_o

图 4-14 所示电路的输出电阻为

$$R_o = \frac{r_{be}}{\beta} /\!/ R_E \approx \frac{r_{be}}{\beta}$$

如果考虑信号源内阻 R_S，则

图 4-14　射极跟随器的原理

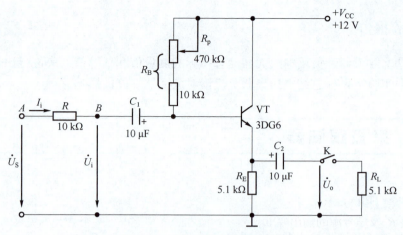

图 4-15　射极跟随器实验电路

$$R_o = \frac{r_{be} + (R_S \mathbin{/\mkern-5mu/} R_B)}{\beta} \mathbin{/\mkern-5mu/} R_E \approx \frac{r_{be} + (R_S \mathbin{/\mkern-5mu/} R_B)}{\beta}$$

由上式可知，射极跟随器的输出电阻 R_o 比共射极单管放大器的输出电阻 $R_o \approx R_C$ 小得多。晶体管的 β 越高，输出电阻愈小。

输出电阻 R_o 的测试方法亦同共射极单管放大器，即先测出空载输出电压 U_o，再测接入负载 R_L 后的输出电压 U_L，根据

$$U_L = \frac{R_L}{R_o + R_L} U_o$$

即可求出 R_o，即

$$R_o = \left(\frac{U_o}{U_L} - 1 \right) R_L$$

3. 电压放大倍数

图 4-14 所示电路的电压放大倍数为

$$A_u = \frac{(1+\beta)(R_E \mathbin{/\mkern-5mu/} R_L)}{r_{be} + (1+\beta)(R_E \mathbin{/\mkern-5mu/} R_L)} \leqslant 1$$

上式说明，射极跟随器的电压放大倍数小于或等于 1，且为正值。这是深度电压负反馈的结果。但它的射极电流仍比基极电流大 $(1+\beta)$ 倍，所以它具有一定的电流和功率放大作用。

4. 电压跟随范围

电压跟随范围是指射极跟随器输出电压 u_o 跟随输入电压 u_i 作线性变化的区域。当 u_i 超过一定范围时，u_o 便不能跟随 u_i 作线性变化，即 u_o 的波形产生了失真。为了使输出电压 u_o 的正、负半周对称，并充分利用电压跟随范围，静态工作点应选在交流负载线的中点，测量时可直接用数字示波器读取 u_o 的峰峰值，即电压跟随范围；或者用交流毫伏表读取 u_o 的有效值，则电压跟随范围为 $U_{OPP} = 2\sqrt{2} U_o$。

三、实验设备与器件

（1）+12 V 直流电源。

（2）函数信号发生器。

（3）数字示波器。

（4）交流毫伏表。

（5）直流电压表。

（6）频率计。

（7）晶体管 3DG6×1（β=50~100）或 9013×1，电阻、电容若干。

四、实验内容

按图 4-15 连接电路。

1. 静态工作点的调整

接通+12 V 直流电源，在 B 点加入 f=1 kHz 的正弦信号 u_i，输出端用数字示波器监视输出波形，反复调整 R_P 及信号源的输出幅度，使在示波器的屏幕上得到一个最大不失真的输出波形，然后置 u_i=0 V，用直流电压表测量晶体管各电极的对地电位，将测得数据记填入表 4-15。

表 4-15　测量数据 1

U_E（V）	U_B（V）	U_C（V）	I_E（mA）

在下面整个测试过程中应保持 R_P 不变（即保持静态工作点 I_E 不变）。

2. 测量电压放大倍数 A_u

接入 1 kΩ 的负载 R_L，在 B 点加入 f=1 kHz 的正弦信号 u_i，调节输入信号的幅度，用数字示波器观察输出波形 u_o，在输出波形最大不失真的情况下，用交流毫伏表测 U_i、U_L，填入表 4-16。

表 4-16　测量数据 2

U_i（V）	U_L（V）	A_u

3. 测量输出电阻 R_o

接入 1 kΩ 的负载 R_L，在 B 点加入 f=1 kHz 的正弦信号 u_i，用数字示波器监视输出波形，测空载输出电压 U_o、有负载时的输出电压 U_L，填入表 4-17。

表 4-17　测量数据 3

U_o（V）	U_L（V）	R_o（kΩ）

4. 测量输入电阻 R_i

在 A 点加入 f=1 kHz 的正弦信号 u_S，用数字示波器监视输出波形，用交流毫伏表分别测出 A、B 点对地的电位 U_S、U_i，填入表 4-18。

表 4-18　测量数据 4

U_S（V）	U_i（V）	R_i（kΩ）

5. 测试电压跟随特性

接入 1 kΩ 的负载 R_L，在 B 点加入 $f=1$ kHz 的正弦信号 u_i，逐渐增大输入信号 u_i 的幅度，用数字示波器监视输出波形，直至输出波形达最大不失真，测量对应的 U_L，填入表 4–19。

表 4–19　测量数据 5

U_i（V）	
U_L（V）	

6. 测试频率响应特性

保持输入信号 u_i 的幅度不变，改变信号源的频率，用数字示波器监视输出波形，用交流毫伏表测量不同频率下的输出电压 U_L，填入表 4–20。

表 4–20　测量数据 6

f（kHz）	
U_L（V）	

五、预习要求

（1）预习射极跟随器的工作原理。
（2）根据图 4–15 的元件参数值估算静态工作点，并画出交、直流负载线。

六、实验报告

（1）整理实验数据，并画出 $U_L=f(U_i)$ 及 $U_L=f(f)$ 曲线。
（2）分析射极跟随器的性能和特点。

附：采用自举电路的射极跟随器。

在一些电子测量仪器中，为了减小仪器对信号源所取用的电流，以提高测量精度，通常采用如图 4–16 所示的带有自举电路的射极跟随器，以提高偏置电路的等效电阻，从而保证射极跟随器有足够高的输入电阻。

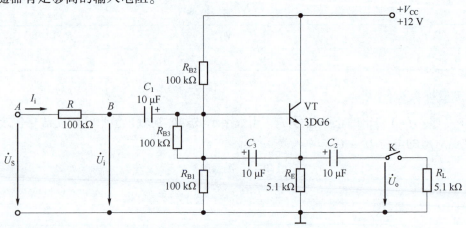

图 4–16　带有自举电路的射极跟随器

实验五　差动放大器

一、实验目的

（1）加深对差动放大器性能及特点的理解。
（2）学习差动放大器主要性能指标的测试方法。

二、实验原理

差动放大器的基本结构如图 4-17 所示，它由两个元件参数相同的基本共射放大电路组成。当开关 K 拨向左边时，构成典型差动放大器。调零电位器 R_p 用来调节 VT_1、VT_2 的静态工作点，使输入信号 $U_i = 0$ V 时，双端输出电压 $U_o = 0$ V。R_E 为两管共用的发射极电阻，它对差模信号无负反馈作用，因而不影响差模电压放大倍数，但对共模信号有较强的负反馈作用，故可以有效抑制零漂，稳定静态工作点。

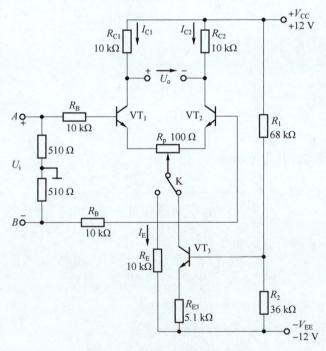

图 4-17　差动放大器的基本结构

当开关 K 拨向右边时，构成具有恒流源的差动放大器。它用晶体管恒流源代替发射极电阻 R_E，可以进一步提高差动放大器抑制共模信号的能力。

1. 静态工作点的估算

典型电路：

$$I_{\text{E}} \approx \frac{|V_{\text{EE}}| - V_{\text{BE}}}{R_{\text{E}}} \quad (\text{认为 } U_{\text{B1}} = U_{\text{B2}} \approx 0)$$

$$I_{\text{C1}} = I_{\text{C2}} = \frac{1}{2} I_{\text{E}}$$

恒流源电路：

$$I_{\text{C3}} \approx I_{\text{E3}} \approx \frac{\dfrac{R_2}{R_1 + R_2}(V_{\text{CC}} + |V_{\text{EE}}|) - U_{\text{BE}}}{R_{\text{E3}}}$$

$$I_{\text{C1}} = I_{\text{C2}} = \frac{1}{2} I_{\text{C3}}$$

2. 差模电压放大倍数和共模电压放大倍数

当差动放大器的发射极电阻 R_{E} 足够大，或者采用恒流源电路时，差模电压放大倍数 A_{d} 由输出方式决定，而与输入方式无关。

双端输出：$R_{\text{E}} = \infty$，R_{p} 在中心位置时，有

$$A_{\text{d}} = \frac{\Delta U_{\text{o}}}{\Delta U_{\text{i}}} = -\frac{\beta R_{\text{C}}}{R_{\text{B}} + r_{\text{be}} + \dfrac{1}{2}(1+\beta) R_{\text{p}}}$$

单端输出：

$$A_{\text{d1}} = \frac{\Delta U_{\text{C1}}}{\Delta U_{\text{i}}} = \frac{1}{2} A_{\text{d}}$$

$$A_{\text{d2}} = \frac{\Delta U_{\text{C2}}}{\Delta U_{\text{i}}} = -\frac{1}{2} A_{\text{d}}$$

当输入共模信号时，若为单端输出，则有

$$A_{\text{c1}} = A_{\text{c2}} = \frac{\Delta U_{\text{C1}}}{\Delta U_{\text{i}}} = \frac{-\beta R_{\text{C}}}{R_{\text{B}} + r_{\text{be}} + (1+\beta)\left(\dfrac{1}{2} R_{\text{p}} + 2R_{\text{E}}\right)} \approx -\frac{R_{\text{C}}}{2R_{\text{E}}}$$

若为双端输出，在理想情况下有

$$A_{\text{c}} = \frac{\Delta U_{\text{o}}}{\Delta U_{\text{i}}} = 0$$

式中，A_{c1}、A_{c2} 为晶体管 VT_1、VT_2 的电压放大倍数；A_{c} 为差模电压放大倍数。实际上由于元件不可能完全对称，因此 A_{c} 也不会绝对等于零。

3. 共模抑制比

为了表征差动放大器对有用信号（差模信号）的放大作用和对共模信号的抑制能力，通常用一个综合指标来衡量，即共模抑制比（Common Mode Rejection Ratio，CMRR）：

$$\text{CMRR} = \left|\frac{A_{\text{d}}}{A_{\text{c}}}\right| \quad \text{或 CMRR} = 20 \log\left|\frac{A_{\text{d}}}{A_{\text{c}}}\right| \ (\text{dB})$$

差动放大器的输入信号可采用直流信号也可采用交流信号。本实验由函数信号发生器提供频率 $f = 1 \text{ kHz}$ 的正弦信号作为输入信号。

三．实验设备与器件

（1）±12 V 直流电源。
（2）函数信号发生器。
（3）数字示波器。
（4）交流毫伏表。
（5）直流电压表。
（6）晶体管 3DG6×3（要求 VT_1、VT_2 的特性参数一致）或 9011×3，电阻、电容若干。

四、实验内容

1. 典型差动放大器性能的测试

实验电路按图 4-17 连接，开关 K 掷向左边构成典型差动放大器。

1）测量静态工作点

（1）调节放大器零点。

信号源不接入。将放大器输入端 A、B 与地短接，接通 ±12 V 直流电源，用直流电压表测量输出电压 U_o，调节调零电位器 R_P，使 $U_o = 0$ V。调节时要仔细，力求准确。

（2）测量静态工作点。

放大器零点调好以后，用直流电压表测量 VT_1、VT_2 各电极电位及发射极电阻 R_E 两端的电压 U_{RE}，填入表 4-21。

表 4-21　测量数据 1

测量值	U_{C1}（V）	U_{B1}（V）	U_{E1}（V）	U_{C2}（V）	U_{B2}（V）	U_{E2}（V）	U_{RE}（V）
计算值	I_C（mA）			I_B（mA）		U_{CE}（V）	

2）测量差模电压放大倍数

断开直流电源，将函数信号发生器的输出端接放大器输入 A 端，地端接放大器输入 B 端构成单端输入方式，提供频率 $f = 1$ kHz 的正弦信号作为输入信号，并使输出旋钮旋至零，数字用示波器监视输出端（集电极 C_1 或 C_2 与地之间）。

接通 ±12 V 直流电源，逐渐增大输入电压 U_i（约 100 mV），在输出波形无失真的情况下，用交流毫伏表测 U_i、U_{C1}、U_{C2}，填入表 4-22，并观察 u_i、u_{C1}、u_{C2} 之间的相位关系及 U_{RE} 随 U_i 改变而变化的情况。

3）测量共模电压放大倍数

将放大器输入端 A、B 短接，信号源接 A 端与地之间，构成共模输入方式，调节输入信号 $f = 1$ kHz，$U_i = 1$ V，在输出波形无失真的情况下，测量 U_{C1}、U_{C2} 并填入表 4-22，并观察 u_i、u_{C1}、u_{C2} 之间的相位关系及 U_{RE} 随 U_i 改变而变化的情况。

表 4–22　测量数据 2

参数	典型差动放大器		具有恒流源的差动放大器	
	单端输入	共模输入	单端输入	共模输入
U_i	100 mV	1 V	100 mV	1 V
U_{C1}（V）				
U_{C2}（V）				
$A_{d1} = \dfrac{U_{C1}}{U_i}$		—		—
$A_d = \dfrac{U_o}{U_i}$		—		—
$A_{c1} = \dfrac{U_{c1}}{U_i}$	—		—	
$A_c = \dfrac{U_o}{U_i}$	—		—	
$CMRR = \left\| \dfrac{A_{d1}}{A_{c1}} \right\|$				

2. 具有恒流源的差动放大器性能的测试

将图 4–17 中的开关 K 掷向右边，构成具有恒流源的差动放大器。重复实验内容 1–2）、1–3）的要求，填入表 4–22。

五、预习要求

（1）根据实验电路参数，估算典型差动放大器和具有恒流源的差动放大器的静态工作点及差模电压放大倍数（取 $\beta_1 = \beta_2 = 100$）。

（2）测量静态工作点时，放大器输入端 A、B 与地应如何连接？

（3）实验中怎样获得双端和单端输入差模信号？怎样获得共模信号？画出放大器 A、B 端与信号源之间的连接图。

（4）差动放大电路中怎样对电路进行静态调零？用什么仪表测 U_o？

（5）怎样用交流毫伏表测双端输出电压 U_o？

六、实验报告

（1）整理实验数据，列表比较实验结果和计算值，分析误差原因。
① 静态工作点和差模电压放大倍数。
② 典型差动放大器单端输出时，CMRR 的测量值与计算值的比较。
③ 典型差动放大器单端输出时，CMRR 的测量值与具有恒流源的差动放大器 CMRR 的测量值的比较。

（2）比较 u_i、u_{C1} 和 u_{C2} 之间的相位关系。

（3）根据实验结果，总结发射极电阻 R_E 和恒流源的作用。

一、实验目的

（1）掌握集成运算放大器主要指标的测试方法。

（2）通过对集成运算放大器 μA741 指标的测试，了解集成运算放大器组件的主要参数的定义和表示方法。

二、实验原理

集成运算放大器（简称集成运放）是一种线性集成电路，和其他半导体器件一样，它是用一些性能指标来衡量其质量优劣的。为了正确使用集成运放，就必须了解它的主要指标。集成运放组件的各项指标通常是由专用仪器进行测试的，这里介绍的是一种简易测试方法。

本实验采用的集成运放的型号为 μA741（或 F007），引脚排列如图 4-18 所示，它是八脚双列直插式组件，2 脚和 3 脚为反相和同相输入端；6 脚为输出端，7 脚和 4 脚为正、负电源端；1 脚和 5 脚为失调调零端，1、5 脚之间可接入一只几十千欧姆的电位器并将滑动触头接到负电源端；8 脚为空脚。

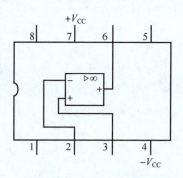

图 4-18　μA741 的引脚排列

1. μA741 主要指标的测试

1）输入失调电压 U_{os}

理想运放组件，当输入信号为零时，其输出也为零。但是即使是最优质的集成运放组件，由于运放内部差动输入级参数的不完全对称，故输出电压往往不为零。这种零输入时输出不为零的现象称为集成运放的失调。

输入失调电压 U_{os} 是指当输入信号为零时，输出端输出的电压折算到同相输入端的数值。

输入失调电压的测试电路如图 4-19 所示。闭合开关 K_1 及 K_2，使电阻 R_B 短接，此时的输出电压 U_{o1} 即为输出失调电压，则输入失调电压为

$$U_{os} = \frac{R_1}{R_1 + R_f} U_{o1}$$

实际测出的 U_{os} 可能为正，也可能为负，一般为 1～5 mV，对于高质量的集成运放，其 U_{os} 在 1 mV 以下。

> 测试中应注意：
> （1）将集成运放的调零端开路；
> （2）要求电阻 R_1 和 R_2，R_3 和 R_f 的参数严格对称。

2）输入失调电流 I_{os}

输入失调电流 I_{os} 是指当输入信号为零时，集成运放的两个输入端的基极偏置电流之差，即

$$I_{os} = |I_{B1} - I_{B2}|$$

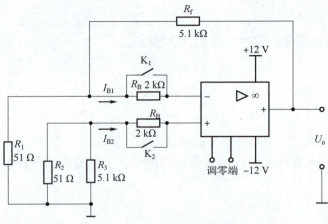

图 4-19 U_{os}、I_{os} 的测试电路

输入失调电流的大小反映了集成运放内部差动输入级两只晶体管 β 的失配度，由于 I_{B1} 和 I_{B2} 本身的数值已很小（微安级），因此它们的差值通常不是直接测量的，而是通过如图 4-19 所示的测试电路来测量的，测试分为以下两个步骤。

（1）闭合开关 K_1 及 K_2，在低输入电阻下，测出输出电压 U_{o1}，如前所述，这是由输入失调电压 U_{os} 所引起的输出电压。

（2）断开开关 K_1 及 K_2，接入两只输入电阻 R_B，由于 R_B 较大，流经它们的输入电流的差异，将变成输入电压的差异，因此，其也会影响输出电压的大小。可见，测出两只电阻 R_B 接入时的输出电压 U_{o2}，若从中扣除输入失调电压 U_{os} 的影响，则输入失调电流 I_{os} 为

$$I_{os} = |I_{B1} - I_{B2}| = |U_{o2} - U_{o1}| \frac{R_1}{R_1 + R_f} \frac{1}{R_B}$$

一般地，I_{os} 为几十至几百纳安（10^{-9}A），高质量的集成运放的 I_{os} 低于 1 nA。

> **测试中应注意：**
> （1）将集成运放的调零端开路；
> （2）两输入电阻 R_B 必须精确配对。

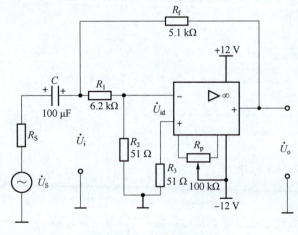

图 4-20 A_{ud} 的测试电路

3）开环差模电压放大倍数 A_{ud}

集成运放在没有外部反馈时的直流差模放大倍数称为开环差模电压放大倍数，用 A_{ud} 表示。它定义为开环输出电压 U_o 与两个差分输入端之间所加信号电压 U_{id} 之比，即

$$A_{ud} = \frac{U_o}{U_{id}}$$

按定义 A_{ud} 应是信号频率为零时的直流放大倍数，但为了测试方便，通常采用低频（几十赫兹以下）正弦交流信号进行测量。由于集成运放的开环电压放大倍数很高，难以直接进行测试，故一般采用闭环测试方

法。A_{ud}的测试方法有很多，现采用交、直流同时闭环的测试方法，测试电路如图4-20所示。

被测的集成运放一方面通过R_f、R_1、R_2完成直流闭环，以抑制输出电压漂移；另一方面通过R_f和R_S实现交流闭环，外加信号u_S经R_1、R_2分压，使u_{id}足够小，以保证集成运放工作在线性区，同相输入端电阻R_3应与反相输入端电阻R_2相匹配，以减小输入偏置电流的影响，电容C为隔直电容。被测的集成运放的开环电压放大倍数为∞，则开关差模电压放大倍数为

$$A_{ud} = \frac{U_o}{U_{id}} = \left(1 + \frac{R_1}{R_2}\right)\frac{U_o}{U_i}$$

通常低增益运放的A_{ud}为60~70 dB，中增益运放的A_{ud}约为80 dB，高增益运放的A_{ud}在100 dB以上，可达140 dB。

测试中应注意：
（1）测试前电路应首先消振及调零；
（2）被测的集成运放要工作在线性区；
（3）输入信号的频率应较低，一般为50~100 Hz，输出信号的幅度应较小，且无明显失真。

4）共模抑制比

集成运放的差模电压放大倍数A_d与共模电压放大倍数A_c之比称为共模抑制比，即

$$CMRR = \left|\frac{A_d}{A_c}\right| \text{ 或 } CMRR = 20\log\left|\frac{A_d}{A_c}\right| \text{ （dB）}$$

CMRR在应用中是一个很重要的参数，理想运放对输入的共模信号，其输出为零，但在实际的集成运放中，其输出不可能没有共模信号的成分，输出端共模信号愈小，说明电路对称性愈好。也就是说，集成运放对共模干扰信号的抑制能力愈强，即CMRR愈大。CMRR的测试电路如图4-21所示。

集成运放工作在闭环状态下的差模电压放大倍数为

$$A_d = -\frac{R_f}{R_1}$$

当接入共模输入信号U_{ic}时，测得共模输出信号U_{oc}，则共模电压放大倍数为

$$A_c = \frac{U_{oc}}{U_{ic}}$$

CMRR为

$$CMRR = \left|\frac{A_d}{A_c}\right| = \frac{R_f}{R_1}\frac{U_{ic}}{U_{oc}}$$

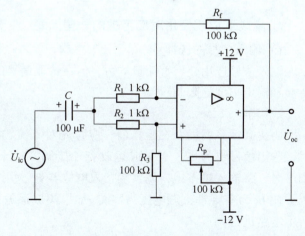

图4-21　CMRR的测试电路

测试中应注意：
（1）消振与调零；
（2）R_1与R_2、R_3与R_f之间阻值严格对称。
（3）共模输入信号U_{ic}的幅度必须小于集成运放的最大共模输入电压范围U_{icm}。

5）共模输入电压范围 U_{icm}

集成运放所能承受的最大共模电压称为共模输入电压范围，超出这个范围，运放的 CMRR 会大大下降，输出波形产生失真，有些运放还会出现"自锁"现象以及永久性的损坏。

U_{icm} 的测试电路如图 4-22 所示。被测的集成运放接成电压跟随器形式，输出端接数字示波器，观察最大不失真输出波形，从而确定 U_{icm}。

6）输出电压最大动态范围 U_{OPP}

集成运放的动态范围与电源电压、外接负载及信号源频率有关。

改变 u_s 的幅度，观察 u_o 削顶失真开始时刻，从而确定 u_o 的不失真范围，这就是集成运放在某一电源电压下可能输出的电压峰峰值，即输出电压最大动态范围 U_{OPP}，其测试电路如图 4-23 所示。

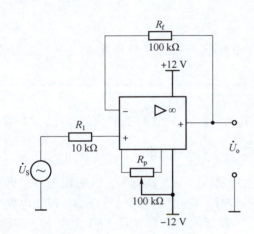
图 4-22　U_{icm} 的测试电路

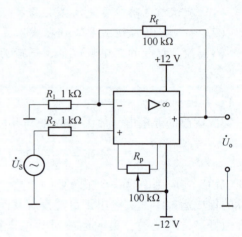
图 4-23　U_{OPP} 的测试电路

2. 集成运放在使用时应考虑的一些问题

1）输入信号的选择

输入信号选用交、直流量均可，但在选取信号的频率和幅度时，应考虑集成运放的频响特性和输出幅度的限制。

2）调零

为提高运算精度，在运算前，应首先对直流输出电位进行调零，即保证输入信号为零时，输出信号也为零。当集成运放有外接调零端子时，可按组件要求接入调零电位器 R_p，调零时，将输入端接地，调零端接入电位器 R_p，用直流电压表测量输出电压 U_o，仔细调节 R_p，使 U_o 为零（即失调电压为零）。如果集成运放没有调零端子，想要调零，可按图 4-24 所示电路进行调零。

一个集成运放如果不能调零，大致有以下几个原因。

（1）组件正常，接线有错误。

（2）组件正常，但负反馈不够强（R_f/R_1 太大），为此可将 R_f 短路，观察是否能调零。

（3）组件正常，但由于它所允许的共模输入电压太低，可能出现自锁现象，因而不能调零。为此可将电源断开后，再重新接通，若能恢复正常，则属于这种情况。

（4）组件正常，但电路有自激振荡，应进行消振。

（5）组件内部被损坏，应更换好的集成块。

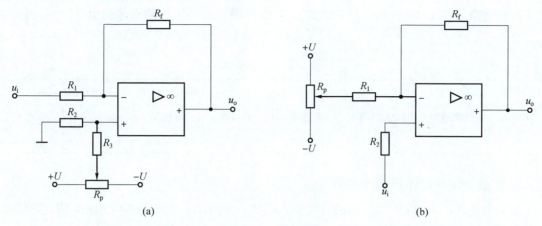

（a）   （b）

图 4-24　调零电路

3）消振

一个集成运放出现自激振荡时，表现为即使输入信号为零，亦会有输出，使各种运算功能无法实现，严重时还会损坏器件。在实验中，可用数字示波器监视输出波形。为消除集成运放的自激振荡，常采用以下措施。

（1）若集成运放有相位补偿端子，可利用外接 RC 补偿电路，产品手册中提供了补偿电路及元件参数。

（2）电路布线、元器件布局应尽量减少分布电容。

（3）在正、负电源进线与地之间接上几十微法的电解电容和 $0.01 \sim 0.1\ \mu F$ 的陶瓷电容，以降低电源引线的影响。

三、实验设备与器件

（1）±12 V 直流电源。

（2）交流毫伏表。

（3）函数信号发生器。

（4）直流电压表。

（5）数字示波器。

（6）集成运算放大器 μA741×1。

（7）电阻、电容若干。

四、实验内容

实验前看清集成运放引脚排列及电源电压的极性及数值，切忌正、负电源极性接反。

1. 测量输入失调电压 U_{os}

实验电路按图 4-19 连接，闭合开关 K_1、K_2，用直流电压表测量输出电压 U_{o1}，并计算 U_{os}，填入表 4-23。

2. 测量输入失调电流 I_{os}

实验电路如图 4-19 所示，打开开关 K_1、K_2，用直流电压表测量输出电压 U_{o2}，并计算 I_{os}，填入表 4-23。

表 4-23　测量数据

U_{os}（mV）		I_{os}（nA）		A_{ud}（dB）		CMRR（dB）	
实测值	典型值	实测值	典型值	实测值	典型值	实测值	典型值
	2~10		50~100		100~106		80~86

3. 测量开环差模电压放大倍数 A_{ud}

实验电路按图 4-20 连接，集成运放输入端加 $f=100\ \text{Hz}$、大小为 30~50 mV 的正弦信号，用数字示波器监视输出波形，用交流毫伏表测量 U_o 和 U_i，并计算 A_{ud}，填入表 4-23。

4. 测量共模抑制比 CMRR

实验电路按图 4-21 连接，集成运放输入端加 $f=100\ \text{Hz}$、$U_{ic}=1\sim2\ \text{V}$ 的正弦信号，用数字示波器监视输出波形，测量 U_{oc} 和 U_{ic}，计算 A_c 及 CMRR，填入表 4-23。

5. 测量共模输入电压范围 U_{icm} 及输出电压最大动态范围 U_{OPP}

自拟实验步骤及方法。

五、预习要求

（1）查阅 μA741 典型指标数据及引脚功能。

（2）测量输入失调参数时，为什么集成运放的反相和同相输入端的电阻要精选，以保证严格对称？

（3）测量输入失调参数时，为什么要将集成运放的调零端开路，而在进行其他测试时，则要求对输出电压进行调零？

（4）测试信号的频率选取的原则是什么？

六、实验报告

（1）将所测得的数据与典型值进行比较。

（2）对实验结果及实验中遇到的问题进行分析、讨论。

实验七　集成运算放大器的基本应用（Ⅰ）——模拟运算电路

一、实验目的

（1）研究由集成运放组成的比例、加法、减法和积分等模拟运算电路的功能。

（2）了解运放在实际应用时应考虑的问题。

二、实验原理

集成运放是一种具有高电压放大倍数的直接耦合多级放大电路，当外部接入不同的线性或非线性元器件组成输入和负反馈电路时，可以灵活地实现各种特定的函数关系。在线性应用方面，集成运放可组成比例、加法、减法、积分、微分、对数等模拟运算电路。

1. 理想运放的特性

在大多数情况下，将运放视为理想运放，就是将运放的各项技术指标理想化，满足下列条件的运放称为理想运放。

（1）开环电压放大倍数：

$$A_{ud} = \infty$$

（2）输入阻抗：

$$r_i = \infty$$

（3）输出阻抗：

$$r_o = 0$$

（4）带宽：

$$f_{BW} = \infty$$

（5）失调与漂移均为零。

理想运放在线性应用时的两个重要特性如下。

（1）输出电压 U_o 与输入电压之间满足关系式：

$$U_o = A_{ud}(U_+ - U_-)$$

由于 $A_{ud} = \infty$，而 U_o 为有限值，因此，$U_+ - U_- \approx 0$，即 $U_+ \approx U_-$，称为"虚短"。

（2）由于 $r_i = \infty$，故流进运放两个输入端的电流可视为零，即 $I_{IB} = 0$，称为"虚断"。这说明运放对其前级吸取的电流极小。

上述两个特性是分析理想运放应用电路的基本原则，可简化运放电路的计算。

2. 模拟运算电路

1）反相比例运算电路

反相比例运算电路如图 4-25 所示。对于理想运放，该电路的输出电压与输入电压之间的关系为

$$U_o = -\frac{R_f}{R_1}U_i$$

为了减小输入级偏置电流引起的运算误差，在同相输入端应接入平衡电阻 $R_2 = R_1 /\!/ R_f$。

2）反相加法运算电路

反相加法运算电路如图 4-26 所示，输出电压与输入电压之间的关系为

$$U_o = -\left(\frac{R_f}{R_1}U_{i1} + \frac{R_f}{R_2}U_{i2}\right)$$

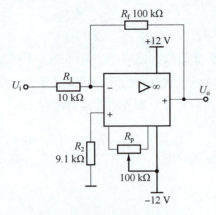

图 4-25 反相比例运算电路

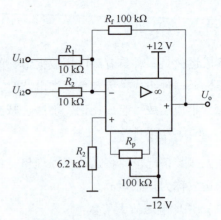

图 4-26 反相加法运算电路

3）同相比例运算电路

同相比例运算电路如图 4-27（a）所示，它的输出电压与输入电压之间的关系为

$$U_o = \left(1 + \frac{R_f}{R_1}\right) U_i$$

当 $R_1 \to \infty$ 时，$U_o = U_i$，即得到如图 4-27（b）所示的电压跟随器。图中 $R_2 = R_f$，用以减小漂移和起保护作用。一般 R_f 取 10 kΩ，R_f 太小起不到保护作用，太大则影响跟随性。

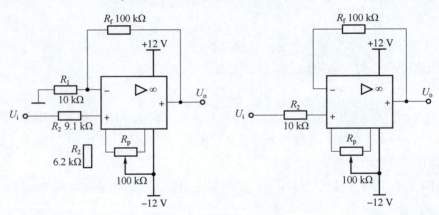

图 4-27 同相比例运算电路

（a）电路图；（b）电压跟随器

4）减法运算电路（减法器）

减法运算电路如图 4-28 所示，当 $R_1 = R_2$，$R_3 = R_f$ 时，有以下关系式：

$$U_o = \frac{R_f}{R_1}(U_{i2} - U_{i1})$$

5）积分运算电路

积分运算电路如图 4-29 所示，在理想化条件下，输出电压 u_o 为

$$u_o(t) = -\frac{1}{R_1 C}\int_0^t u_i dt + u_C(0)$$

式中，$u_C(0)$ 是 $t = 0$ 时电容 C 两端的电压值，即初始值。

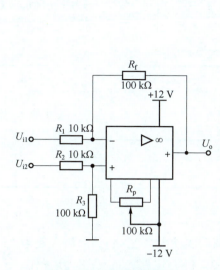

图 4-28　减法运算电路

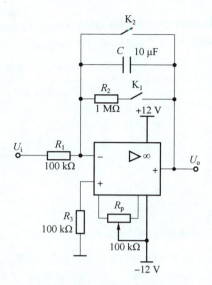

图 4-29　积分运算电路

如果 $u_i(t)$ 是幅值为 E 的阶跃电压，并设 $u_C(0) = 0$，则

$$u_o(t) = -\frac{1}{R_1 C}\int_0^t E\mathrm{d}t = -\frac{E}{R_1 C}t$$

即输出电压 $u_o(t)$ 随时间增长而线性下降。显然 RC 的数值越大，达到给定的 U_o 值所需的时间就越长。积分输出电压所能达到的最大值受集成运放最大输出范围的限制。

　　在进行积分运算之前，首先应对运放调零。为了便于调节，将开关 K_1 闭合，即通过电阻 R_2 的负反馈作用帮助实现调零。但在完成调零后，应将开关 K_1 打开，避免因 R_2 的接入造成积分误差。开关 K_2 的设置一方面为积分电容的放电提供通路，同时可实现积分电容的初始电压 $u_C(0) = 0$；另一方面，可控制积分起始点，即在加入信号 u_i 后，只要开关 K_2 一打开，电容就将被恒流充电，电路也就开始进行积分运算。

三、实验设备与器件

（1）±12 V 直流电源。
（2）函数信号发生器。
（3）交流毫伏表。
（4）直流电压表。
（5）数字示波器。
（6）集成运算放大器 μA741×1。
（7）电阻、电容若干。

四、实验内容

实验前要看清集成运放组件各引脚的位置；切忌正、负电源极性接反和输出端短路，否则将会损坏集成块。

1. 反相比例运算电路

（1）实验电路按图 4-25 连接，接通±12 V 直流电源，输入端对地短路，进行调零和消振。

（2）输入 $f = 100$ Hz、$U_i = 0.5$ V 的正弦交流信号，测量相应的 U_o，并用数字示波器观察 u_o 和 u_i 的相位关系，填入表 4-24。

表 4-24　测量数据 1

U_i（V）	U_o（V）	u_i 波形	u_o 波形	A_u	
				实测值	计算值
		![ui波形坐标轴]	![uo波形坐标轴]		

2. 同相比例运算电路

（1）实验电路按图 4-27（a）连接。实验步骤同实验内容 1，将结果填入表 4-25。

（2）将图 4-27（a）中的 R_1 断开，得到图 4-27（b）电路，重复上一步操作。

表 4-25　测量数据 2

U_i（V）	U_o（V）	u_i 波形	u_o 波形	A_u	
				实测值	计算值
		![ui波形坐标轴]	![uo波形坐标轴]		

3. 反相加法运算电路

（1）实验电路按图 4-26 连接，进行调零和消振。

（2）输入信号采用直流信号，简易可调直流信号源如图 4-30 所示，由实验者自行完成。实验时要注意选择合适的直流信号幅度以确保集成运放工作在线性区。用直流电压表测量输入电压 U_{i1}、U_{i2} 及输出电压 U_o，填入表 4-26。

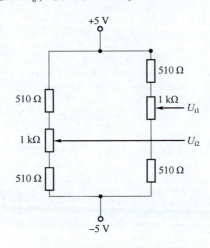

图 4-30　简易可调直流信号源

表 4-26　测量数据 3

U_{i1} (V)				
U_{i2} (V)				
U_o (V)				

4. 减法运算电路

（1）实验电路按图 4-28 连接，进行调零和消振。

（2）输入信号采用直流信号，实验步骤同实验内容 3，将测量数据填入表 4-27。

表 4-27　测量数据 4

U_{i1} (V)				
U_{i2} (V)				
U_o (V)				

5. 积分运算电路

实验电路按图 4-29 连接。

（1）打开 K_2，闭合 K_1，对运放输出的进行调零。

（2）调零完成后，再打开 K_1，闭合 K_2，使 $u_C(0) = 0$。

（3）预先调好直流输入电压 $U_i = 0.5$ V，接入实验电路，再打开 K_2，然后用直流电压表测量输出电压 U_o，每隔 5 s 读一次 U_o，将测量数据填入表 4-28，直到 U_o 不继续明显增大为止。

表 4-28　测量数据 5

t (s)	0	5	10	15	20	25	30	...
U_o (V)								

五、预习要求

（1）预习集成运放线性应用部分内容，并根据实验电路参数计算各电路输出电压的理论值。

（2）在反相加法运算电路中，如果 U_{i1} 和 U_{i2} 均采用直流信号，并选定 $U_{i2} = -1$ V，当考虑运放的最大输出幅度（± 12 V）时，$|U_{i1}|$ 的大小不应超过多少伏？

（3）在积分运算电路中，如果 $R_1 = 100$ kΩ，$C = 4.7$ μF，则时间常数是多少？

（4）假设 $U_i = 0.5$ V，问要使输出电压 U_o 达到 5 V，需多长时间（设 $u_C(0) = 0$）？

（5）为了不损坏集成块，实验中应注意什么问题？

六、实验报告

（1）整理实验数据，画出波形图（注意波形间的相位关系）。

（2）将计算值和实测值相比较，分析产生误差的原因。

（3）分析讨论实验中出现的现象和问题。

一、实验目的

掌握电压比较器的电路构成及特点。

二、实验原理

电压比较器是集成运放非线性应用电路，它将一个模拟量电压信号和一个参考电压相比较，在两者幅度相等的附近，输出电压将产生跃变，相应输出高电平或低电平。电压比较器可以组成非正弦波变换电路及应用于模拟与数字信号转换等领域。

图 4-31 为一最简单的电压比较器，U_R 为参考电压，加在集成运放的同相输入端，输入电压 u_i 加在运放的反相输入端。

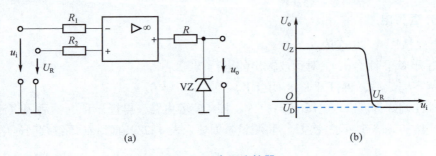

(a)　　　　　　　　　　　　　　　　(b)

图 4-31　电压比较器
（a）电路图；（b）传输特性

当 $u_i < U_R$ 时，集成运放输出高电平，稳压管 VZ 反向稳压工作，输出端电位被其箝位在稳压管的稳定电压 U_Z，即 $u_o = U_Z$。

当 $u_i > U_R$ 时，集成运放输出低电平，VZ 正向导通，输出电压等于稳压管的正向压降 U_D，即 $u_o = -U_D$。

因此，以 U_R 为界，当输入电压 u_i 变化时，输出端反映出两种状态，即高电位和低电位。表示输出电压与输入电压之间关系的特性曲线，称为传输特性曲线。图 4-31（b）为该电压比较器的传输特性曲线。

常用的电压比较器有过零比较器、具有滞回特性的过零比较器（即滞回比较器）、双限比较器（又称窗口比较器）等。

1. 过零比较器

图 4-32 为加限幅电路的过零比较器，VZ 为限幅稳压管，信号从集成运放的反相输入端输入，参考电压为零，从同相输入端输入。当 $U_i > 0$ 时，输出电压 $U_o = -(U_Z + U_D)$；当 $U_i < 0$ 时，输出电压 $U_o = +(U_Z + U_D)$。其传输特性曲线如图 4-32（b）所示。

过零比较器结构简单，灵敏度高，但抗干扰能力差。

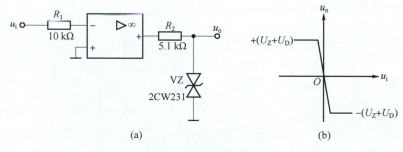

图 4-32 过零比较器

（a）电路图；（b）传输特性曲线

2. 滞回比较器

图 4-33 为滞回比较器。滞回比较器在实际工作时，如果 u_i 恰好在过零值附近，则由于零点漂移的存在，u_o 将不断由一个极限值转换到另一个极限值，这在控制系统中，对执行机构将是很不利的。为此，就需要输出特性具有滞回现象。如图 4-33（a）所示，从输出端引入一条电阻分压正反馈支路到同相输入端，若 u_o 的状态改变，Σ 点的电位也随之改变，使过零点离开原来位置。当 u_o 为正（记作 U_+）时，有

$$U_{\Sigma} = \frac{R_2}{R_f + R_2} U_+$$

则当 $u_i > U_{\Sigma}$ 后，u_o 即由正变负（记作 U_-），此时 U_{Σ} 变为 $-U_{\Sigma}$。因此，只有当 u_i 下降到 $-U_{\Sigma}$ 以下时，才能使 u_o 再度上升到 U_+，于是出现图 4-33（b）中所示的滞回特性。$-U_{\Sigma}$ 与 U_{Σ} 的差别称为回差。改变 R_2 的值可以改变回差的大小。

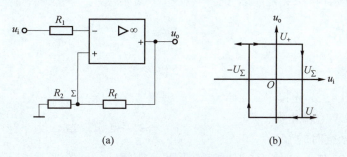

图 4-33 滞回比较器

（a）电路图；（b）传输特性曲线

3. 窗口比较器

简单的比较器仅能鉴别输入电压 u_i 比参考电压 U_R 高或低的情况，窗口比较器是由两个简单比较器组成的，如图 4-34 所示，它能指示出 u_i 是否处于 U_R^+ 和 U_R^- 之间。如果 $U_R^- < U_i < U_R^+$，则窗口比较器的输出电压 U_o 等于集成运放的正饱和输出电压（$+U_{o\,max}$），如果 $U_i < U_R^-$ 或 $U_i > U_R^+$，则输出电压 U_o 等于集成运放的负饱和输出电压（$-U_{o\,max}$）。

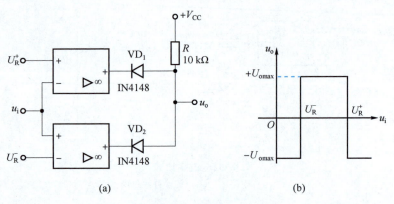

(a)   (b)

图 4-34　窗口比较器

（a）电路图；（b）传输特性曲线

三、实验设备与器件

（1）±12 V 直流电源。

（2）直流电压表。

（3）函数信号发生器。

（4）交流毫伏表。

（5）数字示波器。

（6）集成运算放大器 μA741×2。

（7）稳压管 2CW231×1。

（8）二极管 IN4148×2，电阻若干。

四、实验内容

1. 过零比较器

实验电路按图 4-32 连接。

（1）接通±12 V 直流电源。

（2）测量 u_i 悬空时的 U_o。

（3）u_i 输入 500 Hz、幅值为 2 V 的正弦信号，观察 $u_i \rightarrow u_o$ 的波形并记录。

（4）改变 u_i 的幅值，测量其传输特性曲线。

2. 反相滞回比较器

实验电路如图 4-35 所示。

（1）u_i 接+5 V 可调直流电源，测出 u_o 由$+U_{o\max} \rightarrow -U_{o\max}$ 时 u_i 的临界值。

（2）同上，测出 u_o 由$-U_{o\max} \rightarrow +U_{o\max}$ 时 u_i 的临界值。

（3）u_i 接 500 Hz、峰值为 2 V 的正弦信号，观察并记录 $u_i \rightarrow u_o$ 的波形。

（4）将分压支路 100 kΩ 的电阻改为 200 kΩ，重复上述实验，测定传输特性。

3. 同相滞回比较器

实验电路如图 4-36 所示。

（1）参照实验内容2，自拟实验步骤及方法。

（2）将实验结果与实验内容2进行比较。

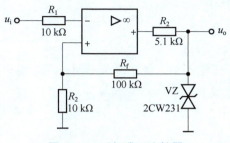

图4-35 反相滞回比较器

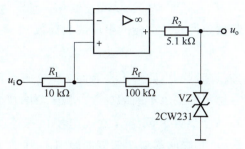

图4-36 同相滞回比较器

4. 窗口比较器

参照图4-34自拟实验步骤和方法测定其传输特性。

五、预习要求

（1）预习教材有关比较器的内容。

（2）画出各类电压比较器的传输特性曲线。

（3）若要将图4-34（b）中的传输特性曲线的高、低电平对调，应如何改动比较器电路？

六、实验报告

（1）整理实验数据，绘制各类电压比较器的传输特性曲线。

（2）总结几种电压比较器的特点，阐明它们的应用。

实验九　RC 正弦波振荡器

一、实验目的

（1）进一步学习 RC 正弦波振荡器的组成及其振荡条件。

（2）学会测量、调试振荡器。

二、实验原理

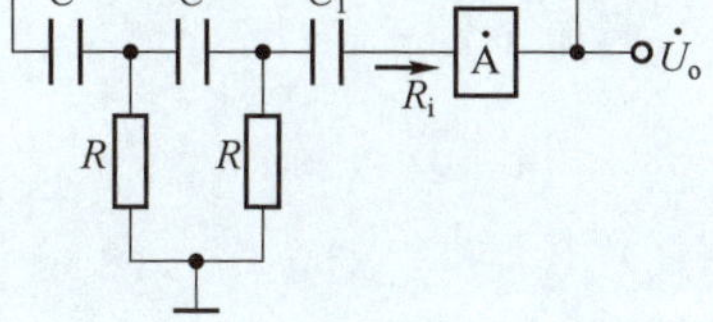

从结构上来看，正弦波振荡器是没有输入信号的、带选频网络的正反馈放大器。若用 R、C 元件组成选频网络，就称其为 RC 正弦波振荡器，一般用来产生 1 Hz ~ 1 MHz 的低频信号。

图4-37 RC 移相振荡器原理

1. RC 移相振荡器

RC 移相振荡器原理如图4-37所示，选择 $R \gg R_i$。

振荡频率：

$$f_0 = \frac{1}{2\pi\sqrt{6}RC}$$

起振条件：放大器的电压放大倍数

$$|\dot{A}| > 29$$

该振荡器的电路特点是简便，但选频作用差，振幅不稳，频率调节不便，一般用于频率固定且稳定性要求不高的场合，频率范围几赫兹至数十千赫兹。

2. RC 串并联网络（文氏电桥）振荡器

RC 串并联网络振荡器原理如图 4-38 所示。

振荡频率：

$$f_0 = \frac{1}{2\pi RC}$$

起振条件：

$$|\dot{A}| > 3$$

该振荡器的电路特点是可方便地连续改变振荡频率，便于加负反馈稳幅，容易得到良好的振荡波形。

3. 双 T 选频网络振荡器

双 T 选频网络振荡器原理如图 4-39 所示。

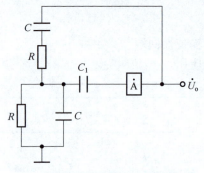

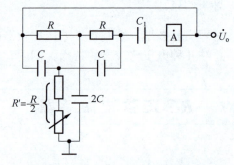

图 4-38　RC 串并联网络振荡器原理　　　　图 4-39　双 T 选频网络振荡器原理

振荡频率：

$$f_0 = \frac{1}{5RC}$$

起振条件：

$$R' < \frac{R}{2}$$

$$|\dot{A}\dot{F}| > 1 \quad （F 为反馈系数）$$

该振荡器的电路特点是选频特性好，调频困难，适用于产生单一频率的振荡。

> **注意：**
> 本实验采用两级共射极分立元件放大器组成 RC 正弦波振荡器。

三、实验设备与器件

（1）+12 V 直流电源。
（2）函数信号发生器。
（3）数字示波器。
（4）频率计。
（5）直流电压表。
（6）晶体管 3DG6×2 或 3DG12×2 或 9013×2。
（7）电阻、电容、电位器若干。

四、实验内容

1. RC 串并联选频网络振荡器

（1）实验电路如图 4-40 所示。

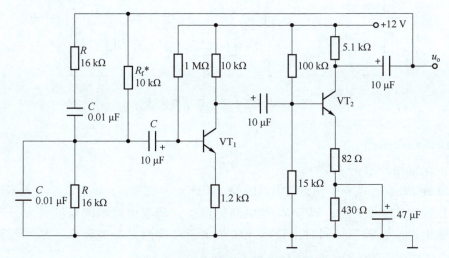

图 4-40　RC 串并联选频网络振荡器

（2）断开 RC 串并联网络，测量放大器的静态工作点及电压放大倍数。

（3）接通 RC 串并联网络，并使电路起振，用数字示波器观测输出电压 u_o 波形，调节 R_f 获得满意的正弦信号，记录波形及其参数。

（4）测量振荡频率，并与计算值进行比较。

（5）改变 R 或 C，观察振荡频率的变化情况。

（6）观察 RC 串并联网络的幅频特性。

将 RC 串并联网络与放大器断开，用函数信号发生器的正弦信号输入 RC 串并联网络，保持输入信号的幅度不变（约 3 V），频率由低到高变化，RC 串并联网络的输出幅值将随之变化，当信号源达某一频率时，RC 串并联网络的输出幅值将达最大值（约 1 V），且输入、输出同相位，此时信号源的频率为

$$f=f_0=\frac{1}{2\pi RC}$$

2. 双 T 选频网络振荡器

（1）实验电路如图 4-41 所示。

（2）断开双 T 网络，调试 VT_1 的静态工作点，使 U_{C1} 为 6~7 V。

（3）接入双 T 网络，用数字示波器观察输出波形。若电路不起振，调节 R_{P1}，使电路起振。

（4）测量电路的振荡频率，并与计算值进行比较。

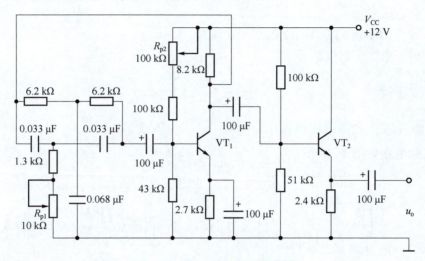

图 4-41　双 T 选频网络振荡器

3. RC 移相振荡器

（1）实验电路如图 4-42 所示。

（2）断开 RC 移相电路，调整放大器的静态工作点，测量放大器的电压放大倍数。

（3）接通 RC 移相电路，调节 R_{B2} 使电路起振，并使输出波形的幅度最大，用数字示波器观测输出电压 u_o 波形，同时用频率计和数字示波器测量振荡频率，并与计算值进行比较。

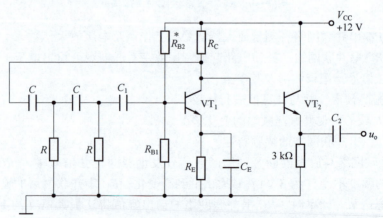

图 4-42　RC 移相振荡器

五、预习要求

（1）预习教材有关 3 种 RC 振荡器的结构与工作原理。
（2）计算 3 种实验电路的振荡频率。
（3）如何用数字示波器来测量振荡器的振荡频率？

六、实验报告

（1）由给定电路参数计算振荡频率，并与实测值比较，分析误差产生的原因。
（2）总结三类 RC 振荡器的特点。

实验十　低频功率放大器（Ⅰ）——OTL 功率放大器

一、实验目的

（1）进一步理解 OTL 功率放大器的工作原理。
（2）学会 OTL 功率放大器的调试及主要性能指标的测试方法。

二、实验原理

图 4-43 为 OTL 低频功率放大器。其中由晶体管 VT_1 组成推动级（也称前置放大级），VT_2、VT_3 是一对参数对称的 NPN 和 PNP 型晶体管，它们组成互补推挽 OTL 功率放大电路。由于每一只管子都接成射极输出器形式，因此具有输出电阻低、负载能力强等优点，适合作功率输出级。VT_1 工作于甲类状态，它的集电极电流 I_{C1} 由电位器 R_{p1} 进行调节。I_{C1} 的一部分流经电位器 R_{p2} 及二极管 VD，给 VT_2、VT_3 提供偏压。调节 R_{p2}，可以使 VT_2、VT_3 得到合适的静态电流而工作于甲、乙类状态，以克服交越失真。静态时要求输出端中点 A 的电位 $U_A = \frac{1}{2}V_{CC}$，可以通过调节 R_{p1} 来实现，又由于 R_{p1} 的一端接在 A 点，因此在电路中引入交、直流电压并联负反馈，一方面能够稳定放大器的静态工作点，另一方面可以改善非线性失真。

当输入正弦交流信号 u_i 时，经 VT_1 放大、倒相后同时作用于 VT_2、VT_3 的基极，在 u_i 的负半周，VT_2 导通（VT_3 截止），有电流通过负载 R_L，同时向电容 C_0 充电；在 u_i 的正半周，VT_3 导通（VT_2 截止），则已充好电的电容 C_0 起着电源的作用，通过负载 R_L 放电，这样在 R_L 上就得到了完整的正弦波。

C_2 和 R 构成自举电路，用于提高输出电压正半周的幅度，以得到较大的动态范围。

OTL 功率放大器的主要性能指标如下。

1. 最大不失真输出功率 P_{om}

理想情况下，OTL 功率放大器的最大不失真输出功率为

$$P_{om} = \frac{1}{8}\frac{V_{CC}^2}{R_L}$$

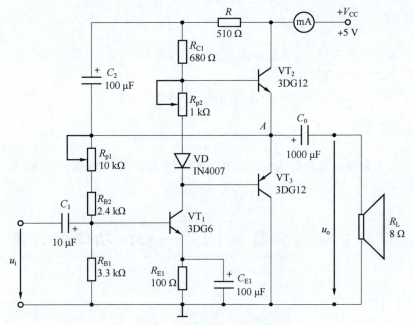

图 4-43　OTL 低频功率放大器

在实验中可通过测量 R_L 两端的电压有效值，来求得实际的 $P_{om} = \dfrac{U_{om}^2}{R_L}$。

2. 效率 η

OTL 功率放大器的效率为

$$\eta = \frac{P_{om}}{P_E} \times 100\%$$

式中，P_E 为直流电源供给的平均功率。

理想情况下，$\eta_{max} = 78.5\%$。在实验中，可测量电源供给的平均电流 I_{dc}，从而求得 $P_E = V_{CC} I_{dc}$，负载上的交流功率已用上述方法求出，因而也就可以计算实际效率了。

3. 频率响应

详见实验四有关部分内容。

4. 输入灵敏度

输入灵敏度是指输出最大不失真功率时，输入电压 U_i 的值。

三、实验设备与器件

（1）+5 V 直流电源。
（2）直流电压表。
（3）函数信号发生器。
（4）直流毫安表。
（5）数字示波器。
（6）频率计。

（7）交流毫伏表。

（8）8 Ω 扬声器、电阻、电容若干。

（9）晶体管 3DG6（9011）、3DG12（9013 或 8050）×2，二极管 IN4007。

四、实验内容

在整个测试过程中，电路不应有自激振荡。

1. 静态工作点的测试

实验电路按图 4-43 连接，将函数信号发生器的输入信号旋钮旋至零（$u_i = 0$），同时 +5 V 直流电源进线中串入直流毫安表，电位器 R_{p2} 置最小值，R_{p1} 置中间位置。接通 +5 V 直流电源，观察直流毫安表指示，同时用手触摸输出级管子，若电流过大，或者管子温升显著，应立即断开电源检查原因（如 R_{p2} 开路，电路出现自激振荡，或者输出管性能不好等）。若无异常现象，可开始调试。

1）调节输出端中点电位 U_A

调节电位器 R_{p1}，用直流电压表测量 A 点电位，使 $U_A = \dfrac{1}{2} V_{CC}$。

2）调整集电极静态电流及测试各级静态工作点

调节 R_{p2}，使 VT_2、VT_3 的 $I_{C2} = I_{C3} = 5 \sim 10$ mA。从减小交越失真角度而言，应适当加大集电极静态电流，但该电流过大，会使效率降低，所以一般以 5～10 mA 为宜。由于直流毫安表是串联在电源进线中，因此测得的是整个放大器的电流，但一般 VT_1 的集电极电流 I_{C1} 较小，从而可以把测得的总电流近似当作末级的静态电流。如果要准确得到末级的静态电流，则可从总电流中减去 I_{C1}。

调整输出级静态电流的另一种方法是动态调试法。先使 $R_{p2} = 0$，在输入端接入 $f = 1$ kHz 的正弦信号 u_i。逐渐加大输入信号的幅值，此时，输出波形应出现较严重的交越失真（注意：没有饱和失真和截止失真），然后缓慢增大 R_{p2}，当交越失真刚好消失时，停止调节 R_{p2}，恢复 $u_i = 0$，此时直流毫安表的读数即为输出级静态电流。其数值一般也应为 5～10 mA，如果过大，则要检查电路。

集电极电流调好以后，测量各级静态工作点，填入表 4-29。

表 4-29　测量数据 1

参数	VT_1	VT_2	VT_3
U_B（V）			
U_C（V）			
U_E（V）			

注意：

（1）在调整 R_{p2} 时，一是要注意旋转方向，不要调得过大，更不能开路，以免损坏输出管。

（2）输出管静态电流调好后，若无特殊情况，不得随意旋动 R_{p2} 的位置。

2. 最大不失真输出功率 P_{om} 和效率 η 的测量

1) 测量 P_{om}

输入端接 $f = 1\ kHz$ 的正弦信号 u_i，输出端用数字示波器观察输出电压 u_o 波形。逐渐增大 u_i，使输出电压达到最大不失真输出，用交流毫伏表测出负载 R_L 上的电压 U_{om}，则

$$P_{om} = \frac{U_{om}^2}{R_L} 。$$

2) 测量 η

当输出电压为最大不失真输出电压时，读出直流毫安表中的电流值，此电流即为直流电源供给的平均电流 I_{dc}（有一定误差），由此可近似求得 $P_E = V_{CC} I_{dc}$，再根据上面测得的 P_{om}，即可求出 $\eta = \dfrac{P_{om}}{P_E} \times 100\%$（注：本实验效率 η 在测试时能达到 20% 以上即可）。

3. 输入灵敏度的测试

根据输入灵敏度的定义，只要测出输出功率 $P_o = P_{om}$ 时的输入电压 U_i 即可。

4. 频率响应的测试

频率响应的测试方法同实验四，填入表 4-30。

在测试时，为保证电路的安全，应在较低电压下进行，通常取输入信号为输入灵敏度的 50%。在整个测试过程中，应保持 U_i 为恒定值，且输出波形不失真。

表 4-30　测量数据 2

f（Hz）					1 000				
U_o（V）									
A_u									

5. 研究自举电路的作用

（1）测量有自举电路，且 $P_o = P_{omax}$ 时的电压放大倍数 $A_u = \dfrac{U_{om}}{U_i}$。

（2）将 C_2 开路，R 短路（无自举），再测量 $P_o = P_{omax}$ 时的电压放大倍数 A_u。

（3）用数字示波器观察上述两种情况下的输出电压波形，并将以上两项的测量结果进行比较，分析自举电路的作用。

6. 噪声电压的测试

噪声电压在测量时将输入端短路（$u_i = 0$），观察输出噪声波形，并用交流毫伏表测量输出电压，该电压即为噪声电压 U_N，本电路若 $U_N < 15\ mV$，即满足要求。

7. 试听

将输入信号改为录音机输出，输出端接试听音箱及数字示波器。开机试听，并观察语言和音乐信号的输出波形。

五、预习要求

（1）预习有关 OTL 功率放大器工作原理部分内容。

（2）为什么引入自举电路能够扩大输出电压的动态范围？

（3）交越失真产生的原因是什么？怎样克服交越失真？

（4）电路中电位器 R_{p2} 如果开路或短路，对电路有何影响？

（5）为了不损坏输出管，调试中应注意什么问题？

（6）若电路出现自激振荡，应如何消除？

六、实验报告

（1）整理实验数据，计算静态工作点、最大不失真输出功率 P_{om}、效率 η 等，并与理论值进行比较。画频率响应曲线。

（2）分析效率 η 较低的原因，讨论提高 η 的方法。

（3）分析自举电路的作用。

（4）讨论实验中发生的问题及其解决办法。

实验十一　低频功率放大器（Ⅱ）——集成功率放大器

一、实验目的

（1）了解集成功放块的应用。

（2）学习集成功率放大器基本技术指标的测试。

二、实验原理

集成功率放大器由集成功放块和一些外部阻容元件构成。它具有电路简单，性能优越，工作可靠，调试方便等优点，已经成为音频领域中应用十分广泛的功率放大器。

集成功率放大器中最主要的组件为集成功放块，它的内部电路与一般分立元件功率放大器不同，通常包括前置级、推动级和功率级等几部分，有些还具有一些特殊功能（如消除噪声、短路保护等）的电路。其电压放大倍数较高（不加负反馈时，电压放大倍数可达 80 dB；加典型负反馈时，电压放大倍数在 40 dB 以上）。

集成功放块的种类有很多。本实验采用的集成功放块的型号为 LA4112，它的内部电路如图 4-44 所示，由三级电压放大，一级功率放大及偏置、恒流、反馈、退耦电路组成。

1）电压放大级

电压放大级包括三级：第一级选用由 VT_1 和 VT_2 组成的差动放大器，这种直接耦合的放大器的零漂较小；第二级的 VT_3 完成直接耦合电路中的电平移动，VT_4 是 VT_3 的恒流源负载，

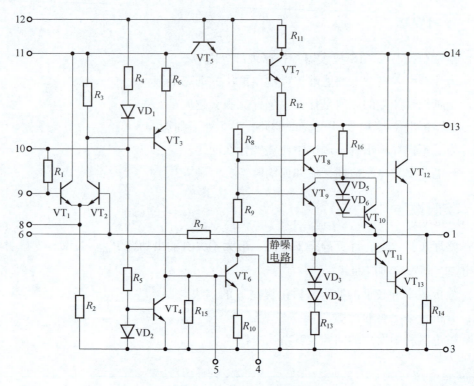

图 4-44　LA4112 的内部电路

以获得较大的放大倍数；第三级由 VT_6 等组成，此级的放大倍数最高，为防止出现自激振荡，需在该管的 B、C 极之间外接消振电容。

2）功率放大级

$VT_8 \sim VT_{13}$ 组成了功率放大电路。为提高输出级的放大倍数和正向输出幅度，需外接自举电容。

3）偏置电路

偏置电路是为建立各级合适的静态工作点而设立的。

除上述主要部分外，为了使电路能正常工作，还需要和外部元件一起构成反馈电路来稳定和控制放大倍数。同时，设有退耦电路来消除各级间的不良影响。

LA4112 集成功放块是一种塑料封装十四脚的双列直插器件。它的外形及引脚排列如图 4-45 所示。表 4-31、表 4-32 是它的极限参数和电参数。

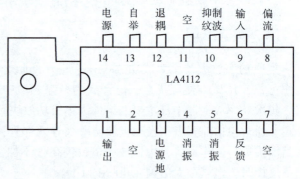

图 4-45　LA4112 的外形及引脚排列

与 LA4112 集成功放块技术指标相同的国内外产品还有 FD403、FY4112、D4112 等，可以互相替代使用。

表 4-31 LA4112 的极限参数

参数	符号与单位	额定值
最大电源电压	V_{CCmax}（V）	13（有信号时）
允许功耗	P_O（W）	1.2
		2.25（50×50 mm² 铜箔散热片）
工作温度	T_{Opr}（℃）	−20～+70

表 4-32　LA4112 的电参数

参数	符号与单位	测试条件	典型值
工作电压	V_{CC}（V）		9
静态电流	I_{CCQ}（mA）	$V_{CC}=9$ V	15
开环电压放大倍数	A_{uo}（dB）		70
输出功率	P_o（W）	$R_L=4\ \Omega$，$f=1$ kHz	1.7
输入阻抗	R_i（kΩ）		20

　　集成功放块 LA4112 的应用电路如图 4-46 所示，该电路中各电容和电阻的作用简要说明如下：

C_1、C_9——输入、输出耦合电容，起隔直作用；

C_2 和 R_f——反馈元件，决定电路的闭环电压放大倍数；

C_3、C_4、C_8——滤波、退耦电容；

C_5、C_6、C_{10}——消振电容，用来消除寄生振荡；

C_7——自举电容，若无此电容，将出现输出波形半边被削波的现象。

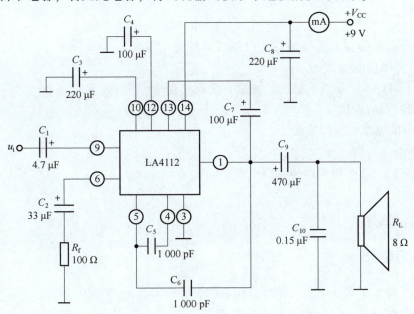

图 4-46　LA4112 的应用电路

三、实验设备与器件

(1) +9 V 直流电源。
(2) 函数信号发生器。
(3) 数字示波器。
(4) 交流毫伏表。
(5) 直流电压表。
(6) 电流毫安表。
(7) 频率计。
(8) 集成功放块 LA4112。
(9) 8 Ω 扬声器，电阻、电容若干。

四、实验内容

实验电路按图 4–46 连接，输入端接函数信号发生器，输出端接扬声器。

1. 静态测试

将函数信号发生器输入旋钮旋至零，接通 +9 V 直流电源，测量静态总电流及集成功放块各引脚对地电压，填入自拟表格中。

2. 动态测试

1）最大不失真输出功率的测试

（1）接入自举电容 C_7：输入端接 $f = 1$ kHz 的正弦信号，输出端用数字示波器观察输出电压波形，逐渐加大输入信号的幅度，使输出电压最大不失真输出，用交流毫伏表测量此时的输出电压 U_{om}，则最大不失真输出功率为

$$P_{om} = \frac{U_{om}^2}{R_L}$$

（2）断开自举电容 C_7：观察输出电压波形的变化情况。

2）输入灵敏度的测试

要求 $U_i < 100$ mV，输入灵敏度的测试方法同实验十。

3）频率响应的测试

频率响应的测试方法同实验十。

4）噪声电压的测试

要求 $U_N < 2.5$ mV，噪声电压的测试方法同实验十。

3. 试听

测试方法同实验十。

五、预习要求

(1) 预习有关集成功率放大器部分内容。
(2) 若将电容 C_7 除去，将会出现什么现象？

（3）若在无输入信号时，从接在输出端的数字示波器上观察到频率较高的波形，这种现象是否正常？如何消除？

（4）如何由+12 V直流电源获得+9 V直流电源？

（5）进行本实验时，应注意以下几点。

①电源电压不允许超过极限值，不允许正、负极性接反，否则集成功放块将遭到损坏。

②电路工作时绝对避免负载短路，否则将烧毁集成功放块。

③接通电源后，时刻注意集成功放块的温度，如果未加输入信号集成功放块就发热过多，同时直流毫安表显示出较大电流及数字示波器显示出幅度较大、频率较高的波形，说明电路出现自激振荡，应立即切断电源，进行故障分析、处理。待自激振荡消除后，才能重新进行实验。

④输入信号不要过大。

六、实验报告

（1）整理实验数据，并进行分析。

（2）绘制频率响应曲线。

（3）讨论实验中发生的问题及其解决办法。

实验十二　直流稳压电源（Ⅰ）——串联型晶体管稳压电源

一、实验目的

（1）研究单相桥式整流、电容滤波电路的特性。

（2）掌握串联型晶体管稳压电源主要技术指标的测试方法。

二、实验原理

电子设备一般都需要直流电源供电。这些直流电源除少数直接利用干电池和直流发电机外，大多数是采用把交流电（市电）转变为直流电的直流稳压电源。

直流稳压电源由电源变压器、整流电路、滤波电路和稳压电路四部分组成，其组成框图如图4-47所示。电网供给的交流电压 u_1（220 V，50 Hz）经电源变压器降压后，得到符合电路需要的交流电压 u_2，然后由整流电路变换成方向不变、大小随时间变化的脉动电压 u_3，再由滤波电路滤去其交流分量，就可得到比较平直的直流电压 u_i。但这样的直流电压，还会随交流电网电压的波动或负载的变动而变化。因此，在对直流供电要求较高的场合，还需要使用稳压电路，以保证直流输出电压更加稳定。

图4-48是由分立元件组成的串联型稳压电源的实验电路。其整流部分为单相桥式整流、电容滤波电路。其稳压部分为串联型稳压电路，由调整元件（晶体管 VT_1），比较放大器 VT_2、R_7，取样电路 R_1、R_2、R_p，基准电压电路 VZ、R_3 和过流保护电路 VT_3 及电阻 R_4、R_5、R_6 等组成。整个稳压电路是一个具有电压串联负反馈的闭环系统，其稳压过程：

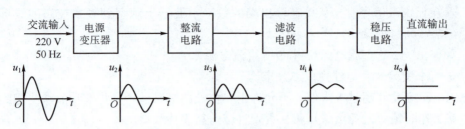

图 4-47　直流稳压电源组成框图

当电网电压波动或负载变动引起直流输出电压发生变化时，取样电路取出输出电压的一部分送入比较放大器，并与基准电压进行比较，产生的误差信号经 VT_2 放大后送至调整管 VT_1 的基极，使调整管改变其管压降，以补偿输出电压的变化，从而达到稳定输出电压的目的。

由于在稳压电路中调整管与负载串联，因此流过它的电流与负载电流一样大。当输出电流过大或发生短路时，调整管会因电流过大或电压过高而损坏，所以需要对调整管加以保护。在图 4-48 中，VT_3、R_4、R_5、R_6 组成减流型保护电路。故障排除后电路应能自动恢复并正常工作。在调试时，若保护作用提前，应减小 R_6；若保护作用延迟，则应增大 R_6。

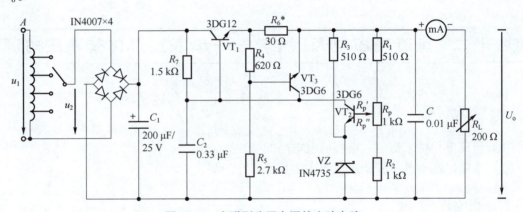

图 4-48　串联型稳压电源的实验电路

稳压电源的主要性能指标如下。

1. 输出电压 U_o 和输出电压可调范围

输出电压定义为

$$U_o = \frac{R_1 + R_p + R_2}{R_2 + R_p''}（U_Z + U_{BE2}）$$

调节 R_p 可以改变输出电压 U_o。

输出电压调节范围指的是调节 R_p 输出电压 U_o 的范围。

2. 输出电阻 R_o

输出电阻 R_o 的定义：当输入电压 U_i（指稳压电路的输入电压）保持不变，由于负载变化而引起的输出电压变化量与输出电流变化量之比，即

$$R_o = \frac{\Delta U_o}{\Delta I_o}\Bigg|_{U_i = 常数}$$

3. 稳压系数 S（电压调整率）

稳压系数的定义：当负载保持不变时，输出电压相对变化量与输入电压相对变化量之比，即

$$S = \frac{\Delta U_o / U_o}{\Delta U_i / U_i}\Bigg|_{R_L = 常数}$$

由于工程上常把电网电压波动±10%作为极限条件，因此也有将此时输出电压的相对变化 $\Delta U_o / U_o$ 作为衡量指标，称为电压调整率。

4. 输出纹波电压

输出纹波电压是指在额定负载条件下，输出电压中所含交流分量的有效值（或峰值）。

三、实验设备与器件

（1）可调工频电源。

（2）双踪示波器。

（3）交流毫伏表。

（4）直流电压表。

（5）直流毫安表。

（6）滑动变阻器 200 Ω/1 A。

（7）晶体管 3DG6×2（9011×2）、3DG12×1（9013×1），二极管 IN4007×4、IN4735×1，电阻、电容若干。

四、实验内容

1. 整流滤波电路的测试

实验电路如图 4-49 所示。取可调工频电源电压为 14 V，作为整流电路的输入电压 u_2。

（1）取 $R_L = 240\ \Omega$，不加滤波电容，

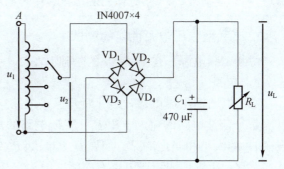

图 4-49　整流滤波电路的测试

测量直流输出电压 U_L 及纹波电压 $\tilde{U}_L$，并用双踪示波器观察 u_2 和 u_L 波形，填入表 4-33。

（2）取 $R_L = 240\ \Omega$，$C = 470\ \mu F$，重复实验内容（1）的要求，填入表 4-33。

（3）取 $R_L = 120\ \Omega$，$C = 470\ \mu F$，重复实验内容（1）的要求，填入表 4-33。

表 4-33　测量数据 1

电路形式		U_L（V）	$\tilde{U}_L$（V）	u_L波形
$R_L = 240\ \Omega$				
$R_L = 240\ \Omega$ $C = 470\ \mu F$				
$R_L = 120\ \Omega$ $C = 470\ \mu F$				

注意：

（1）每次改接电路时，必须切断工频电源。

（2）在用双踪示波器观察直流输出电压 u_L 波形的过程中，Y 轴灵敏度旋钮位置调好以后，不要再变动，否则将无法比较各波形的脉动情况。

2. 串联型稳压电源性能的测试

切断工频电源，在图 4-49 的基础上按图 4-48 连接实验电路。

1）初测

稳压电路输出端负载开路，断开保护电路，接通 14 V 工频电源，测量整流电路的输入电压 u_2、滤波电路的输入电压 U_i（稳压电路的输入电压）及输出电压 U_o。调节电位器 R_p，观察 U_o 的大小和变化情况，如果 U_o 能跟随 R_p 线性变化，这说明稳压电路各反馈环路工作基本正常；否则说明稳压电路有故障，因为它是一个深度负反馈的闭环系统，只要环路中任一环节出现故障（某管截止或饱和），就会失去自动调节作用。此时可分别检查基准电压 U_Z、输入电压 U_i、输出电压 U_o，以及比较放大器和调整管各电极的电位（主要是 U_{BE} 和 U_{CE}），分析它们的工作状态是否都处在线性区，从而找出不能正常工作的原因。排除故障以后就可以进行下一步测试。

2）测量输出电压可调范围

接入负载 R_L（滑动变阻器），并调节 R_L，使输出电流 $I_o \approx 100$ mA。再调节电位器 R_p，测量输出电压可调范围 $U_{\text{omin}} \sim U_{\text{omax}}$，且使 R_p 滑动点在中间位置附近时 $U_\text{o} = 12$ V。若不满足要求，可适当调整 R_1、R_2。

3）测量各级静态工作点

调节输出电压 $U_\text{o} = 12$ V、输出电流 $I_\text{o} = 100$ mA，测量各级静态工作点，填入表 4-34。

表 4-34 测量数据 2

参数	VT_1	VT_2	VT_3
U_B（V）			
U_C（V）			
U_E（V）			

4）测量稳压系数 S

取 $I_\text{o} = 100$ mA，按表 4-35 改变整流电路的输入电压 u_2（模拟电网电压波动），分别测出相应的稳压电路的输入电压 U_i 及直流输出电压 U_o，填入表 4-35。

5）测量输出电阻 R_o

取 $u_2 = 14$ V，改变滑动变阻器位置，使 I_o 为空载、50 mA 和 100 mA，测量相应的 U_o 值，填入表 4-36。

6）测量输出电压

取 $u_2 = 14$ V，$U_\text{o} = 12$ V，$I_\text{o} = 100$ mA，测量输出电压 U_o，填入表 3-36。

表 4-35 测量数据 3

测试值			计算值
u_2（V）	U_i（V）	U_o（V）	S
14			$S_{12} =$
16		12	
18			$S_{23} =$

表 4-36 测量数据 4

测试值		计算值
I_o（mA）	U_o（V）	R_o（Ω）
空载		
50	12	$R_{o12} =$
100		$R_{o23} =$

7）调整过流保护电路

（1）断开工频电源，接上保护回路，再接通工频电源，调节 R_p 及 R_L 使 $U_\text{o} = 12$ V，$I_\text{o} = 100$ mA，此时保护电路应不起作用，测出 VT_3 各极电位值。

（2）逐渐减小 R_L，使 I_o 增加到 120 mA，观察 U_o 是否下降，并测出保护电路起作用时

VT_3各极电位值。若保护作用提前或延迟，可改变R_6进行调整。

（3）用导线瞬时短接输出端，测量U_o，然后去掉导线，检查电路是否能自动恢复并正常工作。

五、预习要求

（1）预习教材中有关分立元件稳压电源部分内容，并根据实验电路参数估算U_o的可调范围，以及当U_o＝12 V时VT_1、VT_2的静态工作点（假设调整管的饱和压降$U_{CE1S} \approx 1$ V）。

（2）说明图4-48中u_2、U_i、U_o的物理意义，并从实验仪器中选择合适的测量仪表。

（3）在单相桥式整流电路实验中，能否用双踪示波器同时观察u_2和u_L波形？为什么？

（4）在单相桥式整流电路中，如果某只二极管发生开路、短路或反接等3种情况，将会出现什么问题？

（5）为了使稳压电源的直流输出电压U_o＝12 V，则其输入电压的最小值U_{imin}应为多少伏？交流输入电压U_{2min}又怎样确定？

（6）当稳压电源输出不正常，或者直流输出电压U_o不随取样电位器R_p而变化时，应如何进行检查从而找出故障所在？

（7）分析保护电路的工作原理。

（8）怎样提高稳压电源的性能指标（减小S和R_o）？

六、实验报告

（1）对表4-33所测结果进行全面分析，总结单相桥式整流、电容滤波电路的特性。

（2）根据表4-35和表4-36所测数据，计算稳压电路的稳压系数S和输出电阻R_o，并进行分析。

（3）分析讨论实验中出现的故障及其排除方法。

实验十三　直流稳压电源（Ⅱ）——集成稳压器

一、实验目的

（1）研究集成稳压器的特点和性能指标的测试方法。

（2）了解集成稳压器扩展性能的方法。

二、实验原理

随着半导体工艺的发展，稳压电路也制成了集成器件。由于集成稳压器具有体积小，外接电路简单，使用方便，工作可靠和通用性等优点，因此在各种电子设备中的应用十分普遍，基本上取代了由分立元件构成的稳压电路。集成稳压器的种类有很多，应根据设备对直流电源的要求进行选择。对于大多数电子仪器、设备和电子电路来说，通常是选用串联线性集成稳压器。而在这种类型的器件中，又以三端式集成稳压器应用最为广泛。

W7800、W7900 系列三端式集成稳压器的输出电压是固定的，在使用中不能进行调整。W7800 系列三端式集成稳压器输出正极性电压，一般有 5 V、6 V、9 V、12 V、15 V、18 V、24 V，输出电流最大可达 1.5 A（加散热片）。同类型 78M 系列集成稳压器的输出电流为 0.5 A，78L 系列集成稳压器的输出电流为 0.1 A。若要求负极性输出电压，则可选用 W7900 系列集成稳压器。

（1）图 4-50 为 W7800 系列集成稳压器的外形和接线图。它有 3 个引出端：输入端（不稳定电压输入端）标以"1"；输出端（稳定电压输出端）标以"3"；公共端标以"2"。

除三端固定集成稳压器外，还有可调式三端集成稳压器，后者可通过外接元件对输出电压进行调整，以适应不同的需要。

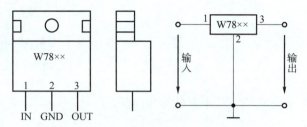

图 4-50　W7800 系列集成稳压器的外形和接线图

本实验所用集成稳压器为三端固定正稳压器 W7812，它的主要参数有：输出直流电压 $U_o = +12$ V；输出电流 L：0.1 A，M：0.5 A；电压调整率 10 mV/V；输出电阻 $R_o = 0.15$ Ω；输入电压 U_i 的可调范围 15~17 V。因为一般 U_i 要比 U_o 大 3~5 V，这样才能保证集成稳压器工作在线性区。

（2）图 4-51 为由三端固定正稳压器 W7812 构成的单电源电压输出串联型稳压电源的实验电路。其中整流部分采用了由 4 只二极管组成的桥式整流器成品（又称桥堆），型号为 2W06（或 KBP306），内部接线和外部引脚如图 4-52 所示。滤波电容 C_1、C_2 一般选取几百至几千微法。当稳压器距离整流滤波电路比较远时，在输入端必须接入电容 C_3（0.33 μF），以抵消电路的电感效应，防止产生自激振荡。输出端电容 C_4（0.1 μF）用以滤除输出端的高频信号，改善电路的暂态响应。

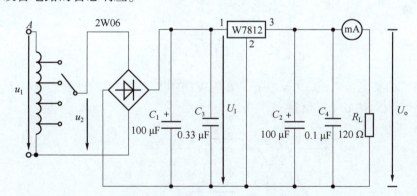

图 4-51　由 W7812 构成的单电源电压输出串联型稳压电源的实验电路

（3）图 4-53 为正、负双电压输出电路，例如需要 $U_{o1} = +15$ V，$U_{o2} = -15$ V，则可选用集成 W7815 和 W7915 三端集成稳压器，这时的 U_i 应为单电压输出时的 2 倍。

当集成稳压器本身的输出电压或输出电流不能满足要求时，可通过外接电路来进行性能扩展。

（4）图 4-54 为输出电压扩展电路。如果 W7812 集成稳压器的 3、2 端间的输出电压为 12 V，只要适当选择 R 的值，使稳压管 VZ 工作在稳压区，则输出电压 $U_o = 12 + U_Z$，可以高

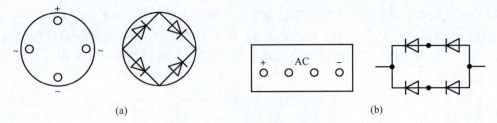

图 4-52　内部接线和外部引脚

（a）2W06；（b）KBP306

于集成稳压器本身的输出电压。

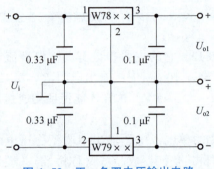

图 4-53　正、负双电压输出电路

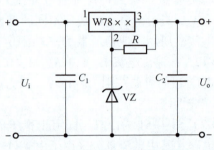

图 4-54　输出电压扩展电路

（5）图 4-55 为外接晶体管 VT 及电阻 R_1 的输出电流扩展电路。电阻 R_1 的阻值由外接晶体管的发射结导通电压 U_{BE}、三端式集成稳压器的输入电流 I_i（近似等于三端式集成稳压器的输出电流 I_{o1}）和 VT 的基极电流 I_B 来决定，即

$$R_1 = \frac{U_{BE}}{I_R} = \frac{U_{BE}}{I_i - I_B} = \frac{U_{BE}}{I_{o1} - \dfrac{I_C}{\beta}}$$

式中，I_C 为 VT 的集电极电流，$I_C = I_o - I_{o1}$；β 为 VT 的电流放大系数；对于锗管 U_{BE} 可按 0.3 V 估算，对于硅管 U_{BE} 按 0.7 V 估算。

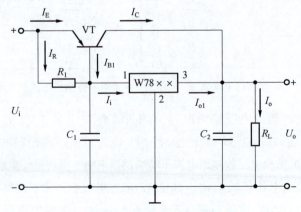

图 4-55　输出电流扩展电路

(6) 图 4-56 为 W7900 系列集成稳压器的（输出负电压）外形及接线图。

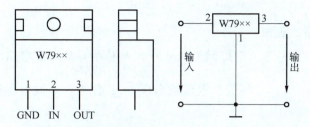

图 4-56　W7900 系列集成稳压器的外形及接线图

(7) 图 4-57 为可调输出三端正稳压器 W317 的外形及接线图。
输出电压：

$$U_{\mathrm{o}} \approx 1.25\left(1+\frac{R_2}{R_1}\right)$$

最大输入电压：

$$U_{\mathrm{im}} = 40\ \mathrm{V}$$

输出电压可调范围：

$$U_{\mathrm{o}} = 1.2 \sim 37\ \mathrm{V}$$

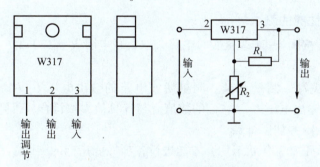

图 4-57　W317 的外形及接线图

三、实验设备与器件

(1) 可调工频电源。

(2) 双踪示波器。

(3) 交流毫伏表。

(4) 直流电压表。

(5) 直流毫安表。

(6) 三端稳压器 W7812、W7815、W7915。

(7) 桥堆 2W06（或 KBP306），电阻、电容若干。

四、实验内容

1. 整流滤波电路的测试

实验电路如图 4-58 所示，取可调工频电源 14 V 作为整流滤波电路的输入电压 u_2。接通工频电源，测量输出端的直流电压 U_L 及纹波电压 $\tilde{U}_L$，用双踪示波器观察 u_2、u_L 的波形，把数据及波形填入自拟表格中。

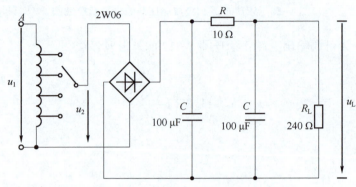

图 4-58 整流滤波电路的测试

2. 集成稳压器性能的测试

断开工频电源，按图 4-51 改接实验电路，取负载电阻 $R_L = 120\ \Omega$。

1）初测

接通工频 14 V 电源，测量 u_2 值；测量滤波电路的输出电压 U_i（集成稳压器的输入电压），集成稳压器的输出电压 U_o，它们的数值应与计算值大致符合，否则说明电路出现了故障。设法查找电路故障并加以排除。

电路经初测进入正常工作状态后，才能进行各项性能指标的测试。

2）各项性能指标的测试

（1）输出电压 U_o 和最大输出电流 I_{om} 的测量。

在输出端接负载电阻 $R_L = 120\ \Omega$，由于集成稳压器 W7812 的输出电压 $U_o = 12\ V$，因此流过 R_L 的最大输出电流 $I_{om} = \dfrac{12}{120} A = 100\ mA$。这时 U_o 应基本保持不变，若变化较大则说明集成块性能不良。

（2）稳压系数 S 的测量。

（3）输出电阻 R_o 的测量。

（4）输出纹波电压 $\tilde{U}_L$ 的测量。

> **注意：**
> （2）（3）（4）的测试方法同实验十二，把测量结果填入自拟表格中。

3）集成稳压器性能的扩展

根据实验设备与器件，选取图 4-53、图 4-54 中各元器件，并自拟测试方法与表格，记录实验结果。

五、预习要求

（1）预习教材中有关集成稳压器部分内容。
（2）列出实验内容中所要求的各种表格。
（3）在测量稳压系数 S 和输出的阻 $R_{\circ}$ 时，应怎样选择测试仪表？

六、实验报告

（1）整理实验数据，计算稳压系数 S 和输出电阻 $R_{\circ}$，并与手册上的典型值进行比较。
（2）分析、讨论实验中发生的现象和问题。

第 5 章　数字电子电路实验

一、实验目的

（1）掌握 TTL 与非门的逻辑功能和主要参数的测试方法。

（2）掌握 TTL 器件的使用规则。

（3）进一步熟悉数字电路实验装置的结构、基本功能和使用方法。

二、实验原理

本实验采用双 4 输入与非门 74LS20，即在一块集成块内含有两个互相独立的与非门，每个与非门有四个输入端。其逻辑电路、逻辑符号及引脚排列如图 5-1 所示。

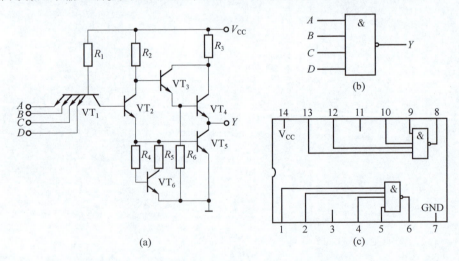

图 5-1　74LS20 的逻辑电路、逻辑符号及引脚排列

（a）逻辑电路；（b）逻辑符号；（c）引脚排列

1. 与非门的逻辑功能

与非门的逻辑功能是：当输入端中有一个或一个以上是低电平时，输出端为高电平；只有当输入端全部为高电平时，输出端才是低电平（即有"0"得"1"，全"1"得"0"）。

其逻辑表达式（也称逻辑函数）为

$$Y = \overline{AB\cdots}$$

2. TTL 与非门的主要参数

1）低电平输出电源电流 I_{CCL} 和高电平输出电源电流 I_{CCH}

与非门处于不同的工作状态，电源提供的电流是不同的。I_{CCL} 是指所有输入端悬空，输出端空载时，电源提供给器件的电流。I_{CCH} 是指输出端空载，每个与非门各有一个以上的输入端接地，其余输入端悬空，电源提供给器件的电流。通常 $I_{CCL} > I_{CCH}$，它们的大小标志着器件静态功耗的大小。器件的最大功耗为 $P_{CCL} = V_{CC}I_{CCL}$。手册中提供的电源电流和功耗是指整个器件总的电源电流和总的功耗。I_{CCL} 和 I_{CCH} 的测试电路如图 5-2（a）（b）所示。

> **注意：**
> TTL 门电路对电源电压要求较严，电源电压 V_{CC} 只允许在 4.5~5.5 V 的范围内工作，超过 5.5 V 将损坏器件；低于 4.5 V 器件的逻辑功能将不正常。

2）低电平输入电流 I_{iL} 和高电平输入电流 I_{iH}

I_{iL} 是指被测输入端接地，其他输入端悬空，输出端空载时，由被测输入端流出的电流。在多级门电路中，I_i 相当于前级门输出低电平时，后级门向前级门灌入的电流，它关系到前级门的灌电流负载能力，即直接影响前级门电路带负载的个数，因此希望 I_{iL} 小一些。

I_{iH} 是指被测输入端接高电平，其他输入端接地，输出端空载时，流入被测输入端的电流。在多级门电路中，它相当于前级门输出高电平时，前级门的拉电流负载，其大小关系到前级门的拉电流负载能力，因此希望 I_{iH} 小一些。由于 I_{iH} 较小，难以测量，故一般免于测试。

I_{iL} 与 I_{iH} 的测试电路如图 5-2（c）、（d）所示。

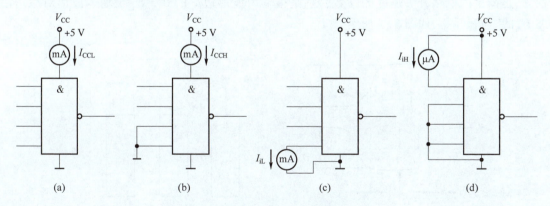

（a）　　　　　　　　（b）　　　　　　　　（c）　　　　　　　　（d）

图 5-2　TTL 与非门静态参数测试电路

（a）I_{CCL} 的测试电路；（b）I_{CCH} 的测试电路；（c）I_{iL} 的测试电路；（d）I_{iH} 的测试电路

3）扇出系数 N_o

扇出系数 N_o 是指门电路能驱动同类门的个数，它是衡量门电路负载能力的参数，TTL 与非门有两种不同性质的负载，即灌电流负载和拉电流负载，因此有两种扇出系数，即低电平扇出系数 N_{oL} 和高电平扇出系数 N_{oH}。通常 $I_{iH} < I_{iL}$，则 $N_{oH} > N_{oL}$，故常以 N_{oL} 作为门的扇出系数。

N_{oL} 的测试电路如图 5-3 所示，门的输入端全部悬空，输出端接灌电流负载 R_L，调节 R_L 使 I_{oL} 增大，U_{oL} 随之增大，当 U_{oL} 达到 U_{oLm}（手册中规定低电平规范值为 0.4 V）时的 I_{oL} 就是

允许灌入的最大负载电流，则

$$N_{oL} = \frac{I_{oL}}{I_{iL}} \ （通常 \ N_{oL} \geqslant 8）$$

4）电压传输特性

门的输出电压 u_o 随输入电压 u_i 而变化的曲线 $u_o = f(u_i)$ 称为门的电压传输特性，通过它可读得门电路的一些重要参数，如输出高电平 V_{oH}、输出低电平 V_{oL}、关门电平 V_{off}、开门电平 V_{on}、阈值电平 V_T 及抗干扰容限 V_{NL}、V_{NH} 等值。电压传输特性测试电路如图 5-4 所示，采用逐点测试法，即调节 R_p，逐点测得 U_i 及 U_o，然后绘成曲线。

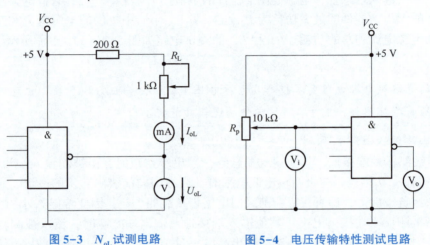

图 5-3　N_{oL} 试测电路　　　　图 5-4　电压传输特性测试电路

5）平均传输延迟时间 t_{pd}

t_{pd} 是衡量门电路开关速度的参数，它是指输出波形边沿的 $0.5\,U_m$ 至输入波形对应边沿 $0.5\,U_m$ 的时间间隔，如图 5-5 所示。

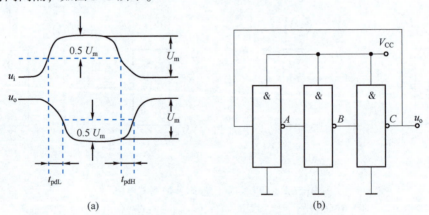

（a）　　　　　　　　　　　　　（b）

图 5-5　t_{pd} 的特性曲线及测试电路

（a）t_{pd} 的特性曲线；（b）t_{pd} 的测试电路

图 5-5（a）中的 t_{pdL} 为导通延迟时间，t_{pdH} 为截止延迟时间，则平均传输延迟时间为

$$t_{pd} = \frac{1}{2}(t_{pdL} + t_{pdH})$$

t_{pd} 的测试电路如图 5-5（b）所示，由于 TTL 门电路的延迟时间较小，直接测量时对信号发生器和小波器的性能要求较高，故实验采用测量由奇数个与非门组成的环形振荡器的振荡周期 T 来求得。其工作原理：假设电路在接通电源后某一瞬间，电路中的 A 点为逻辑"1"，经过三级门的延迟后，A 点由原来的逻辑"1"变为逻辑"0"；再经过三级门的延迟后，A 点电平又重新回到逻辑"1"。电路中其他各点的电平也跟随变化。说明 A 点要想发生一个周期的振荡，必须经过六级门的延迟时间。因此，平均传输延迟时间为

$$t_{pd} = \frac{T}{6}$$

TTL 门电路的 t_{pd} 一般为 $10 \sim 40$ ns。

74LS20 主要电参数如表 5-1 所示。

表 5-1　74LS20 主要电参数

参数名称和符号			规范值	单位	测试条件
直流参数	低电平输出电源电流	I_{CCL}	<14	mA	$V_{CC} = 5$ V，输入端悬空，输出端空载
	高电平输出电源电流	I_{CCH}	<7	mA	$V_{CC} = 5$ V，输入端接地，输出端空载
	低电平输入电流	I_{iL}	≤1.4	mA	$V_{CC} = 5$ V，被测输入端接地，其他输入端悬空，输出端空载
	高电平输入电流	I_{iH}	<50	μA	$V_{CC} = 5$ V，被测输入端 $V_{in} = 2.4$ V，其他输入端接地，输出端空载
			<1	mA	$V_{CC} = 5$ V，被测输入端 $V_{in} = 5$ V，其他输入端接地，输出端空载
	输出高电平	V_{oH}	≥3.4	V	$V_{CC} = 5$ V，被测输入端 $V_{in} = 0.8$ V，其他输入端悬空，$I_{oH} = 400$ μA
	输出低电平	V_{oL}	<0.3	V	$V_{CC} = 5$ V，输入端 $V_{in} = 2.0$ V，$I_{oL} = 12.8$ mA
	扇出系数	N_o	4~8	V	同 V_{oH} 和 V_{oL}
交流参数	平均传输延迟时间	t_{pd}	≤20	ns	$V_{CC} = 5$ V，被测输入端输入信号：$V_{in} = 3.0$ V，$f = 2$ MHz

3. 集成芯片简介

数字电路实验中所用到的集成芯片都是双列直插式的，其引脚排列如图 5-1 所示。识别方法是：正对集成芯片（如 74LS20）或看定位标记（左边的缺口或小圆点标记），从左下角开始按逆时针方向以 1，2，3，…依次排列到最后一脚（在左上角）。在标准形 TTL 集成门电路中，电源端 V_{CC} 一般排在左上角，接地端 GND 一般排在右下角。例如 74LS20 为 14 脚芯片，其 14 脚为 V_{CC}，7 脚为 GND。若集成芯片引脚上的功能标号为 NC，则表示该引脚

为空脚，与内部电路不连接。

4. TTL 门电路的使用规则

（1）接插集成块时，要认清定位标记，不得插反。

（2）电源电压的使用范围为+4.5~+5.5 V，实验中要求使用 V_{CC} = +5 V 的电源电压。电源的正、负极性绝对不允许接错。

（3）闲置输入端的处理方法。

①悬空，相当于逻辑"1"，对于一般小规模集成电路的数据输入端，实验时允许悬空处理。但其易受外界干扰，导致电路的逻辑功能不正常。因此，对于接有长线的输入端、中规模以上的集成电路和使用集成电路较多的复杂电路，所有控制输入端必须按逻辑要求接入电路，不允许悬空。

②直接接电源电压 V_{CC}（也可以串入一只 1~10 kΩ 的固定电阻）或接至某一固定电压（+2.4~+4.5 V）的电源上，或者与输入端为接地的多余与非门的输出端相接。

③若前级驱动能力允许，可以与使用的输入端并联。

（4）输入端通过电阻接地，阻值的大小将直接影响电路所处的状态。当 $R \leq 680$ Ω 时，输入端相当于逻辑"0"；当 $R \geq 4.7$ kΩ 时，输入端相当于逻辑"1"。对于不同系列的器件，要求的阻值不同。

（5）输出端不允许并联使用［集电极开路门（OC 门）和三态输出门电路（3S）除外］，否则不仅会使电路的逻辑功能混乱，而且会导致器件损坏。

（6）输出端不允许直接接地或直接接+5 V 直流电源，否则将损坏器件，有时为了使后级电路获得较高的输出电平，允许输出端通过电阻 R 接至 V_{CC}，一般取 $R = 3~5.1$ kΩ。

三、实验设备与器件

（1）+5 V 直流电源。

（2）逻辑电平开关。

（3）逻辑电平显示器。

（4）直流数字电压表。

（5）直流毫安表。

（6）直流微安表。

（7）74LS20×2，1 kΩ、10 kΩ 电位器，200 Ω 电阻（0.5 W）。

四、实验内容

在合适的位置选取一个 14P 插座，按定位标记插好 74LS20 集成块。

1. 验证 TTL 与非门 74LS20 的逻辑功能

实验电路如图 5-6 所示，与非门的 4 个输入端接逻辑开关输出插口，以提供"0"与"1"电平信号，开关向上，输出逻辑"1"，向下为逻辑"0"。与非门的输出端接由 LED 发光二极管组成的逻辑电平显示器（又称 0-1 指示器）的显示插口，LED 亮为逻辑"1"，不亮为逻辑"0"。按表 5-2 所示的真值表逐个测试集成块中两个与非门的逻辑功能。74LS20 有 4 个输入端、16 个最小项，在实际测试时，只要通过对输入 1111、0111、1011、1101、

1110 五项进行检测就可判断其逻辑功能是否正常。

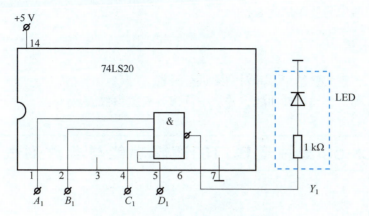

图 5-6　与非门逻辑功能测试电路

表 5-2　测量数据 1

输入				输出	
A_n	B_n	C_n	D_n	Y_1	Y_2
1	1	1	1		
0	1	1	1		
1	0	1	1		
1	1	0	1		
1	1	1	0		

2. 74LS20 主要参数的测试

（1）分别按图 5-2、图 5-3、图 5-5（b）接线并进行测试，将测试结果填入表 5-3。

表 5-3　测量数据 2

I_{CCL} （mA）	I_{CCH} （mA）	I_{iL} （mA）	I_{oL} （mA）	$No = \dfrac{I_{oL}}{I_{iL}}$	$t_{pd} = T/6$ （ns）

（2）按图 5-4 接线，调节电位器 R_p，使 U_i 从 0 V 向高电平变化，逐点测量 U_i 和 U_o 的对应值，填入表 5-4。

表 5-4　测量数据 3

U_i（V）	0	0.2	0.4	0.6	0.8	1.0	1.5	2.0	2.5	3.0	3.5	4.0	…
U_o（V）													

五、预习要求

（1）了解四输入双与非门 74LS20 芯片的逻辑功能和使用方法。

（2）TTL 电路对电源电压的要求是什么？

（3）画出实验中需要测试的表格。

六、实验报告

（1）记录、整理实验结果，并对结果进行分析。

（2）画出实测的传输特性曲线，并从中读出各有关参数值。

实验二　CMOS 集成逻辑门的逻辑功能与参数测试

一、实验目的

（1）掌握 CMOS 门电路的逻辑功能和器件的使用规则。

（2）学会 CMOS 门电路主要参数的测试方法。

二、实验原理

1. CMOS 门电路的主要优点

CMOS 门电路是将 N 沟道 MOS 管和 P 沟道 MOS 管同时用于一个集成电路中，成为组合两种沟道 MOS 管性能的、更优良的集成门电路。CMOS 集成门电路的主要优点如下。

（1）功耗低，其静态工作电流为 10^{-9} A 数量级，是目前所有数字集成电路中最低的，而 TTL 器件的功耗则大得多。

（2）高输入阻抗，其阻抗通常大于 10^{10} Ω，远高于 TTL 器件的输入阻抗。

（3）接近理想的传输特性，其输出高电平可达电源电压的 99.9%以上，低电平可达电源电压的 0.1%以下，因此输出逻辑电平的摆幅很大，噪声容限很高。

（4）电源电压范围广，可在+3~+18 V 范围内正常运行。

（5）由于有很高的输入阻抗，要求驱动电流很小，约 0.1 μA，输出电流在+5 V 直流电源下约为 500 μA，远小于 TTL 门电路，因此，以此电流来驱动同类门电路，其扇出系数将非常大。在较低频率工作时，无须考虑扇出系数，但在高频工作时，后级门的输入电容将成为主要负载，使其扇出能力下降，所以在较高频率工作时，CMOS 门电路的扇出系数一般取10~20。

2. CMOS 门电路的逻辑功能

尽管 CMOS 门电路与 TTL 门电路的内部结构不同，但它们的逻辑功能完全一样。本实验将测定与门 CC4081、或门 CC4071、与非门 CC4011、或非门 CC4001 的逻辑功能。各集成块的逻辑功能与真值表参阅教材及有关资料。

3. CMOS 与非门的主要参数

CMOS 与非门主要参数的定义及测试方法与 TTL 与非门相似，此处不再赘述。

4. CMOS 门电路的使用规则

由于 CMOS 门电路有很高的输入阻抗，这给使用者带来一定的麻烦，即外来的干扰信号很容易在一些悬空的输入端上感应出很高的电压，从而损坏器件。CMOS 门电路的使用规则如下。

（1）V_{DD} 接电源正极，V_{SS} 接电源负极（通常接地），不得接反。CC4000 系列门电路的电源电压允许在 +3～+18 V 范围内选择，实验中一般要求使用 +5～+15 V 电源电压。

（2）所有输入端一律不准悬空，闲置输入端的处理方法：

①按照逻辑要求，直接接 V_{DD}（与非门）或 V_{SS}（或非门）；

②在工作频率不高的电路中，允许输入端并联使用。

（3）输出端不允许直接与 V_{DD} 或 V_{SS} 连接，否则将导致器件损坏。

（4）在装接电路，改变电路连接或插、拔电路时，均应切断电源，严禁带电操作。

（5）焊接、测试和储存时的注意事项：

①电路应存放在导电的容器内，应有良好的静电屏蔽；

②焊接时必须切断电源，电烙铁的外壳必须良好接地，或者拔下电烙铁，靠其余热焊接；

③所有的测试仪器必须良好接地。

三、实验设备与器件

（1）+5 V 直流电源。
（2）双踪示波器。
（3）连续脉冲源。
（4）逻辑电平开关。
（5）逻辑电平显示器。
（6）直流数字电压表。
（7）直流毫安表。
（8）直流微安表、CC4011、CC4001、CC4071、CC4081、电位器 100 kΩ、电阻 1 kΩ。

四、实验内容

1. CMOS 与非门 CC4011 参数的测试（方法与 TTL 与非门相同）

（1）测试 CC4011 一个门的 I_{CCL}、I_{CCH}、I_{iL}、I_{iH}。

（2）测试 CC4011 一个门的电压传输特性（一个输入端作信号输入，另一个输入端接逻辑高电平）。

（3）将 CC4011 的 3 个门串联成振荡器，用双踪示波器观测输入、输出电压波形，并计算出 t_{pd}。

2. 验证 CMOS 各门电路的逻辑功能，判断其好坏

验证与非门 CC4011、与门 CC4081、或门 CC4071 及或非门 CC4001 的逻辑功能。以 CC4011 与非门为例：测试时，选好某一个 14P 插座，插入被测器件，其输入端 A、B 接逻辑电平开关的输出插口，其输出端 Y 接逻辑电平显示器的输入插口，功能测试电路如图 5-7 所示，拨动逻辑电平开关，逐个测试各门

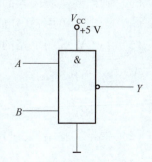

图 5-7 与非门逻辑功能测试电路

的逻辑功能，并填入表 5-5 中。

表 5-5　测量数据

输入		输出			
A	B	Y_1	Y_2	Y_3	Y_4
0	0				
0	1				
1	0				
1	1				

3. 观察与非门、与门、或非门对脉冲的控制作用

选用与非门并按图 5-8 所示电路接线，将一个输入端接连续脉冲源（频率为 20 kHz），用双踪示波器观察两种电路的输出电压波形，自拟表格记录。

按上述方法分别测定与门和或非门对连续脉冲的控制作用。

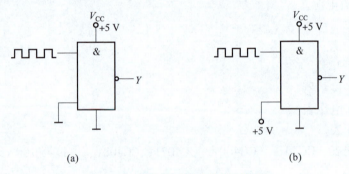

(a)　　　　　　　　　　　　　　(b)

图 5-8　与非门对脉冲的控制作用

五、预习要求

（1）预习 CMOS 门电路的工作原理。
（2）熟悉实验用各门电路的引脚功能。
（3）画出各实验内容的测试电路与数据记录表格。
（4）画出实验用各门电路的真值表。
（5）各 CMOS 门电路的闲置输入端如何处理？

六、实验报告

（1）整理实验结果，在坐标纸上画出各门电路的传输特性曲线。
（2）根据实验结果，写出各门电路的逻辑表达式，并判断被测电路的功能好坏。

一、实验目的

（1）掌握 TTL、CMOS 门电路输入电路与输出电路的性质。

（2）掌握集成逻辑电路相互连接时应遵守的规则和实际连接方法。

二、实验原理

1. TTL 门电路输入、输出电路的性质

当输入端为高电平时，输入电流是反向二极管的漏电流，电流极小。其方向是从外部流入输入端。

当输入端为低电平时，电流由电源 V_{CC} 经内部电路流出输入端，电流较大，当与上一级电路连接时，将决定上一级电路应具有的负载能力。高电平输出电压在负载不大时为 3.5 V 左右。低电平输出时，允许后级电路灌入电流，随着灌入电流的增加，输出低电平将升高，一般 LS 系列 TTL 门电路允许灌入 8 mA 电流，即可吸收后级 20 个 LS 系列标准门的灌入电流。其最大允许低电平输出电压为 0.4 V。

2. CMOS 门电路输入、输出电路的性质

一般 CC 系列门电路的输入阻抗可高达 10^{10} Ω，输入电容在 5 pF 以下，输入高电平通常要求在 3.5 V 以上，输入低电平通常为 1.5 V 以下。因 CMOS 门电路的输出结构具有对称性，故其对高、低电平具有相同的输出能力，负载能力较小，仅可驱动少量的 CMOS 门电路。当输出端负载很轻时，输出高电平将十分接近电源电压；而输出低电平将十分接近地电位。

在高速 CMOS 门电路 54/74HC 系列中的一个子系列 54/74HCT，其输入电平与 TTL 门电路完全相同，因此在相互取代时，不需考虑电平的匹配问题。

3. 集成逻辑电路的连接

在实际的数字电路系统中，总是将一定数量的集成逻辑电路按需要前后连接起来。这时，前级电路的输出将与后级电路的输入相连并驱动后级电路工作。这就存在电平的配合和负载能力这两个需要妥善解决的问题。

可用下列几个表达式来说明集成逻辑电路连接时所要满足的条件：

$$V_{oH}(前级) \geqslant V_{iH}(后级)$$

$$V_{oL}(前级) \leqslant V_{iL}(后级)$$

$$I_{oH}(前级) \geqslant n \times I_{iH}(后级)$$

$$I_{oL}(前级) \geqslant n \times I_{iL}(后级) \qquad (n \text{ 为后级门的数目})$$

1）TTL 门电路与 TTL 门电路的连接

TTL 集成逻辑电路的所有系列中，由于电路结构形式相同，电平配合比较方便，所以不

需要外接元件即可直接连接；其不足之处是受低电平时负载能力的限制。表5-6中列出了74系列TTL门电路的扇出系数。

表5-6　74系列TTL门电路的扇出系数

系列	74LS00	74ALS00	7400	74L00	74S00
74LS00	20	40	5	40	5
74ALS00	20	40	5	40	5
7400	40	80	10	40	10
74L00	10	20	2	20	1
74S00	50	100	12	100	12

2）TTL门电路驱动CMOS门电路

TTL门电路驱动CMOS门电路时，由于CMOS门电路的输入阻抗高，故此驱动电流一般不会受到限制，但在电平配合问题上，低电平是可以的，高电平时有困难，因为TTL门电路在满载时，输出高电平通常低于CMOS门电路对输入高电平的要求，因此为保证TTL输出高电平时，后级的CMOS门电路能可靠工作，通常要外接一只提拉电阻R，如图5-9所示，使输出高电平达到3.5 V以上，R的取值为$2 \Omega \sim 6.2 \text{k}\Omega$较合适，这时对TTL后级的CMOS门电路的数目实际上是没有什么限制的。

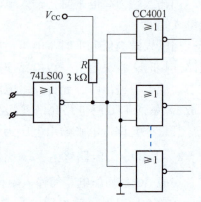

图5-9　TTL门电路驱动CMOS门电路

3）CMOS门电路驱动TTL门电路

CMOS的输出电平能满足TTL对输入电平的要求，但是驱动电流将受限制，主要是低电平时驱动负载的能力较低。表5-7中列出了一般CMOS门电路驱动TTL门电路时的扇出系数，从表中可见，除74HC系列外的其他CMOS门电路驱动TTL门电路的能力都较低。

表5-7　一般CMOS门电路驱动TTL门电路时的扇出系数

系列	LS-TTL	L-TTL	TTL	ASL-TTL
CC4001B 系列	1	2	0	2
MC14001B 系列	1	2	0	2
MM74HC 及 74HCT 系列	10	20	2	20

既要使用此系列又要提高其驱动能力时，可采用以下两种方法。

（1）采用CMOS驱动器，例如CC4049、CC4050是专为提供较大驱动能力而设计的CMOS门电路。

（2）几个同功能的CMOS门电路并联使用，即将其输入端、输出端并联（TTL门电路是不允许并联的）。

4）CMOS 门电路与 CMOS 门电路的连接

CMOS 门电路之间的连接十分方便，无须另加外接元件。对直流参数来讲，一个 CMOS 门电路可带动的 CMOS 门电路数量是不受限制的，但在实际使用时，应当考虑后级门输入电容对前级门的传输速度的影响，电容太大时，传输速度要下降，因此在高速使用时要从负载电容来考虑，如 CC4000T 系列。CMOS 门电路在 10 MHz 以上速度运用时应限制在 20 个门以下。

三、实验设备与器件

（1）+5 V 直流电源。
（2）逻辑电平开关。
（3）逻辑电平显示器。
（4）逻辑笔。
（5）直流数字电压表。
（6）直流毫安表。
（7）74LS00×2、CC4001、74HC00。
（8）电阻（100 Ω、470 Ω、3 kΩ）、电位器（10 kΩ、47 kΩ）。

四、实验内容

1. 测试 TTL 门电路 74LS00 及 CMOS 门电路 CC4001 的输出特性

74LS00 与 CC4001 的引脚排列如图 5-10 所示。

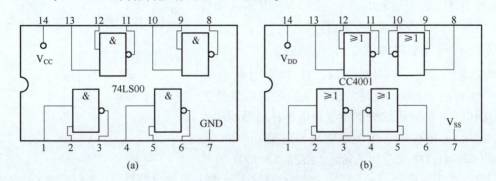

图 5-10 74LS00 与 CC4001 的引脚排列
（a）74LS00 的引脚排列；（b）CC4001 的引脚排列

1）测试 TTL 门电路 74LS00 的输出特性

测试电路如图 5-11 所示，图中以与非门 74LS00 为例画出了高、低电平两种输出状态下输出特性的测量方法。改变电位器 R_p 的阻值，从而获得输出特性曲线，R 为限流电阻。

在实验装置的合适位置选取一个 14P 插座，插入 74LS00，R 取 100 Ω，高电平输出时，R_p 取 47 kΩ，低电平输出时，R_p 取 10 kΩ，高电平测试时应测量空载到最小允许高电平（2.7 V）之间的一系列点；低电平测试时应测量空载到最大允许低电平（0.4 V）之间的一系列点。

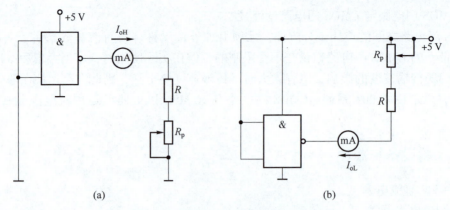

(a)   (b)

图 5-11　74LS00 输出特性的测试电路

（a）高电平输出；（b）低电平输出

2）测试 CMOS 门电路 CC4001 的输出特性

测试时 R 取 $470\ \Omega$，R_p 取 $47\ k\Omega$，高电平测试时应测量从空载到输出电平降到 $4.6\ V$ 的一系列点；低电平测试时应测量从空载到输出电平升到 $0.4\ V$ 的一系列点。

2. TTL 门电路驱动 CMOS 门电路

用 74LS00 的一个门来驱动 CC4001 的 4 个门，实验电路如图 5-9 所示，R 取 $3\ k\Omega$。测量连接 $3\ k\Omega$ 与不连接 $3\ k\Omega$ 电阻时 74LS00 的输出高、低电平及 CC4001 的逻辑功能，测试逻辑功能时，可用实验装置上的逻辑笔进行测试，逻辑笔的电源 V_{CC} 接 $+5\ V$，其输入端口 INPUT 通过一根导线接至所需的测试点。

3. CMOS 门电路驱动 TTL 门电路

测试电路如图 5-12 所示，被驱动的电路用 74LS00 的 8 个门并联。电路的输入端接逻辑电平开关的输出插口，8 个输出端分别接逻辑电平显示器的输入插口。先用 CC4001 的一个门来驱动，观测 CC4001 的输出电平和 74LS00 的逻辑功能。然后将 CC4001 的其

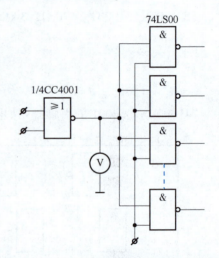

图 5-12　CMOS 门电路驱动 TTL 门电路

余 3 个门，逐个并联到第一个门上（输入与输入、输出与输出并联），分别观察 CMOS 的输出电平及 74LS00 的逻辑功能。最后用 1/474HC00 代替 1/4CC4001，测试其输出电平及系统的逻辑功能。

五、预习要求

（1）自拟各实验记录用的数据表格，以及逻辑电平记录表格。

（2）熟悉所用集成电路的引脚功能。

六、实验报告

（1）整理实验数据，画出输出特性曲线，并加以分析。

（2）通过本次实验，你对不同门电路的连接能得出什么结论？

一、实验目的

掌握组合逻辑电路的设计与测试方法。

二、实验原理

1. 设计方法

使用中小规模集成电路来设计组合逻辑电路是最常见的方法。组合逻辑电路设计流程图如图 5-13 所示。

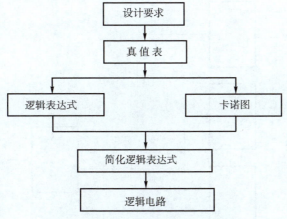

图 5-13　组合逻辑电路设计流程图

首先根据设计要求建立输入、输出变量，并列出真值表；然后用逻辑代数或卡诺图化简法求出简化后的逻辑表达式，并按实际选用逻辑门的类型修改逻辑表达式；接着根据简化后的逻辑表达式，画出逻辑电路图，用标准器件构成逻辑电路；最后用实验来验证设计的正确性。

2. 组合逻辑电路设计举例

用与非门设计一个表决电路：当 4 个输入端中有 3 个或 4 个为 "1" 时，输出端才为 "1"。
设计步骤：根据表决电路的功能列出真值表，如表 5-8 所示；再填入表 5-9 所示的卡诺图。

表 5-8　真值表

输入	D	0	0	0	0	0	0	0	0	1	1	1	1	1	1	1	1
	A	0	0	0	0	1	1	1	1	0	0	0	0	1	1	1	1
	B	0	0	1	1	0	0	1	1	0	0	1	1	0	0	1	1
	C	0	1	0	1	0	1	0	1	0	1	0	1	0	1	0	1
输出	Z	0	0	0	0	0	0	0	1	0	0	0	1	0	1	1	1

表 5-9　卡诺图

BC	DA			
	00	01	11	10
00				
01			1	
11		1	1	1
10			1	

由卡诺图得出逻辑表达式，并将其演化成"与非"的形式：

$$Z = ABC + BCD + ACD + ABD$$
$$= \overline{\overline{ABC} \cdot \overline{BCD} \cdot \overline{ACD} \cdot \overline{ABC}}$$

根据逻辑表达式画出用与非门构成的表决电路的逻辑电路图，如图 5-14 所示。

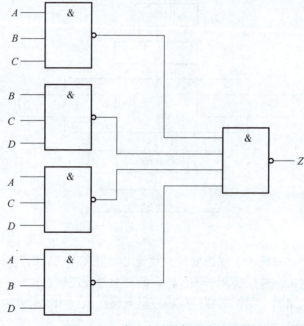

图 5-14　表决电路的逻辑电路图

以下用实验验证该逻辑电路的逻辑功能。

在实验装置的适当位置选定 3 个 14P 插座，按照集成块的定位标记插好 CC4012。

按图 5-14 接线，输入端 A、B、C、D 接至逻辑电平开关的输出插口，输出端 Z 接逻辑电平显示器的输入插口，按真值表（自拟）要求逐次改变输入变量，测量相应的输出值，验证该逻辑电路的逻辑功能，同时与表 5-8 进行比较，验证所设计的逻辑电路是否符合要求。

三、实验设备与器件

（1）+5 V 直流电源。

（2）逻辑电平开关。

（3）逻辑电平显示器。

（4）直流数字电压表。

（5）CC4011×2（74LS00）、CC4012×3（74LS20）、CC4030（74LS86）、CC4081（74LS08）、74LS54×2（CC4085）、CC4001（74LS02）。

四、实验内容

（1）设计用与非门及异或门、与门组成的半加器电路。

要求按图 5-13 所示的设计步骤进行，直到测试电路的逻辑功能符合设计要求为止。

（2）设计一位全加器，要求用异或门、与门、或非门实现。

（3）设计一位全加器，要求用与或非门实现。

（4）设计一个对两个两位无符号的二进制数进行比较的电路：根据第一个数是否大于、等于、小于第二个数，使相应的 3 个输出端中的一个输出为 "1"，要求用与门、与非门及或非门实现。

五、预习要求

（1）根据实验任务要求设计组合逻辑电路，并根据所给的标准器件画出逻辑电路图。

（2）如何用最简单的方法验证与或非门的逻辑功能是否完好？

（3）与或非门中，当某一组与端不用时，应作如何处理？

六、实验报告

（1）列写实验任务的设计过程，画出设计的逻辑电路图。

（2）对所设计的逻辑电路进行实验测试，记录测试结果。

（3）组合逻辑电路设计体会。

实验五　译码器及其应用

一、实验目的

（1）掌握中规模集成译码器的逻辑功能和使用方法。

（2）熟悉数码管的使用。

二、实验原理

译码器是一个多输入、多输出的组合逻辑电路。它的作用是把给定的代码进行"翻译"，变成相应的状态，使输出通道中相应的一路有信号输出。译码器在数字系统中有广泛的用途，不仅用于代码的转换、终端的数字显示，还用于数据分配、存储器寻址和组合控制信号等。不同的功能可选用不同种类的译码器。

译码器可分为通用译码器和显示译码器两大类。前者又分为变量译码器和代码变换译码器。下面主要介绍变量译码器和显示译码器。

1. 变量译码器

变量译码器（又称二进制译码器）用以表示输入变量的状态，如 2 线-4 线、3 线-8 线和 4 线-16 线译码器。若有 n 个输入变量，则有 2^n 个不同的组合状态，就有 2^n 个输出端供其使用。而每一个输出所代表的逻辑函数对应于 n 个输入变量的最小项。

以 3 线-8 线译码器 74LS138 为例进行分析，图 5-15 为其逻辑电路及引脚排列。各引脚功能说明如下：

A_2、A_1、A_0——地址输入端；

$\overline{Y}_0 \sim \overline{Y}_7$——译码输出端；

S_1、$\overline{S}_2$、$\overline{S}_3$——使能端。

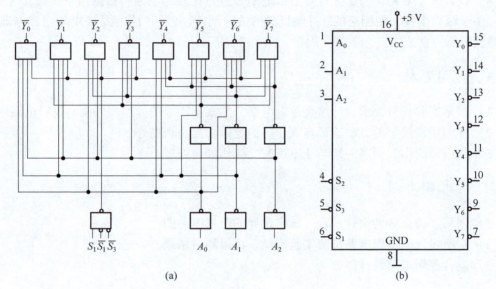

(a)   (b)

图 5-15　3 线-8 线译码器 74LS138 的逻辑电路及引脚排列

（a）逻辑电路；（b）引脚排列

74LS138 的功能表如表 5-10 所示。

当 $S_1 = 1$，$\overline{S}_2 + \overline{S}_3 = 0$ 时，器件使能，地址码所指定的输出端有信号（为 0）输出，其他所有输出端均无信号（全为 1）输出；当 $S_1 = 0$，$\overline{S}_2 + \overline{S}_3 = \times$，或者 $S_1 = \times$，$\overline{S}_2 + \overline{S}_3 = 1$ 时，译码器被禁止，所有输出同时为 1。

表 5-10　74LS138 的功能表

输入					输出							
S_1	$\overline{S}_2 + \overline{S}_3$	A_2	A_1	A_0	$\overline{Y}_0$	$\overline{Y}_1$	$\overline{Y}_2$	$\overline{Y}_3$	$\overline{Y}_4$	$\overline{Y}_5$	$\overline{Y}_6$	$\overline{Y}_7$
1	0	0	0	0	0	1	1	1	1	1	1	1
1	0	0	0	1	1	0	1	1	1	1	1	1
1	0	0	1	0	1	1	0	1	1	1	1	1

输入					输出							
S_1	$\bar{S}_2+\bar{S}_3$	A_2	A_1	A_0	$\bar{Y}_0$	$\bar{Y}_1$	$\bar{Y}_2$	$\bar{Y}_3$	$\bar{Y}_4$	$\bar{Y}_5$	$\bar{Y}_6$	$\bar{Y}_7$
1	0	0	1	1	1	1	1	0	1	1	1	1
1	0	1	0	0	1	1	1	1	0	1	1	1
1	0	1	0	1	1	1	1	1	1	0	1	1
1	0	1	1	0	1	1	1	1	1	1	0	1
1	0	1	1	1	1	1	1	1	1	1	1	0
0	×	×	×	×	1	1	1	1	1	1	1	1
×	1	×	×	×	1	1	1	1	1	1	1	1

二进制译码器实际上也是负脉冲输出的脉冲分配器。若利用使能端中的一个输入端输入数据信息，器件就成为一个数据分配器（又称多路分配器），如图 5-16 所示。若在 S_1 输入端输入数据信息，令 $\bar{S}_2=\bar{S}_3=0$，地址码所对应的输出是 S_1 端数据信息的反码；若从 $\bar{S}_2$ 输入端输入数据信息，令 $S_1=1$、$\bar{S}_3=0$，地址码所对应的输出就是 $\bar{S}_2$ 端数据信息的原码。若数据信息是时钟脉冲，则数据分配器便成为时钟脉冲分配器。

二进制译码器根据输入地址的不同组合译出唯一地址，故可用作地址译码器；将其接成多路分配器，可将一个信号源的数据信息传输到不同的地点。

二进制译码器还能方便地实现逻辑函数，如图 5-17 所示，实现的逻辑函数为

$$Z=\bar{A}\,\bar{B}\,C+AB\,\bar{C}+A\,\bar{B}\,\bar{C}+ABC$$

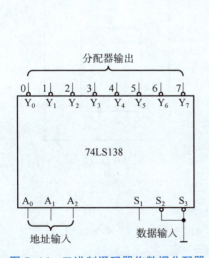

图 5-16　二进制译码器作数据分配器

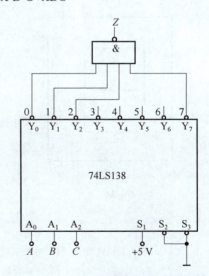

图 5-17　二进制译码器实现逻辑函数

利用使能端能方便地将两个 3 线-8 线译码器组合成一个 4 线-16 线译码器，如图 5-18 所示。

2. 显示译码器

1）7 段发光二极管（LED）数码管

LED 数码管是目前最常用的显示译码器，图 5-19（a）（b）为共阴极 LED 数码管和共

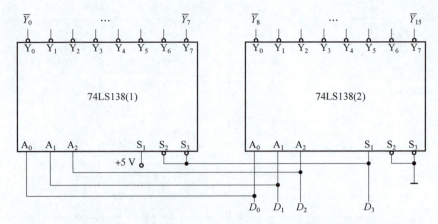

图 5-18　用两片 74LS138 组合成 4 线-16 线译码器

阳极 LED 数码管的电路，图 5-19（c）为两种不同出线形式的逻辑符号及引脚排列。

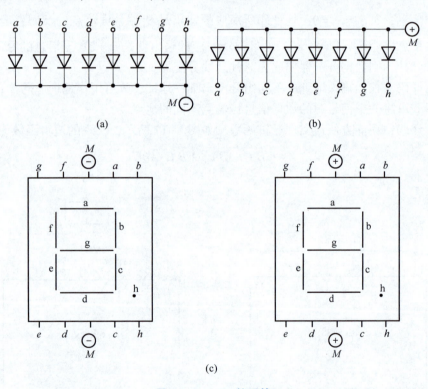

图 5-19　LED 数码管

(a) 共阴极连接（"1"电平驱动）；(b) 共阳极连接（"0"电平驱动）；

(c) 逻辑符号及引脚排列

　　一只 LED 数码管可用来显示一位 0~9 十进制数和一个小数点。小型数码管（0.5 英寸和 0.36 英寸）每段发光二极管的正向压降，随显示光（通常为红、绿、黄、橙色）的颜色不同略有差别，通常为 2~2.5 V，每只发光二极管的点亮电流为 5~10 mA。LED 数码管要显示 BCD 码所表示的十进制数就需要有一个专门的译码器，该译码器不但要完成译码功能，还要有相当的驱动能力。

2）BCD 码 7 段译码/驱动器

此类译码器的型号有 74LS47（共阳极）、74LS48（共阴极）、CC4511（共阴极）等，本实验采用 CC4511 BCD 锁存/7 段译码/驱动器来驱动共阳极 LED 数码管。

图 5-20 为 CC4511 的引脚排列。各引脚功能说明如下。

A、B、C、D——BCD 码输入端。

a、b、c、d、e、f、g——译码输出端，输出"1"有效，用来驱动共阴极 LED 数码管。

$\overline{LT}$——测试输入端，当 $\overline{LT}=0$ 时，译码输出全为"1"。

$\overline{BI}$——消隐输入端，当 $\overline{BI}=0$ 时，译码输出全为"0"。

LE——锁定端，当 $LE=1$ 时，译码器处于锁定（保持）状态，译码输出保持在 $LE=0$ 时的数值，$LE=0$ 为正常译码。

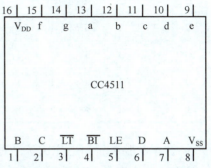

图 5-20　CC4511 的引脚排列

CC4511 的功能表如表 5-11 所示。CC4511 内接有上拉电阻，故只需在输出端与数码管笔段之间串入限流电阻即可工作。此类译码器还有拒伪码功能，当输入码超过 1001 时，输出全为"0"，数码管熄灭。

表 5-11　CC4511 的功能表

输入							输出							
LE	$\overline{BI}$	$\overline{LT}$	D	C	B	A	a	b	c	d	e	f	g	显示字形
×	×	0	×	×	×	×	1	1	1	1	1	1	1	8
×	0	1	×	×	×	×	0	0	0	0	0	0	0	消隐
0	1	1	0	0	0	0	1	1	1	1	1	1	0	0
0	1	1	0	0	0	1	0	1	1	0	0	0	0	1
0	1	1	0	0	1	0	1	1	0	1	1	0	1	2
0	1	1	0	0	1	1	1	1	1	1	0	0	1	3
0	1	1	0	1	0	0	0	1	1	0	0	1	1	4
0	1	1	0	1	0	1	1	0	1	1	0	1	1	5
0	1	1	0	1	1	0	0	0	1	1	1	1	1	6
0	1	1	0	1	1	1	1	1	1	0	0	0	0	7
0	1	1	1	0	0	0	1	1	1	1	1	1	1	8
0	1	1	1	0	0	1	1	1	1	0	0	1	1	9
0	1	1	1	0	1	0	0	0	0	0	0	0	0	消隐

输入							输出							显示字形
LE	$\overline{BI}$	$\overline{LT}$	D	C	B	A	a	b	c	d	e	f	g	
0	1	1	1	0	1	1	0	0	0	0	0	0	0	消隐
0	1	1	1	1	0	0	0	0	0	0	0	0	0	消隐
0	1	1	1	1	0	1	0	0	0	0	0	0	0	消隐
0	1	1	1	1	1	0	0	0	0	0	0	0	0	消隐
0	1	1	1	1	1	1	0	0	0	0	0	0	0	消隐
1	1	1	×	×	×	×	锁存							锁存

在本实验装置上已完成了译码器 CC4511 和数码管 BS202 之间的连接。实验时，只要接通+5 V 直流电源和将十进制数的 BCD 码接至译码器的相应输入端 A、B、C、D 即可显示 0~9的数字。四位数码管可接受四组 BCD 码输入。CC4511 与 LED 数码管的连接如图 5-21 所示。

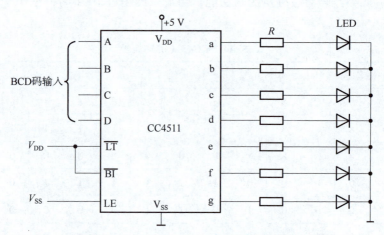

图 5-21　CC4511 与 LED 数码管的连接

三、实验设备与器件

（1）+5 V 直流电源。
（2）双踪示波器。
（3）连续脉冲源。
（4）逻辑电平开关。
（5）逻辑电平显示器。
（6）拨码开关组。
（7）译码显示器。
（8）74LS138×2、CC4511×1。

四、实验内容

1. 数据拨码开关的使用

将实验装置上的 4 组拨码开关的输出 A_i、B_i、C_i、D_i 分别接至 4 组 BCD 码七段译码/驱动器 CC4511 的对应输入端，LE、$\overline{BI}$、$\overline{LT}$ 接至 3 个逻辑电平开关的输出插口，接上 +5 V 逻辑电平显示器的电源，然后按表 5-11 输入的要求按下 4 个数码的增减键（〈+〉与〈-〉键）和操作与 LE、$\overline{BI}$、$\overline{LT}$ 对应的 3 只逻辑电平开关，观测拨码盘上的 4 位数与 LED 数码管显示的对应数字是否一致，以及译码显示是否正常。

2. 74LS138 译码器逻辑功能的测试

将译码器使能端 S_1、$\overline{S}_2$、$\overline{S}_3$ 及地址输入端 A_2、A_1、A_0 分别接至逻辑电平开关的输出插口，8 个输出端 $\overline{Y}_7 \sim \overline{Y}_0$ 依次连接在逻辑电平显示器的 8 个输入插口上，拨动逻辑电平开关，按表 5-10 逐项测试 74LS138 的逻辑功能。

3. 用 74LS138 构成时序脉冲分配器

参照图 5-16 和实验原理说明，时钟脉冲 CP 的频率约为 10 kHz，要求分配器输出端 $\overline{Y}_0 \sim \overline{Y}_7$ 的信号与 CP 输入信号同相。

画出分配器的实验电路，用双踪示波器观察和记录在地址输入端 A_2、A_1、A_0 分别取 000～111 8 种不同状态时 $\overline{Y}_0 \sim \overline{Y}_7$ 端的输出波形，注意输出波形与 CP 输入波形之间的相位关系。

4. 用 74LS138 组合成 4 线-16 线译码器

用两片 74LS138 组合成一个 4 线-16 线译码器，并进行实验。

五、预习要求

（1）预习有关译码器和分配器的原理。
（2）根据实验任务，画出所需的实验电路及记录表格。

六、实验报告

（1）画出实验电路，把观察到的波形画在坐标纸上，并标上对应的地址码。
（2）对实验结果进行分析、讨论。

实验六　数据选择器及其应用

一、实验目的

（1）掌握中规模集成数据选择器的逻辑功能及使用方法。
（2）学习用数据选择器构成组合逻辑电路的方法。

二、实验原理

数据选择器又称多路开关。数据选择器在地址码（或称为选择控制）电位的控制下，从几个输入数据中选择一个并将其送到一个公共的输出端。数据选择器的功能类似一个多掷开关，如图 5-22 所示，图中有 4 路数据 $D_0 \sim D_3$，通过选择控制信号 A_1、A_0（地址码）从 4 路数据中选中某一路送至输出端 Q。

数据选择器为目前逻辑设计中应用十分广泛的逻辑部件，它有 2 选 1、4 选 1、8 选 1、16 选 1 等类别。

数据选择器的电路结构一般由与或门阵列组成，也有用传输门开关和门电路混合而成的。

1. 8 选 1 数据选择器 74LS151

74LS151 为互补输出的 8 选 1 数据选择器，引脚排列如图 5-23 所示，功能表如表 5-12 所示。

其选择控制端（地址码）为 $A_2 \sim A_0$，按二进制译码，从 8 个输入数据 $D_0 \sim D_7$ 中选择一个送到输出端 Q，$\overline{S}$ 为使能端，低电平有效。

（1）当使能端 $\overline{S}=1$ 时，无论 $A_2 \sim A_0$ 状态如何，均无输出（$Q=0$，$\overline{Q}=1$），多路开关被禁止。

（2）当使能端 $\overline{S}=0$ 时，多路开关正常工作，根据地址码 A_2、A_1、A_0 的状态选择 $D_0 \sim D_7$ 中某一个通道的数据输送到输出端 Q。

例如：$A_2A_1A_0=000$，则选择 D_0 通道的数据到输出端 Q，即 $Q=D_0$。

$A_2A_1A_0=001$，则选择 D_1 通道的数据到输出端 Q，即 $Q=D_1$，其余类推。

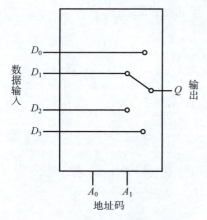

图 5-22　4 选 1 数据选择器

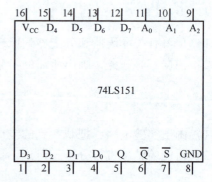

图 5-23　74LS151 的引脚排列

表 5-12　74LS151 的功能表

输入				输出	
$\overline{S}$	A_2	A_1	A_0	Q	$\overline{Q}$
1	×	×	×	0	1
0	0	0	0	D_0	$\overline{D_0}$

输入				输出	
0	0	0	1	D_1	$\overline{D_1}$
0	0	1	0	D_2	$\overline{D_2}$
0	0	1	1	D_3	$\overline{D_3}$
0	1	0	0	D_4	$\overline{D_4}$
0	1	0	1	D_5	$\overline{D_5}$
0	1	1	0	D_6	$\overline{D_6}$
0	1	1	1	D_7	$\overline{D_7}$

2. 双 4 选 1 数据选择器 74LS153

所谓双 4 选 1 数据选择器，就是在一块集成芯片上有两个 4 选 1 数据选择器，如 74LS153。其引脚排列如图 5-24 所示，功能表如表 5-13 所示。

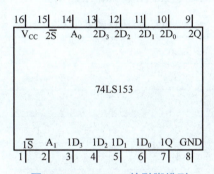

图 5-24　74LS153 的引脚排列

表 5-13　74LS153 的功能表

输入			输出
$\overline{S}$	A_1	A_0	Q
1	×	×	0
0	0	0	D_0
0	0	1	D_1
0	1	0	D_2
0	1	1	D_3

$1\overline{S}$、$2\overline{S}$ 为两个独立的使能端；A_1、A_0 为公用的地址输入端；$1D_0 \sim 1D_3$ 和 $2D_0 \sim 2D_3$ 分别为两个 4 选 1 数据选择器的数据输入端；Q_1、Q_2 为两个输出端。

（1）当使能端 $1\overline{S}(2\overline{S}) = 1$ 时，多路开关被禁止，无输出，$Q = 0$。

（2）当使能端 $1\overline{S}(2\overline{S}) = 0$ 时，多路开关正常工作，根据地址码 A_1、A_0 的状态，将相应的数据 $D_0 \sim D_3$ 送到输出端 Q。

例如：$A_1A_0 = 00$，则选择 D_0 数据送到输出端 Q，即 $Q = D_0$；$A_1A_0 = 01$，则选择 D_1 数据送

到输出端 Q，即 $Q=D_1$，其余类推。

数据选择器的用途有很多，如多通道传输、数码比较、并行码变串行码，以及实现逻辑函数等。

3. 数据选择器的应用——实现逻辑函数

（1）用 8 选 1 数据选择器 74LS151 实现逻辑函数：

$$F=A\overline{B}+\overline{A}C+B\overline{C}$$

采用 8 选 1 数据选择器 74LS151 可实现任意三个输入变量的组合逻辑函数。

作出逻辑函数 F 的功能表，如表 5-14 所示，将逻辑函数 F 的功能表与 8 选 1 数据选择器的功能表相比较，可知：

①将输入变量 C、B、A 作为 8 选 1 数据选择器的地址码 A_2、A_1、A_0；

②使 8 选 1 数据选择器的各输入数据 $D_0 \sim D_7$ 分别与逻辑函数 F 的输出值一一对应，即 $A_2A_1A_0=CBA$，$D_0=D_7=0$，$D_1=D_2=D_3=D_4=D_5=D_6=1$。则 8 选 1 数据选择器的输出 Q 便实现了逻辑函数 $F=A\overline{B}+\overline{A}C+B\overline{C}$，其接线图如图 5-25 所示。

表 5-14　逻辑函数 F 的功能表 1

输入			输出
C	B	A	F
0	0	0	0
0	0	1	1
0	1	0	1
0	1	1	1
1	0	0	1
1	0	1	1
1	1	0	1
1	1	1	0

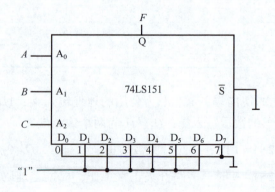

图 5-25　接线图 1

显然，采用具有 n 个地址输入端的数据选择实现 n 变量的逻辑函数时，应将函数的输入变量加到数据选择器的地址输入端（A），数据选择器的数据输入端（D）按次序以逻辑函数 F 的输出值来赋值。

（2）用 8 选 1 数据选择器 74LS151 实现逻辑函数：

$$F = A\,\overline{B} + \overline{A}B$$

①列出逻辑函数 F 的功能表，如表 5-15 所示。

②将 B、A 加到地址输入端 A_1、A_0，而 A_2 接地，由表 5-15 可见，将 D_1、D_2 接"1"及 D_0、D_3 接地，其余数据输入端 $D_4 \sim D_7$ 都接地，则 8 选 1 数据选择器的输出 Q，便实现了逻辑函数 $F = A\,\overline{B} + \overline{A}B$。其接线图如图 5-26 所示。

表 5-15 逻辑函数 F 的功能表 2

输入		输出
B	A	F
0	0	0
0	1	1
1	0	1
1	1	0

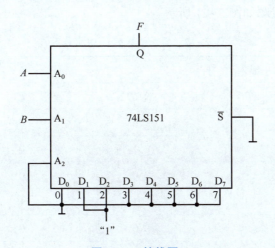

图 5-26　接线图 2

显然，当逻辑函数输入变量数小于数据选择器的地址输入端（A）时，应将不用的地址输入端及不用的数据输入端（D）都接地。

（3）用 4 选 1 数据选择器 74LS153 实现逻辑函数：

$$F = \overline{A}BC + A\,\overline{B}C + AB\,\overline{C} + ABC$$

逻辑函数 F 的功能表如表 5-16 所示。

表 5-16　逻辑函数 F 的功能表 3

输入			输出
A	B	C	F
0	0	0	0
0	0	1	0
0	1	0	0
0	1	1	1
1	0	0	0
1	0	1	0
1	1	0	1
1	1	1	1

逻辑函数 F 有 3 个输入变量 A、B、C，而数据选择器有两个地址输入端 A_1、A_0 少于逻辑函数输入变量个数，在设计时可任选 A 接 A_1，B 接 A_0。将表 5-16 改成表 5-17 形式，当将输入变量 A、B、C 中的 A、B 接数据选择器的地址输入端 A_1、A_0 时，由表 5-17 不难看出：$D_0=0$，$D_1=D_2=C$，$D_3=1$，则 4 选 1 数据选择器的输出 Q，便实现了逻辑函数 $F=\overline{A}BC+A\overline{B}C+AB\overline{C}+ABC$。其接线图如图 5-27 所示。

表 5-17　逻辑函数 F 的功能表 4

输入			输出	
A	B	C	F	中选数据端
0	0	0	0	$D_0=0$
		1	0	
0	1	0	0	$D_1=C$
		1	1	
1	0	0	0	$D_2=C$
		1	1	
1	1	0	1	$D_3=1$
		1	1	

当逻辑函数的输入变量个数大于数据选择器地址输入端（A）时，可能随着选用逻辑函数的输入变量作输入地址的方案不同，而使其设计结果不同，需对几种方案比较，以获得最佳方案。

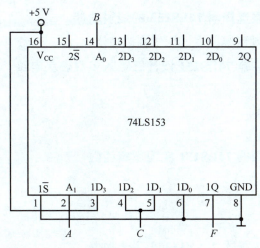

图 5-27　接线图 3

三、实验设备与器件

（1）+5 V 直流电源。

（2）逻辑电平开关。

（3）逻辑电平显示器。

（4）74LS151（或 CC4512）、74LS153（或 CC4539）、74LS00（或 CC4011）。

四、实验内容

1. 测试 8 选 1 数据选择器 74LS151 的逻辑功能

实验电路如图 5-28 所示，地址输入端 A_2、A_1、A_0，数据输入端 $D_0 \sim D_7$，使能端 $\overline{S}$ 接逻辑电平开关，输出端 Q 接逻辑电平显示器，按 74LS151 功能表逐项进行测试，记录测试结果。

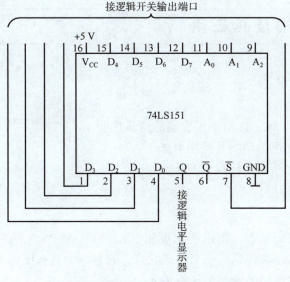

图 5-28　74LS151 逻辑功能的测试

2. 测试双 4 选 1 数据选择器 74LS153 的逻辑功能

74LS153 的测试方法及步骤同上，记录测试结果。

3. 用 8 选 1 数据选择器 74LS151 设计三输入多数表决电路

（1）写出设计过程。
（2）画出逻辑电路图。
（3）验证逻辑功能。

4. 用 8 选 1 数据选择器 74LS151 实现逻辑函数

（1）写出设计过程。
（2）画出逻辑电路图。
（3）验证逻辑功能。

5. 用双 4 选 1 数据选择器 74LS153 实现全加器

（1）写出设计过程。
（2）画出逻辑电路图。
（3）验证逻辑功能。

五、预习内容

（1）预习数据选择器的工作原理。
（2）用数据选择器对实验内容中各逻辑函数进行预设计。

六、实验报告

（1）选用数据选择器对实验内容进行设计，写出设计全过程，画出逻辑电路图，进行逻辑功能测试。
（2）总结实验收获、体会。

实验七　触发器及其应用

一、实验目的

（1）掌握基本 RS、JK、D 和 T 触发器的逻辑功能。
（2）掌握触发器的逻辑功能及使用方法。
（3）熟悉触发器之间相互转换的方法。

二、实验原理

触发器具有两个稳定状态，用以表示逻辑状态"1"和"0"，在一定的外界信号作用下，可以从一个稳定状态翻转到另一个稳定状态，它是一个具有记忆功能的二进制信息存储器件，是构成各种时序电路的最基本逻辑单元。

1. 基本 RS 触发器

图 5-29 为由两个与非门交叉耦合构成的基本 RS 触发器，它是无时钟控制低电平直接触发的触发器。基本 RS 触发器具有置 "0"、置 "1" 和保持 3 种功能。通常称 $\bar{S}$ 为置 "1" 端，因为 $\bar{S}=0$（$\bar{R}=1$）时触发器被置 "1"；$\bar{R}$ 为置 "0" 端，因为 $\bar{R}=0$（$\bar{S}=1$）时触发器被置 "0"。当 $\bar{S}=\bar{R}=1$ 时触发器状态保持；当 $\bar{S}=\bar{R}=0$ 时，触发器状态不定，应避免此种情况发生。基本 RS 触发器的功能表如表 5-18 所示。

基本 RS 触发器也可以用两个或非门组成，此时为高电平触发有效。

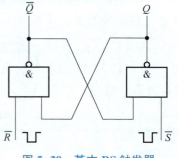

图 5-29　基本 RS 触发器

表 5-18　基本 RS 触发器的功能表

输入		输出	
$\bar{S}$	$\bar{R}$	Q^{n+1}	$\bar{Q}^{n+1}$
0	1	1	0
1	0	0	1
1	1	Q^n	$\bar{Q}^n$
0	0	φ	φ

2. JK 触发器

在输入信号为双端的情况下，JK 触发器是功能完善、使用灵活和通用性较强的一种触发器。本实验采用 74LS112 双 JK 触发器，它是下降边沿触发的边沿触发器，引脚排列及逻辑符号如图 5-30 所示。

JK 触发器的状态方程为

$$Q^{n+1} = J\bar{Q}^n + \bar{K}Q^n$$

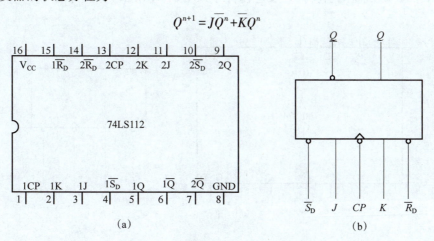

(a)　　　　　　　　　　　　　(b)

图 5-30　74LS112 双 JK 触发器的引脚排列及逻辑符号

（a）引脚排列；（b）逻辑符号

J 和 K 是数据输入端，是触发器状态更新的依据，若 J、K 有两个或两个以上输入端时，组成"与"的关系。Q 与 $\overline{Q}$ 为两个互补输出端。通常把 $Q=0$、$\overline{Q}=1$ 的状态定为触发器"0"状态；而把 $Q=1$，$\overline{Q}=0$ 的状态定为触发器"1"状态。

74LS112 双 JK 触发器的功能表如表 5-19 所示。JK 触发器常被用作缓冲存储器、移位寄存器和计数器。

表 5-19　74LS112 双 JK 触发器的功能表

输入					输出	
$\overline{S}_{D}$	$\overline{R}_{D}$	CP	J	K	Q^{n+1}	$\overline{Q}^{n+1}$
0	1	×	×	×	1	0
1	0	×	×	×	0	1
0	0	×	×	×	φ	φ
1	1	↓	0	0	Q^n	$\overline{Q}^n$
1	1	↓	1	0	1	0
1	1	↓	0	1	0	1
1	1	↓	1	1	$\overline{Q}^n$	Q^n
1	1	↑	×	×	Q^n	$\overline{Q}^n$

注：×——任意态；↓——高到低电平跳变；↑——低到高电平跳变；
Q^n（$\overline{Q}^n$）——现态；Q^{n+1}（$\overline{Q}^{n+1}$）——次态；φ——不定态。

3. D 触发器

在输入信号为单端的情况下，D 触发器用起来最为方便，其状态方程为 $Q^{n+1}=D^n$，其输出状态的更新发生在 CP 脉冲的上升沿，故又称上升沿触发的边沿触发器，触发器的状态只取决于时钟到来前 D 端的状态。D 触发器的应用很广泛，可用作数字信号的寄存、移位寄存、分频和波形发生等。D 触发器有很多种型号可供选用，如 74LS74 双 D 触发器、74LS175四 D 触发器、74LS174 六 D 触发器等。

74LS74 双 D 触发器的引脚排列及逻辑符号如图 5-31 所示，功能表如表 5-20 所示。

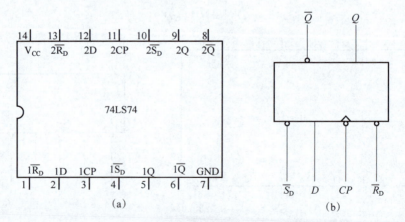

图 5-31　74LS74 双 D 触发器的引脚排列及逻辑符号

（a）引脚排列；（b）逻辑符号

表 5-20　74LS74 双 D 触发器的功能表

输入				输出	
$\overline{S}_D$	$\overline{R}_D$	CP	D	Q^{n+1}	$\overline{Q}^{n+1}$
0	1	×	×	1	0
1	0	×	×	0	1
0	0	×	×	φ	φ
1	1	↑	1	1	0
1	1	↑	0	0	1
1	1	↓	×	Q^n	$\overline{Q}^n$

4. 触发器之间的相互转换

在集成触发器的产品中，每一种触发器都有自己固定的逻辑功能。但可以利用转换的方法获得具有其他功能的触发器。例如，将 JK 触发器的 J、K 两端连在一起，将它作为 T 端，这样就得到所需的 T 触发器，如图 5-32（a）所示，其状态方程为

$$Q^{n+1} = \overline{T}Q^n + \overline{T}Q^n$$

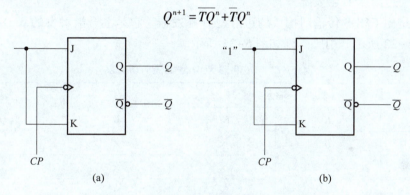

图 5-32　JK 触发器转换为 T、T′触发器

（a）T 触发器；（b）T′触发器

T 触发器的功能表如表 5-21 所示。

表 5-21　T 触发器的功能表

输入				输出
$\overline{S}_D$	$\overline{R}_D$	CP	T	Q^{n+1}
0	1	×	×	1
1	0	×	×	0
1	1	↓	0	Q^n
1	1	↓	1	$\overline{Q}^n$

由表 5-21 可见，当 $T=0$ 时，时钟脉冲 CP 作用后，其状态保持不变；当 $T=1$ 时，时钟脉冲 CP 作用后，触发器状态翻转。因此，若将 T 触发器的 T 端置"1"，如图 5-32（b）所

示，即得 T′ 触发器。在 T′ 触发器的 CP 端每来一个 CP 时钟脉冲，触发器的状态就翻转一次，故称其为反转触发器，广泛应用于计数电路中。

同理，若将 D 触发器的 $\overline{Q}$ 端与 D 端相连，便转换成 T′ 触发器，如图 5–33 所示。JK 触发器也可转换为 D 触发器，如图 5–34 所示。

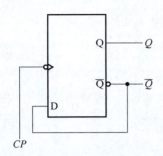

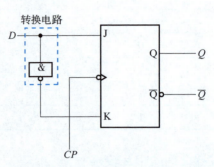

图 5–33　D 触发器转换为 T′ 触发器　　　　图 5–34　JK 触发器转换为 D 触发器

5. CMOS 触发器

1）CMOS 边沿型 D 触发器

CC4013 是由 CMOS 传输门构成的边沿型 D 触发器。它是上升沿触发的双 D 触发器，其功能表如表 5–22 所示，引脚排列如图 5–35 所示。

表 5–22　CC4013 双 D 触发器的功能表

输入				输出
S	R	CP	D	Q^{n+1}
1	0	×	×	1
0	1	×	×	0
1	1	×	×	φ
0	0	↑	1	1
0	0	↑	0	0
0	0	↓	×	Q^n

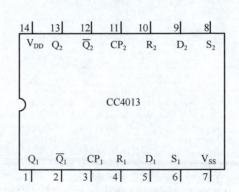

图 5–35　CC4013 双 D 触发器的引脚排列

2）CMOS 边沿型 JK 触发器

CC4027 是由 CMOS 传输门构成的边沿型 JK 触发器，它是上升沿触发的双 JK 触发器，其功能表如表 5-23 所示，引脚排列如图 5-36 所示。

表 5-23　CC4027 双 JK 触发器的功能表

输入					输出
S	R	CP	J	K	Q^{n+1}
1	0	×	×	×	1
0	1	×	×	×	0
1	1	×	×	×	φ
0	0	↑	0	0	Q^n
0	0	↑	1	0	1
0	0	↑	0	1	0
0	0	↑	1	1	$\overline{Q^n}$
0	0	↓	×	×	Q^n

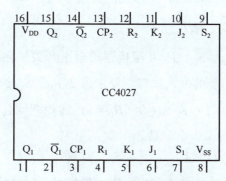

图 5-36　CC4013 双 JK 触发器的引脚排列

CMOS 触发器的直接置位、复位输入端 S 和 R 是高电平有效，当 $S=1$（或 $R=1$）时，触发器将不受其他输入端所处状态的影响，触发器直接被置 1（或置 0）。但 CMOS 触发器的直接置位、复位输入端 S 和 R 必须遵守 $RS=0$ 的约束条件。CMOS 触发器在按逻辑功能工作时，S 和 R 端必须均置 0。

三、实验设备与器件

（1）+5 V 直流电源。

（2）双踪示波器。

（3）连续脉冲源。

（4）单次脉冲源。

（5）逻辑电平开关。

（6）逻辑电平显示器。

（7）74LS112（或 CC4027）、74LS00（或 CC4011）、74LS74（或 CC4013）。

四、实验内容

1. 测试基本 RS 触发器的逻辑功能

实验电路如图 5-29 所示，用两个与非门组成基本 RS 触发器，输入端 $\overline{R}$、$\overline{S}$ 接逻辑电平开关的输出插口，输出端 Q、$\overline{Q}$ 接逻辑电平显示器的输入插口，按表 5-24 要求测试，并记录。

表 5-24　测量数据 1

$\overline{R}$	$\overline{S}$	Q	$\overline{Q}$
1	1→0		
1	0→1		
1→0	1		
0→1	1		
0	0		

2. 测试双 JK 触发器 74LS112 的逻辑功能

1）测试 $\overline{R}_D$、$\overline{S}_D$ 端的复位、置位功能

任取一个 JK 触发器，$\overline{R}_D$、$\overline{S}_D$、J、K 端接逻辑电平开关的输出插口，CP 端接单次脉冲源，Q、$\overline{Q}$ 端接逻辑电平显示器的输入插口。要求改变 $\overline{R}_D$、$\overline{S}_D$ 端的状态（J、K、CP 端处于任意状态），并在 $\overline{R}_D = 0$（$\overline{S}_D = 1$）或 $\overline{S}_D = 0$（$\overline{R}_D = 1$）作用期间任意改变 J、K 及 CP 端的状态，观察 Q、$\overline{Q}$ 端的状态，自拟表格记录。

2）测试 JK 触发器的逻辑功能

按表 5-25 的要求改变 J、K、CP 端的状态，观察 Q、$\overline{Q}$ 端的状态变化，观察触发器状态的更新是否发生在 CP 时钟脉冲的下降沿（即 CP 由 1→0），并记录。

表 5-25　测量数据 2

J	K	CP	Q^{n+1}	
			$Q^n = 0$	$Q^n = 1$
0	0	0→1		
0	0	1→0		
0	1	0→1		
0	1	1→0		
1	0	0→1		
1	0	1→0		
1	1	0→1		
1	1	1→0		

3）将 JK 触发器的 J、K 端相连，将其作为 T 端构成 T 触发器

在 CP 端输入 1 Hz 的连续脉冲，观察 Q 端的变化。

在 CP 端输入 1 kHz 的连续脉冲，用双踪示波器观察 CP、Q、$\overline{Q}$ 端的波形，注意相位关系，并描绘。

3. 测试双 D 触发器 74LS74 的逻辑功能

1）测试 $\overline{R}_D$、$\overline{S}_D$ 端的复位、置位功能

$\overline{R}_D$、$\overline{S}_D$ 端的复位、置位功能的测试方法同实验内容 2—1），自拟表格记录。

2）测试 D 触发器的逻辑功能

按表 5-26 要求进行测试，观察触发器状态的更新是否发生在 CP 时钟脉冲的上升沿（即由0→1），并记录。

表 5-26　测量数据 3

D	CP	Q^{n+1}	
		$Q^n = 0$	$Q^n = 1$
0	0→1		
	1→0		
1	0→1		
	1→0		

3）将 D 触发器的 $\overline{Q}$ 端与 D 端相连接，构成 T'触发器

其测试方法同实验内容 2—3）。

4. 双相时钟脉冲电路

用 JK 触发器及与非门构成的双相时钟脉冲电路如图 5-37 所示，此电路是用来将时钟脉冲 CP 转换成两相时钟脉冲 CP_A 及 CP_B，其频率相同、相位不同。

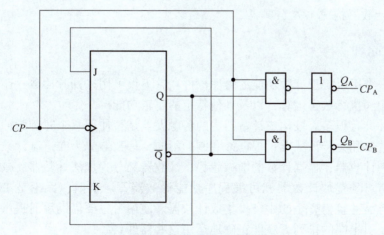

图 5-37　双相时钟脉冲电路

分析双相时钟脉冲电路的工作原理，并按图 5-37 接线，用双踪示波器同时观察 CP、

CP_A，CP、CP_B及CP_A、CP_B对比波形，并描绘。

5. 乒乓球练习电路

该电路的功能要求：模拟两名运动员在练球时，乒乓球能往返运转。

提示：采用双 D 触发器 74LS74 设计实验电路，两个 CP 端时钟脉冲分别由两名运动员操作，两触发器的输出状态用逻辑电平显示器显示。

五、预习要求

（1）预习有关触发器内容。

（2）列出各触发器功能测试表格。

（3）按实验内容 4、5 的要求设计电路，拟定实验方案。

六、实验报告

（1）列表整理各类触发器的逻辑功能。

（2）总结观察到的波形，说明触发器的触发方式。

（3）体会触发器的应用。

（4）利用普通的机械开关组成的数据开关所产生的信号是否可作为触发器的时钟脉冲信号？为什么？是否可以用作触发器的其他输入端的信号？

实验八　计数器及其应用

一、实验目的

（1）学习用触发器构成计数器的方法。

（2）掌握中规模集成计数器的使用及功能测试方法。

（3）运用计数器构成 $1/N$ 分频器。

二、实验原理

计数器是一个用以实现计数功能的时序部件，它不仅可用来计脉冲数，还常用作数字系统的定时、分频和执行数字运算，以及其他特定的逻辑功能。

计数器的种类有很多。按构成计数器中的各触发器是否使用一个时钟脉冲源来划分，计数器有同步计数器和异步计数器；根据计数制的不同，计数器分为二进制计数器、十进制计数器和任意进制计数器；根据计数的增减趋势，计数器又分为加法计数器、减法计数器和可逆计数器；还有可预置数计数器和可编程序功能计数器等。目前，无论是 TTL 还是 CMOS 集成电路，都有品种较为齐全的中规模集成计数器。使用者只要借助手册提供的功能表和工作波形图，以及引出端的排列，就能正确地运用这些器件。

1. 用 D 触发器构成二进制异步加/减计数器

图 5-38 是用 4 个 D 触发器构成的 4 位二进制异步加法计数器，它的连接特点是将每个

D 触发器接成 T′ 触发器，再由低位触发器的 $\overline{Q}$ 端和高一位的 CP 端相连。

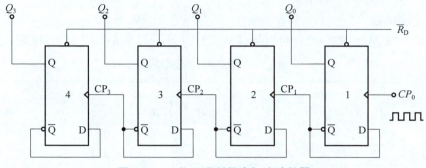

图 5-38　4 位二进制异步加法计数器

若将图 5-38 稍加改动，即将低位触发器的 Q 端与高一位的 CP 端相连，即构成了一个 4 位二进制异步减法计数器。

2. 中规模十进制计数器

CC40192 是十进制同步可逆计数器，具有双时钟输入，并具有清除和置数等功能，其引脚排列及逻辑符号如图 5-39 所示。

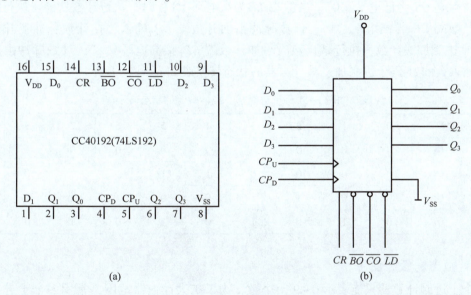

图 5-39　CC40192 的引脚排列及逻辑符号
（a）引脚排列；（b）逻辑符号

CC40192 各引脚功能说明如下：

$\overline{LD}$——置数端；

CP_U——加计数端；

CP_D——减计数端；

$\overline{CO}$——非同步进位输出端；

$\overline{BO}$——非同步借位输出端；

D_0、D_1、D_2、D_3——计数器输入端；

Q_0、Q_1、Q_2、Q_3——数据输出端；

CR——清除端。

CC40192（同 74LS192，两者可互换使用）的功能表如表 5-27 所示，说明如下。

表 5-27　CC40192 的功能表

输入								输出			
CR	$\overline{LD}$	CP_U	CP_D	D_3	D_2	D_1	D_0	Q_3	Q_2	Q_1	Q_0
1	×	×	×	×	×	×	×	0	0	0	0
0	0	×	×	d	c	b	a	d	c	b	a
0	1	↑	1	×	×	×	×	加计数			
0	1	1	↑	×	×	×	×	减计数			

当清除端 CR 为高电平"1"时，计数器直接清零；CR 为低电平"0"则执行其他功能。

当清除端 CR 为低电平"0"，置数端 $\overline{LD}$ 也为低电平"0"时，数据直接从计数器输入端 D_0、D_1、D_2、D_3 置入计数器。

当清除端 CR 为低电平"0"，置数端 $\overline{LD}$ 为高电平"1"时，执行计数功能。执行加计数时，减计数端 CP_D 接高电平"1"，计数脉冲由加升数端 CP_U 输入，在计数脉冲上升沿进行 8421 码十进制加法计数；执行减计数时，加计数端 CP_U 接高电平"1"，计数脉冲由减计数端 CP_D 输入。8421 码十进制加、减计数器的状态转换表如表 5-28 所示。

表 5-28　8421 码十进制加、减计数器的状态转换表

输入脉冲数		0	1	2	3	4	5	6	7	8	9
输出	Q_3	0	0	0	0	0	0	0	0	1	1
	Q_2	0	0	0	0	1	1	1	1	0	0
	Q_1	0	0	1	1	0	0	1	1	0	0
	Q_0	0	1	0	1	0	1	0	1	0	1

3. 计数器的级联使用

一个十进制计数器只能表示 0~9 十个数，为了扩大计数器范围，常用多个十进制计数器级联使用。

同步计数器往往设有进位（或借位）输出端，故可选用其进位（或借位）输出信号驱动下一级计数器。

图 5-40 是由 CC40192 利用非同步进位输出端 $\overline{CO}$ 控制高一位的 CP_U 端构成的加数级联电路。

4. 实现任意进制计数

1）用复位法获得任意进制计数器

假定已有 N 进制计数器，需要得到一个 M 进制计数器时，只要 $M<N$，用复位法使计数器计数到 M 时置"0"，即获得 M 进制计数器。图 5-41 为一个由 CC40192 十进制计数器接

成的 6 进制计数器。

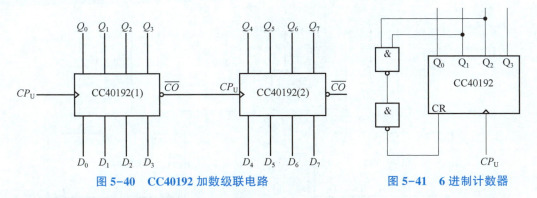

图 5-40　CC40192 加数级联电路　　　　　　　图 5-41　6 进制计数器

2）利用预置功能获得 M 进制计数器

图 5-42 为用 3 片 CC40192 接成的 421 进制计数器。其外加的由与非门构成的锁存器可以克服器件计数速度的离散性，保证在反馈置 "0" 信号作用下计数器可靠置 "0"。

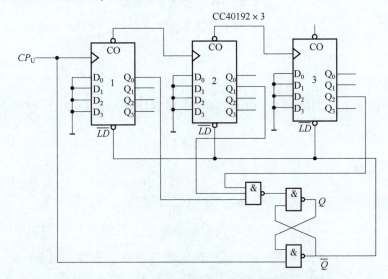

图 5-42　421 进制计数器

图 5-43 是一个特殊 12 进制计数器。在数字钟里，对应序列为 1、2、3、4、…、11、12，它是 12 进制的计数器，且无 0 数。在图 5-43 中，当计数到 13 时，通过与非门产生一个复位信号，使时十位 CC40192（2）直接置成 0000，而时个位 CC40192（1）直接置成 0001，从而实现了 1~12 的计数。

三、实验设备与器件

（1）+5 V 直流电源。

（2）双踪示波器。

（3）连续脉冲源。

（4）单次脉冲源。

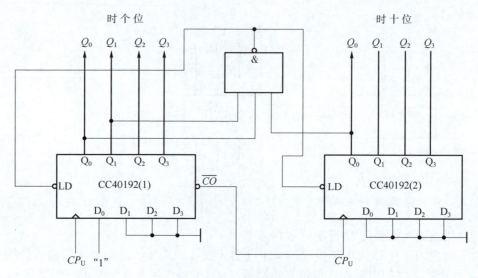

图 5-43　特殊 12 进制计数器

（5）逻辑电平开关。

（6）逻辑电平显示器。

（7）译码显示器。

（8）CC4013 × 2（74LS74）、CC40192 × 3（74LS192）、CC4011（74LS00）、CC4012（74LS20）。

四、实验内容

（1）用 CC4013 或 74LS74 D 触发器构成 4 位二进制异步加法计数器。

①按图 5-38 接线，$\overline{R}_D$ 接逻辑电平开关的输出插口，将低位 CP_0 端接单次脉冲源，数据输出端 Q_3、Q_2、Q_1、Q_0 接逻辑电平显示器的输入插口，各 $\overline{S}_D$ 端接高电平"1"。

②清零后，逐个送入单次脉冲，观察并列表记录 $Q_3 \sim Q_0$ 端的状态。

③将单次脉冲改为 1 Hz 的连续脉冲，观察 $Q_3 \sim Q_0$ 端的状态。

④将 1 Hz 的连续脉冲改为 1 kH 的连续脉冲，用双踪示波器观察 CP、Q_3、Q_2、Q_1、Q_0 端的波形，并描绘。

⑤将图 5-38 中的低位触发器的 Q 端与高一位的 CP 端相连，构成减法计数器，按实验内容②~④进行实验，观察并列表记录 $Q_3 \sim Q_0$ 端的状态。

（2）测试 CC40192 或 74LS192 十进制同步可逆计数器的逻辑功能。

计数脉冲由单次脉冲源提供，清除端 CR、置数端 $\overline{LD}$、计数器输入端 D_3、D_2、D_1、D_0 分别接逻辑电平开关，数据输出端 Q_3、Q_2、Q_1、Q_0 接实验设备的一个译码显示器的输入相应插口 A、B、C、D；非同步进位输出端 $\overline{CO}$ 和非同步借位输出端 $\overline{BO}$ 接逻辑电平显示器的输入插口。按表 5-27 逐项测试并判断该集成块的功能是否正常。

①清除：令 $CR = 1$，其他输入为任意态，这时 $Q_3 Q_2 Q_1 Q_0 = 0000$，译码数字显示为 0。清

除功能完成后，置 $CR=0$。

②置数：令 $CR=0$，CP_U、CP_D 任意，计数器输入端输入任意一组二进制数，令 $\overline{LD}=0$，观察计数译码显示输出，预置功能是否完成，此后置 $\overline{LD}=1$。

③加计数：令 $CR=0$，$\overline{LD}=CP_D=1$，CP_U 接单次脉冲源。清零后送入 10 个单次脉冲，观察译码数字显示是否按 8421 码十进制状态转换表进行；输出状态变化是否发生在 CP_U 的上升沿。

④减计数：令 $CR=0$，$\overline{LD}=CP_U=1$，CP_D 接单次脉冲源。参照实验内容③进行实验。

（3）按图 5-40 接线，用两个 CC40192 组成两位十进制加法计数器，输入 1 Hz 的连续计数脉冲，进行由 00~99 的累加计数，并记录。

（4）将两位十进制加法计数器改为两位十进制减法计数器，实现由 99 至 00 的递减计数，并记录。

（5）按图 5-41 进行实验，并记录。

（6）按图 5-42 或图 5-43 进行实验，并记录。

（7）设计一个数字钟移位 60 进制计数器并进行实验。

五、预习要求

（1）预习有关计数器部分内容。
（2）画出各实验内容的详细电路图。
（3）拟出各实验内容所需的测试记录表格。
（4）查手册，给出并熟悉实验所用各集成块的引脚排列图。

六、实验报告

（1）画出实验电路图，记录、整理实验现象及实验所得的有关波形；对实验结果进行分析。
（2）总结使用计数器的体会。

实验九　移位寄存器及其应用

一、实验目的

（1）掌握中规模 4 位双向移位寄存器的逻辑功能及使用方法。
（2）熟悉移位寄存器的应用——实现数据的串行、并行转换和构成环形计数器。

二、实验原理

1. 移位寄存器的分类

移位寄存器是一个具有移位功能的寄存器，是指寄存器中所存的代码能够在移位脉冲的作用下依次左移或右移。既能左移又能右移的移位寄存器称为双向移位寄存器，只需要改变左、右移的控制信号便可达到双向移位要求。根据存取信息的方式不同，分为移位寄存器串入串出、串入并出、并入串出、并入并出 4 种形式。

本实验选用的 4 位双向移位寄存器，型号为 CC40194 或 74LS194，两者功能相同，可互换使用，CC40194 的逻辑符号及引脚排列如图 5-44 所示。

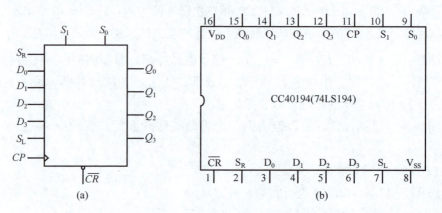

图 5-44　CC40194 的逻辑符号及引脚排列

（a）逻辑符号；（b）引脚排列

CC40194 各引脚功能说明如下：

D_0、D_1、D_2、D_3——并行输入端；

Q_0、Q_1、Q_2、Q_3——并行输出端；

S_R——右移串行输入端，S_L——左移串行输入端；

S_1、S_0——操作模式控制端；

$\overline{CR}$——直接无条件清零端；

CP——时钟脉冲输入端。

CC40194 有 5 种不同的操作模式：并行送数寄存、右移（方向由 $Q_0 \rightarrow Q_3$）、左移（方向由 $Q_3 \rightarrow Q_0$）、保持及清零。

CC40194 的功能表如表 5-29 所示。

表 5-29　CC40194 的功能表

输入										输出				功能
CP	$\overline{CR}$	S_1	S_0	S_R	S_L	D_0	D_1	D_2	D_3	Q_0	Q_1	Q_2	Q_3	
×	0	×	×	×	×	×	×	×	×	0	0	0	0	清除
↑	1	1	1	×	×	a	b	c	d	a	b	c	d	送数
↑	1	0	1	D_{SR}	×	×	×	×	×	D_{SR}	Q_0	Q_1	Q_2	右移
↑	1	1	0	×	D_{SL}	×	×	×	×	Q_1	Q_2	Q_3	D_{SL}	左移
↑	1	0	0	×	×	×	×	×	×	Q_0^n	Q_1^n	Q_2^n	Q_3^n	保持
↓	1	×	×	×	×	×	×	×	×	Q_0^n	Q_1^n	Q_2^n	Q_3^n	保持

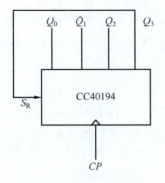

图 5-45　环形计数器

2. 移位寄存器的应用

移位寄存器的应用很广泛，可构成移位寄存器型计数器、顺序脉冲发生器、串行累加器；可用作数据转换，即把串行数据转换为并行数据，或者把并行数据转换为串行数据等。本实验研究移位寄存器用作环形计数器和实现数据的串、并行转换。

1）环形计数器

把移位寄存器的输出反馈到它的串行输入端，就可以进行循环移位。如图 5-45 所示，把并行输出端 Q_3 和右移串行输入端 S_R 相连，设初始状态 $Q_0Q_1Q_2Q_3 = 1\,000$，则在时钟脉冲作用下，$Q_0Q_1Q_2Q_3$ 将依次变为 $0100 \rightarrow 0010 \rightarrow 0001 \rightarrow 1000 \rightarrow \cdots$，如表 5-30 所示，可见它是一个具有 4 个有效状态的计数器，这种类型的计数器通常称为环形计数器。图 5-45 可以由各个输出端输出在时间上有先后顺序的脉冲，因此也可作为顺序脉冲发生器。

表 5-30　环形计数器的状态

CP	Q_0	Q_1	Q_2	Q_3
0	1	0	0	0
1	0	1	0	0
2	0	0	1	0
3	0	0	0	1

如果将并行输出端 Q_0 与左移串行输入端 S_L 相连，即可达左移循环移位。

2）实现数据的串、并行转换

（1）串行/并行转换器。

串行/并行转换是指串行输入的数码，经转换电路之后变换成并行输出。图 5-46 是用两片 CC40194（74LS194）4 位双向移位寄存器组成的 7 位串行/并行转换器。

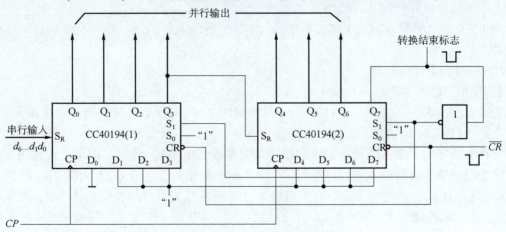

图 5-46　7 位串行/并行转换器

图中 S_0 端接高电平"1"，S_1 端受 Q_7 控制，两片 CC40194 连接成串行输入右移工作模式。Q_7 是转换结束标志。当 $Q_7 = 1$ 时，$S_1 = 0$，有 $S_1 S_0 = 01$，执行右移串入工作方式；当 $Q_7 = 0$ 时，$S_1 = 1$，有 $S_1 S_0 = 11$，则串行送数结束，标志着串行输入的数码已转换成并行输出了。

串行/并行转换的具体过程如下。

转换前，$\overline{CR}$ 端加低电平，使 CC40194（1）、CC40194（2）的内容清零，此时 $S_1 S_0 = 11$，寄存器执行并行输入工作方式。当第一个 CP 脉冲到来后，寄存器的输出状态 $Q_0 \sim Q_7$ 为 01111111，与此同时 $S_1 S_0 = 01$，转换电路执行右移串入工作方式，串行输入数码由 CC40194（1）的 S_R 端加入。随着 CP 脉冲的依次加入，输出状态的变化可列成表 5-31。

表 5-31 输出状态的变化

CP	Q_0	Q_1	Q_2	Q_3	Q_4	Q_5	Q_6	Q_7	说明
0	0	0	0	0	0	0	0	0	清零
1	0	1	1	1	1	1	1	1	送数
2	d_0	0	1	1	1	1	1	1	右移操作7次
3	d_1	d_0	0	1	1	1	1	1	
4	d_2	d_1	d_0	0	1	1	1	1	
5	d_3	d_2	d_1	d_0	0	1	1	1	
6	d_4	d_3	d_2	d_1	d_0	0	1	1	
7	d_5	d_4	d_3	d_2	d_1	d_0	0	1	
8	d_6	d_5	d_4	d_3	d_2	d_1	d_0	0	
9	0	1	1	1	1	1	1	1	送数

由表 5-31 可见，右移操作 7 次之后，$Q_7 = 0$，$S_1 S_0 = 11$，说明串行输入结束。这时，串行输入的数码已经转换成并行输出了。

当再来一个 CP 脉冲时，电路又重新执行一次并行输入，为第二组串行数码的转换做好了准备。

（2）并行/串行转换器。

并行/串行转换器是指并行输入的数码经转换电路之后，变换成串行输出。

图 5-47 是用两片 CC40194（74LS194）组成的 7 位并行/串行转换器，它比图 5-46 多了两个与非门 G_1 和 G_2，电路工作方式同样为右移。

寄存器清零后，加一个转换启动信号（负脉冲或低电平）。此时，由于方式控制 $S_1 S_0 = 11$，转换电路执行并行输入操作。当第一个 CP 脉冲到来后，$Q_0 Q_1 Q_2 Q_3 Q_4 Q_5 Q_6 Q_7$ 的状态为 $0D_1 D_2 D_3 D_4 D_5 D_6 D_7$，并行输入数码存入寄存器。从而使 G_1 输出为 1，G_2 输出为 0，结果，$S_1 S_2 = 01$，转换电路随着 CP 脉冲的加入，开始执行右移串入工作方式，随着 CP 脉冲的依次加入，输出状态依次右移，待右移操作 7 次后，$Q_0 \sim Q_6$ 的状态都为高电平"1"，与非门 G_1

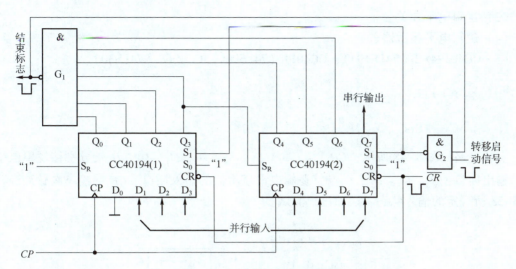

图 5-47 7 位并行/串行转换器

输出为 0，G_2 门输出为 1，$S_1 S_2 = 11$，表示并行/串行转换结束，且为第二次并行输入创造了条件。其转换过程如表 5-32 所示。

中规模集成移位寄存器，其位数往往以 4 位居多，当需要的位数多于 4 位时，可把几个移位寄存器用级联的方法来扩展位数。

表 5-32 转换过程

CP	Q_0	Q_1	Q_2	Q_3	Q_4	Q_5	Q_6	Q_7	串行输出						
0	0	0	0	0	0	0	0	0							
1	0	D_1	D_2	D_3	D_4	D_5	D_6	D_7							
2	1	0	D_1	D_2	D_3	D_4	D_5	D_6	D_7						
3	1	1	0	D_1	D_2	D_3	D_4	D_5	D_6	D_7					
4	1	1	1	0	D_1	D_2	D_3	D_4	D_5	D_6	D_7				
5	1	1	1	1	0	D_1	D_2	D_3	D_4	D_5	D_6	D_7			
6	1	1	1	1	1	0	D_1	D_2	D_3	D_4	D_5	D_6	D_7		
7	1	1	1	1	1	1	0	D_1	D_2	D_3	D_4	D_5	D_6	D_7	
8	1	1	1	1	1	1	1	0	D_1	D_2	D_3	D_4	D_5	D_6	D_7
9	0	D_1	D_2	D_3	D_4	D_5	D_6	D_7							

三、实验设备及器件

（1）+5 V 直流电源。
（2）单次脉冲源。

（3）逻辑电平开关。

（4）逻辑电平显示器。

（5）CC40194×2（74LS194）、CC4011（74LS00）、CC4068（74LS30）。

四、实验内容

1. 测试 CC40194（或 74LS194）的逻辑功能

实验电路如图 5-48 所示，$\overline{CR}$、S_1、S_0、S_L、S_R、D_0、D_1、D_2、D_3 端分别接逻辑电平开关的输出插口；Q_0、Q_1、Q_2、Q_3 端接逻辑电平显示器的输入插口。CP 端接单次脉冲源。按表 5-33 所规定的输入状态，逐项进行测试。

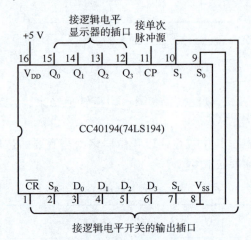

图 5-48　CC40194 逻辑功能测试电路

表 5-33　测量数据 1

清除	模式		时钟	串行		输入	输出	功能总结
$\overline{CR}$	S_1	S_0	CP	S_L	S_R	$D_0D_1D_2D_3$	$Q_0Q_1Q_2Q_3$	
0	×	×	×	×	×	××××		
1	1	1	↑	×	×	$abcd$		
1	0	1	↑	×	0	××××		
1	0	1	↑	×	1	××××		
1	0	1	↑	×	0	××××		
1	0	1	↑	×	0	××××		
1	1	0	↑	1	×	××××		
1	1	0	↑	1	×	××××		
1	1	0	↑	1	×	××××		
1	1	0	↑	1	×	××××		
1	0	0	↑	×	×	××××		

（1）清除：令 $\overline{CR}=0$，其他输入端均为任意态，这时寄存器输出 Q_0、Q_1、Q_2、Q_3 应均

为 0。清除后，置 $\overline{CR}=1$。

（2）送数：令 $\overline{CR}=S_1=S_0=1$，送入任意 4 位二进制数，如 $D_0D_1D_2D_3=abcd$，加 CP 脉冲，观察 $CP=0$、CP 由 $0\rightarrow1$、CP 由 $1\rightarrow0$ 三种情况下寄存器输出状态的变化，观察寄存器输出状态变化是否发生在 CP 脉冲的上升沿。

（3）右移：清零后，令 $\overline{CR}=1$，$S_1=0$，$S_0=1$，由右移串行输入端 S_R 送入二进制数码，如 0100，由 CP 端连续加 4 个脉冲，观察输出端状态，并记录。

（4）左移：先清零或预置，再令 $\overline{CR}=1$，$S_1=1$，$S_0=0$，由左移串行输入端 S_L 送入二进制数码，如 1111，连续加 4 个 CP 脉冲，观察输出端状态，并记录。

（5）保持：寄存器预置任意 4 位二进制数码 $abcd$，令 $\overline{CR}=1$，$S_1=S_0=0$，加 CP 脉冲，观察寄存器的输出端状态，并记录。

2. 环形计数器

自拟实验电路用并行送数法预置寄存器为某二进制数码（如 0100），然后进行右移循环操作，观察寄存器输出端状态的变化，记入表 5-34。

表 5-34　测量数据 2

CP	Q_0	Q_1	Q_2	Q_3
0	0	1	0	0
1				
2				
3				
4				

3. 实现数据的串、并行转换

1）串行输入、并行输出

按图 5-46 接线，进行右移串入、并出实验，串行输入的数码自定；改接电路，用左移串入的方式实现并行输出。自拟表格，并记录。

2）并行输入、串行输出

按图 5-47 接线，进行右移并入、串出实验，并行输入的数码自定；改接电路，用左移串入的方式实现串行输出。自拟表格，并记录。

五、预习要求

（1）预习有关寄存器及数据串、并行转换有关内容。

（2）查阅 CC40194、CC4011 及 CC4068 逻辑电路。熟悉其逻辑功能及引脚排列。

（3）在对 CC40194 进行送数后，若要使输出端输出另外的数码，是否一定要使寄存器清零？

（4）使寄存器清零，除采用 $\overline{CR}$ 端输入低电平外，可否采用右移或左移的方法？可否使用并行送数法？若可行，如何进行操作？

（5）若进行循环左移操作，图 5-47 应如何改接？

(6) 画出用两片 CC40194 构成的 7 位左移串行/并行转换器电路。

(7) 画出用两片 CC40194 构成的 7 位左移并行/串行转换器电路。

六、实验报告

（1）分析表 5-33 的实验结果，总结移位寄存器 CC40194 的逻辑功能并写入"功能总结"一栏中。

（2）根据实验内容 2 的结果，画出 4 位环形计数器的状态转换图及波形图。

（3）分析串行/并行、并行/串行转换器所得结果的正确性。

实验十 脉冲分配器及其应用

一、实验目的

（1）熟悉脉冲分配器的使用方法及其应用。

（2）学习步进电动机的环形脉冲分配器的组成方法。

二、实验原理

1. 脉冲分配器的作用

脉冲分配器的作用是产生多路顺序脉冲信号，它可以由计数器和译码器组成，也可以由环形计数器构成，图 5-49 中 CP 端上的系列脉冲经 N 位二进制计数器和相应的译码器，可以转换为 2^N 路顺序输出脉冲。

2. 脉冲分配器 CC4017

CC4017 是按 BCD 计数/时序译码器组成的分配器。其逻辑符号如图 5-50 所示；功能表如表 5-35 所示。

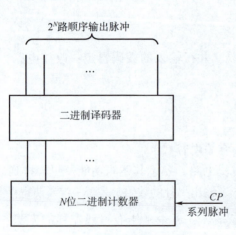

图 5-49　脉冲分配器的组成

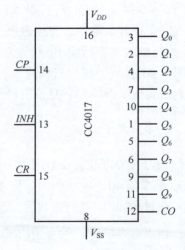

图 5-50　CC4017 的逻辑符号

CC4017 各引脚功能说明如下：

CO——进位脉冲输出端；

CP——时钟脉冲输入端；

CR——清除端；

INH——禁止端；

$Q_0 \sim Q_9$——计数脉冲输出端。

表 5-35　CC4017 的功能表

输入			输出	
CP	INH	CR	$Q_0 \sim Q_9$	CO
×	×	1	Q_0	
↑	0	0	计数	计数脉冲为 $Q_0 \sim Q_4$ 时，$CO=1$ 计数脉冲为 $Q_5 \sim Q_9$ 时，$CO=0$
1	↓	0		
0	×	0	保持	
×	1	0		
↓	×	0		
×	↑	0		

CC4017 的波形图如图 5-51。

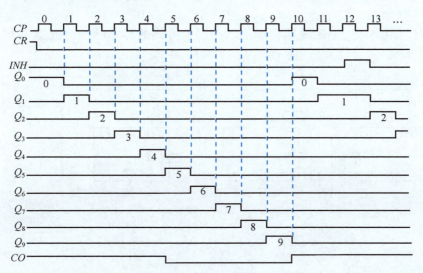

图 5-51　CC4017 的波形图

CC4017 的应用十分广泛，可用于十进制计数、分频、$1/N$ 计数（$N=2 \sim 10$，只需用一块，$N>10$ 可用多个器件级联）。图 5-52 为由两片 CC4017 组成的 60 分频电路。

3. 步进电动机的环形脉冲分配器

图 5-53 为三相步进电动机的驱动电路示意。

A、B、C 分别表示步进电机的三相绕组。步进电动机按三相六拍方式运行，即要求步进电动机正转时，控制端 $X=1$，此时电动机三相绕组的通电顺序为

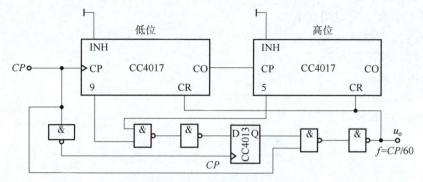

图 5-52　60 分频电路

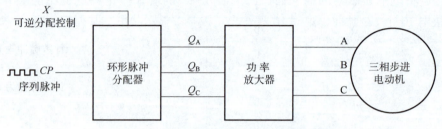

图 5-53　三相步进电动机的驱动电路示意

$$A \to AB \to B \to BC \to C \to CA$$

要求步进电动机反转时，令控制端 $X = 0$，电动机三相绕组的通电顺序改为

$$A \to AC \to C \to BC \to B \to AB$$

图 5-54 为由 3 个 JK 触发器构成的六拍通电方式的环形脉冲分配器（供参考）。

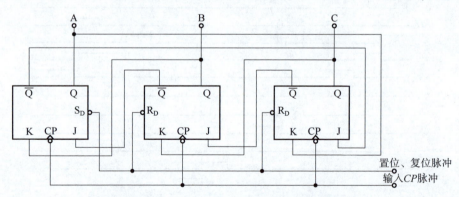

图 5-54　六拍通电方式的环行脉冲分配器

要使步进电动机反转，通常应加有正转脉冲输入控制端和反转脉冲输入控制端。

此外，由于步进电动机的三相绕组任何时刻都不得出现 A、B、C 三相同时通电或同时断电的情况，所以，环形脉冲分配器的三路输出不允许出现 111 和 000 两种状态，为此，可以给电路加初态预置环节。

三、实验设备与器件

（1）+5 V 直流电源。

（2）双踪示波器。

（3）连续脉冲源。

（4）单次脉冲源。

（5）逻辑电平开关。

（6）逻辑电平显示器。

（7）CC4017×2、CC4013×2、CC4027×2、CC4011×2、CC4085×2。

四、实验内容

（1）CC4017 的逻辑功能测试。

①参照图 5-50，INH、CR 端接逻辑电平开关的输出插口；CP 端接单次脉冲源；0~9 十个输出端接逻辑电平显示器的输入插口，按表 5-35 的要求操作各逻辑功能表开关。清零后，连续送出 10 个 CP 脉冲，观察 10 只发光二极管的显示状态，并列表记录。

②CP 端改接 1 Hz 的连续脉冲，观察并记录输出状态。

（2）按图 5-52 接线，自拟实验方案验证 60 分频电路的正确性。

（3）参照图 5-54，设计一个用环形脉冲分配器构成的驱动三相步进电动机可逆运行的三相六拍环形脉冲分配器电路，具体要求如下。

①环形脉冲分配器用 CC4013 双 D 触发器、CC4085 与或非门组成。

②由于电动机三相绕组在任何时刻都不应出现同时通电或同时断电情况，所以在设计中要做到这一点。

③电路连接好后，先用手控送入 CP 脉冲进行调试，然后加入系列脉冲进行动态实验。

④整理数据、分析实验中出现的问题，作出实验报告。

五、预习要求

（1）预习有关脉冲分配器的原理。

（2）按实验任务要求，设计实验电路，并拟定实验方案及步骤。

六、实验报告

（1）画出完整的实验电路。

（2）总结并分析实验结果。

实验十一　使用门电路产生脉冲信号——自激多谐振荡器

一、实验目的

（1）掌握使用门电路构成脉冲信号产生电路的基本方法。

（2）掌握影响输出脉冲波形参数的定时元件数值的计算方法。

（3）学习石英晶体稳频原理和使用石英晶体构成振荡器的方法。

二、实验原理

与非门作为一个开关倒相器件，可用来构成各种脉冲波形的产生电路。该电路的基本工作原理是利用电容的充、放电，当输入电压达到与非门的阈值电压 U_T 时，门的输出状态即发生变化。因此，电路输出的脉冲波形参数直接取决于电路中阻容元件的数值。

1. 非对称型多谐振荡器

非对称型多谐振荡器如图 5-55 所示，与非门 3 用于输出波形整形。

非对称型多谐振荡器的输出波形是不对称的，当用 TTL 与非门组成时，电容 C 的充电时间 t_{w1}、放电时间 t_{w2} 和总的振荡周期 T 分别为

$$t_{w1} = RC, \quad t_{w2} = 1.2RC, \quad T = 2.2RC$$

调节 R 和 C 的大小，可改变输出信号的振荡频率，改变 C 的值可实现输出频率的粗调，改变 R 的值可实现输出频率的细调。

2. 对称型多谐振荡器

对称型多谐振荡器如图 5-56 所示，由于电路完全对称，电容的充、放电时间常数相同，故输出为对称的方波。调节 R 和 C 的大小，可以改变电路输出的振荡频率。与非门 3 用于输出波形整形。

一般取 $R \leqslant 1\,\text{k}\Omega$，当 $R = 1\,\text{k}\Omega$，$C = 100\,\text{pF} \sim 100\,\mu\text{F}$ 时，电容 C 的充电时间 t_{w1}、放电时间 t_{w2} 和总的振荡周期 T 分别为

$$t_{w1} = t_{w2} = 0.7RC, \quad T = 1.4RC$$

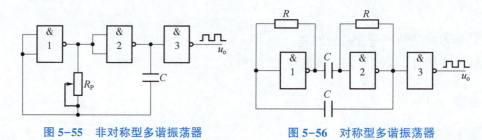

图 5-55　非对称型多谐振荡器　　　　图 5-56　对称型多谐振荡器

3. 带 RC 电路的环形振荡器

带 RC 电路的环形振荡器如图 5-57 所示，与非门 4 用于输出波形整形，R 为限流电阻，一般取 $100\,\Omega$，电位器 R_p 要求不大于 $1\,\text{k}\Omega$，电路利用电容 C 的充、放电过程，控制 D 点电压 U_D，从而控制与非门的自动启闭，形成多谐振荡。电容 C 的充电时间 t_{w1}、放电时间 t_{w2} 和总的振荡周期 T 分别为

$$t_{w1} \approx 0.94RC, \quad t_{w2} \approx 1.26RC, \quad T \approx 2.2RC$$

调节 R 和 C 的大小可改变电路输出的振荡频率。

以上这些多谐振荡器的状态转换都发生在与非门输入电压达到门的阈值电压 U_T 的时刻。在 U_T 附近电容的充、放电速度已经缓慢，而且 U_T 本身也不够稳定，易受温度、电源电压变化等因素的影响。因此，电路输出的振荡频率的稳定性较差。

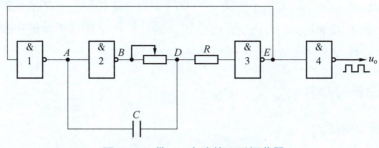

图 5-57   带 RC 电路的环形振荡器

4. 石英晶体稳频的多谐振荡器

当要求多谐振荡器的工作频率（即振荡频率）的稳定性很高时，上述几种多谐振荡器的精度已不能满足要求。为此常用石英晶体作为信号频率的基准。用石英晶体与门电路构成的多谐振荡器常用来为微型计算机等提供时钟信号。

图 5-58 为常用的石英晶体稳频多谐振荡器。图 5-58（a）（b）为 TTL 组成的石英晶体振荡电路；图 5-58（c）（d）为 CMOS 组成的石英晶体振荡电路，一般用于电子表中，其中石英晶体的振荡频率 $f_0 = 32\ 768$ Hz。

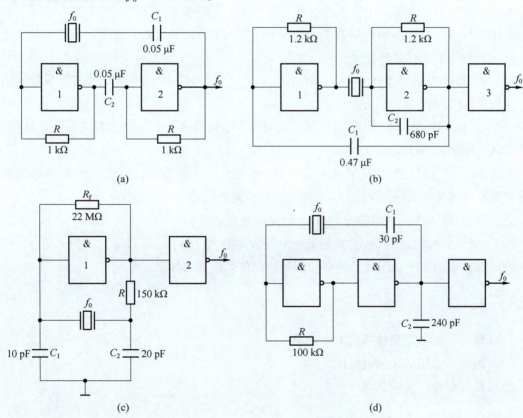

图 5-58   常用的石英晶体稳频振荡电路

（a）f_0 为几兆赫兹至几十兆赫兹；（b）$f_0 = 100$ kHz（5 kHz～30 MHz）；

（c）$f_0 = 32\ 768$ Hz = 2^{15} Hz；（d）$f_0 = 32\ 768$ Hz

图 5-58（c）中，与非门 1 用于振荡，与非门 2 用于缓冲整形；R_f 是反馈电阻，通常为几十兆欧姆，一般选 22 MΩ；R 起稳定振荡作用，通常取十至几百千欧姆；C_1 是频率微调电容，C_2 用于温度特性校正。

三、实验设备与器件

（1）+5 V 直流电源。

（2）双踪示波器。

（3）数字频率计。

（4）74LS00（或 CC4011）。

（5）晶振 32 768 Hz、电位器、电阻、电容若干。

四、实验内容

（1）用与非门 74LS00 按图 5-55 构成多谐振荡器，取 $R_p = 10$ kΩ，$C = 0.01$ μF。

①用双踪示波器观察输出波形及电容 C 两端的电压波形，并列表记录。

②调节电位器并观察输出波形的变化，测出上、下限频率。

③用一只 100μF 的电容跨接在 74LS00 的 14 脚与 7 脚的最近处，观察输出波形的变化及电源上纹波电压的变化，并记录。

（2）用 74LS00 按图 5-56 接线，取 $R = 1$ kΩ，$C = 0.047$ μF，用双踪示波器观察输出波形，并记录。

（3）用 74LS00 按图 5-57 接线，其中定时可调电位器 R_p 用一只 510 Ω 与一只 1 kΩ 的电位器串联，取 $R = 100$ Ω，$C = 0.1$ μF。

①R_p 调到最大时，观察并记录 A、B、D、E 各点电压的波形，测出 u_o 的振荡周期 T 和负脉冲宽度（电容 C 的充电时间 t_{w1}）并与计算值进行比较。

②调节 R_p 的大小，观察输出信号 u_o 波形的变化情况。

（4）按图 5-58（c）接线，晶振选用电子表晶振 32 768 Hz，与非门选用 CC4011，用双踪示波器观察输出波形，用数字频率计测量输出信号的振荡频率，并记录。

五、预习要求

（1）预习自激多谐振荡器的工作原理。

（2）画出实验用的详细电路图。

（3）拟好记录、实验数据表格等。

六、实验报告

（1）画出实验电路图，整理实验数据并与计算值进行比较。

（2）用坐标纸画出实验观测到的工作波形图，对实验结果进行分析。

一、实验目的

（1）掌握使用门电路构成单稳态触发器的基本方法。
（2）熟悉单稳态触发器的逻辑功能及其使用方法。
（3）熟悉施密特触发器的性能及其应用。

二、实验原理

在数字电路中常使用矩形脉冲作为信号，进行信息传递，或者作为时钟信号来控制和驱动电路，使电路各部分协调动作。实验十一是自激多谐振荡器，它是不需要外加信号触发的矩形波发生器；另一类是他激多谐振荡器，如单稳态触发器，它需要在外加触发信号的作用下输出具有一定宽度的矩形脉冲波；施密特触发器（整形电路），它对外加输入的正弦波等波形进行整形，使电路输出矩形脉冲波。

1. 用与非门组成单稳态触发器

该触发器利用与非门作开关，依靠定时元件 RC 构成的微分型定时电路来控制与非门的启闭。单稳态触发器有微分型与积分型两大类，这两类触发器对触发脉冲的极性与宽度有不同的要求。

1）微分型单稳态触发器
微分型单稳态触发器如图 5-59 所示。

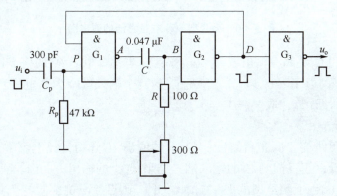

图 5-59　微分型单稳态触发器

该触发器采用负脉冲触发。其中 R_p、C_p 构成输入端微分隔直电路；R、C 构成微分型定时电路，定时元件 R、C 的取值不同，输出脉冲宽度 t_w 也不同，$t_w \approx (0.7 \sim 1.3)RC$。与非门 G_3 起整形、倒相作用。

图 5-60 为微分型单稳态触发器的波形图，下面结合波形图说明其工作原理。

（1）无外加触发脉冲时电路的初始稳态 $t < t_1$ 前的状态。

稳态时 u_i 为高电平，适当选择电阻 R 的值，使与非门 G_2 的输入电压 U_B 小于门的关门电

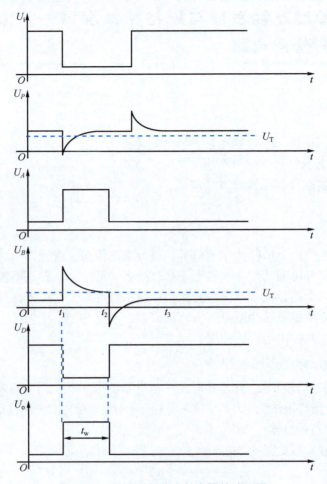

图 5-60   微分型单稳态触发器的波形图

平（$U_B < V_{off}$），则门 G_2 关闭，输出 U_D 为高电平；适当选择电阻 R_p 的值，使与非门 G_1 的输入电压 U_P 大于门的开门电平（$U_P > V_{on}$），于是 G_1 的两个输入端全为高电平，则 G_1 开启，输出 U_A 为低电平（为方便计算，取 $V_{off} = V_{on} = U_T$）。

（2）触发翻转 $t = t_1$。

$t = t_1$ 时刻，U_i 负跳变，U_P 也负跳变，门 G_1 的输出 U_A 升高，经电容 C 耦合，U_B 也升高，门 G_2 的输出 U_D 降低，正反馈到 G_1 的输入端，结果使 G_1 的输出 U_A 由低电平迅速上跳至高电平，G_1 迅速关闭；U_B 也上跳至高电平，G_2 的输出 U_D 则迅速下跳至低电平，G_2 迅速开通。

（3）暂稳态 $t_1 < t < t_2$。

$t \geqslant t_1$ 以后，G_1 输出高电平，对电容 C 充电，U_B 随之按指数规律下降，但只要 $U_B > U_T$，G_1 关、G_2 开的状态将维持不变，U_A、U_D 也维持不变。

（4）自动翻转 $t = t_2$。

$t = t_2$ 时刻，U_B 下降至门的关门电平 V_{off}，G_2 的输出 U_D 升高，G_1 输出的 U_A 也升高，正反馈作用使电路迅速翻转至 G_1 开启、G_2 关闭初始稳态。

暂稳态时间的长短，取决于电容 C 的充电时间常数 $t = RC$。

（5）恢复过程 $t_2 < t < t_3$。

电路自动翻转到 G_1 开启、G_2 关闭后，U_B 不会立即回到初始稳态值，这是因为电容 C 有一个放电过程。

$t > t_3$ 以后，如 U_i 再出现负跳变，则电路将重复上述过程。

如果输入脉冲宽度较小，则输入端可省去 $R_p C_p$ 微分隔直电路了。

2）积分型单稳态触发器

积分型单稳态触发器如图 5-61 所示。

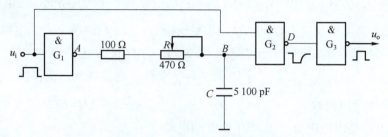

图 5-61　积分型单稳态触发器

该触发器采用正脉冲触发，波形图如图 5-62 所示，电路的稳定条件是 $R \leqslant 1\ \mathrm{k\Omega}$，输出脉冲宽度 $t_w \approx 1.1 RC$。

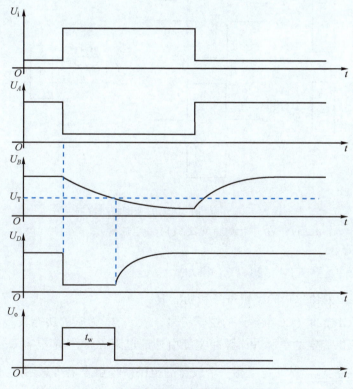

图 5-62　积分型单稳态触发器的波形图

单稳态触发器的共同特点：触发脉冲未加入前，电路处于稳态，此时，可以测得各门的输入和输出电压；触发脉冲加入后，电路立刻进入暂稳态，暂稳态的时间，即输出脉冲宽度 t_w 只取决于 RC 的大小，与触发脉冲无关。

2. 用与非门组成施密特触发器

施密特触发器能对正弦波、三角波等信号进行整形，并输出矩形波，图 5-63（a）、（b）是两种典型的施密特触发器。图 5-63（a）中，门 G_1、G_2 是基本 RS 触发器，门 G_3 是反相器，二极管 VD 起电平偏移作用，以产生回差电压。该触发器的工作情况：设 $U_i=0$，G_3 截止，$R=1$、$S=0$，$Q=1$、$\overline{Q}=0$，电路处于原态；U_i 由 0 V 上升到电路的接通电压 V_T 时，G_3 导通，$R=0$，$S=1$，触发器翻转为 $Q=0$、$\overline{Q}=1$ 的新状态，此后 U_i 继续上升，电路状态不变；当 U_i 由最大值下降到 U_T 值的时间内，R 仍等于 0，$S=1$，电路状态也不变；当 $U_i \leqslant U_T$ 时，G_3 由导通变为截止，而 $U_S=U_T+U_D$ 为高电平，因而 $R=1$，$S=1$，触发器状态仍保持；只有 U_i 降至使 $U_S=U_T$ 时，电路才翻回到 $Q=1$、$\overline{Q}=0$ 的初始状态。电路的回差 $\Delta U=U_D$。

图 5-63（b）是由电阻 R_1、R_2 产生回差的电路。

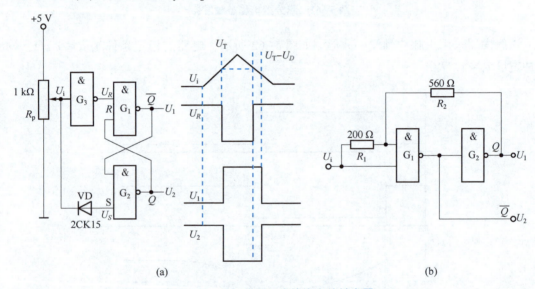

图 5-63　用与非门组成的施密特触发器

（a）由二极管 VD 产生回差的电路；（b）由电阻 R_1、R_2 产生回差的电路

3. 双单稳态触发器 CC14528（CC4098）

1）CC14528（CC4098）的逻辑符号和功能表

图 5-64 为 CC14528（CC4098）的逻辑符号，表 5-36 为它的功能表。

该触发器能提供稳定的单脉冲，脉冲宽度由外部电阻 R_X 和外部电容 C_X 决定，调整 R_X 和 C_X 可使 Q 端和 $\overline{Q}$ 端的输出脉冲宽度有一个较宽的范围。该触发器可采用上升沿触发（$+TR$），也可采用下降沿触发（$-TR$），为其使用带来很大的方便。在正常工作时，电路应由每一个新脉冲去触发。当采用上升沿触发时，为防止重复触发，$\overline{Q}$ 端必须连到（$-TR$）端。同样，在使用下降沿触发时，Q 端必须连到（$+TR$）端。

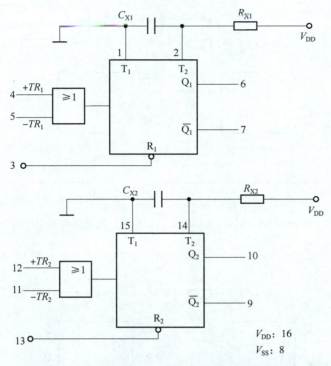

V_{DD}: 16
V_{SS}: 8

图 5-64 CC14528（CC4098）的逻辑符号

表 5-36 CC14528（CC4098）的功能表

输入			输出	
$+TR$	$-TR$	$\overline{R}$	Q	$\overline{Q}$
⌐	1	1	⊓	⊔
⌐	0	1	Q	$\overline{Q}$
1	⌐	1	Q	$\overline{Q}$
0	⌐	1	⊓	⊔
×	×	0	0	1

该态触发器的周期约为 $T_X = R_X C_X$，所有的输出级都有缓冲级，以提供较大的驱动电流。

2）CC14528（CC4098）的应用举例

（1）利用 CC14528（CC4098）实现脉冲延迟，如图 5-65 所示。

（2）利用 CC14528（CC4098）实现多谐振荡器，如图 5-66 所示。

4. 施密特触发器 CC40106

图 5-67 为 CC40106 的引脚排列，它可用于波形的整形，也可用作反相器或构成单稳态触发器和多谐振荡器。

（1）利用 CC40106 将正弦波转换为方波，如图 5-68 所示。

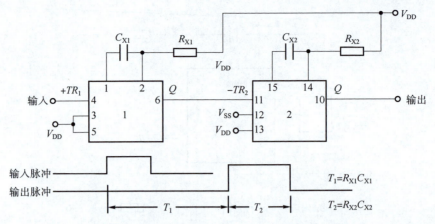

图 5-65　利用 CC14528（CC4098）实现脉冲延迟

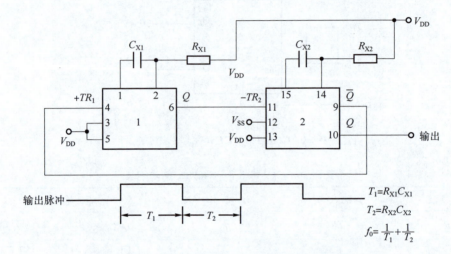

图 5-66　利用 CC14528（CC4098）实现多谐振荡

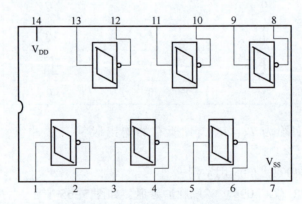

图 5-67　CC40106 的引脚排列

（2）利用 CC40106 构成多谐振荡器，如图 5-69 所示。

（3）利用 CC40106 构成单稳态触发器。

利用 CC40106 构成单稳态触发器，如图 5-70 所示。图 5-70（a）为下降沿触发，图 5-70（b）为上升沿触发。

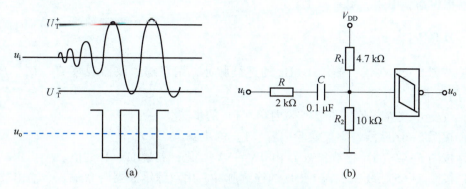

(a)   (b)

图 5-68   利用 CC40106 将正弦波转换为方波

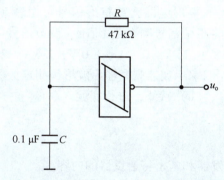

图 5-69   利用 CC40106 构成多谐振荡器

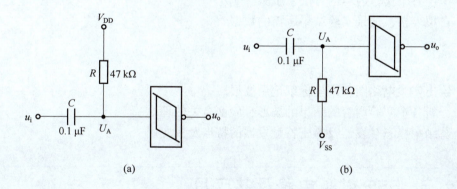

(a)   (b)

图 5-70   利用 CC40106 构成单稳态触发器

（a）下降沿触发；（b）上升沿触发

三、实验设备与器件

（1）+5 V 直流电源。

（2）双踪示波器。

（3）连续脉冲源。

（4）数字频率计。

（5）74LS00、CC14528、CC40106、2CK15。

(6) 电位器、电阻、电容若干。

四、实验内容

(1) 按图 5-59 接线，输入 1 kHz 的连续脉冲，用双踪示波器观察 U_i、U_P、U_A、U_B、U_D 及 U_o 的波形，并记录。

(2) 改变 C 或 R 的值，重复实验内容（1）的步骤。

(3) 按图 5-61 接线，重复实验内容（1）的步骤。

(4) 按图 5-63（a）接线，令 U_i 由 0 V→5 V 变化，测量 V_1、V_2 的值。

(5) 按图 5-65 接线，输入 1 kHz 的连续脉冲，用双踪示波器观察输入、输出波形，测定 T_1 与 T_2。

(6) 按图 5-66 接线，用双踪示波器观察输出波形，测定振荡频率。

(7) 按图 5-68 接线，构成整形电路，被整形信号可由音频信号源提供，图中串联的 2 kΩ 电阻起限流保护作用；将正弦信号频率置 1 kHz，调节信号电压由低到高观测输出波形的变化；记录输入信号为 0 V、0.25 V、0.5 V、1.0 V、1.5 V、2.0 V 时的输出波形。

(8) 按图 5-69 接线，用双踪示波器观察输出波形，测定振荡频率。

(9) 分别按图 5-70（a）、（b）接线，进行实验。

五、预习要求

(1) 预习有关单稳态触发器和施密特触发器的内容。

(2) 画出实验用到的详细电路图。

(3) 拟定各个实验内容的方法、步骤。

(4) 自拟表格，记录实验结果所需的数据。

六、实验报告

(1) 绘出实验电路图，用坐标纸记录波形。

(2) 分析各个实验内容的结果的波形，验证有关的理论。

(3) 总结单稳态触发器及施密特触发器的特点及其应用。

实验十三 555 时基电路及其应用

一、实验目的

(1) 熟悉 555 时基电路的结构、工作原理及特点。

(2) 掌握 555 时基电路的基本应用。

二、实验原理

集成时基电路又称 555 定时器或 555 时基电路，是一种数字、模拟混合型的中规模集成电路，应用十分广泛。它是一种可以产生时间延迟和多种脉冲信号的电路，由于内部电压标准使用了 3 只 5 kΩ 电阻，故取名 555 时基电路。其电路类型有双极型和 CMOS 型两大类，两类电路的结构与工作原理类似。几乎所有的双极型产品型号最后的 3 位数码都是 555 或 556；所有的 CMOS 产品型号最后的 4 位数码都是 7555 或 7556，两者的逻辑功能和引脚排列完全相同，易于互换。555 和 7555 是单定时器；556 和 7556 是双定时器。双极型 555 时基电路的电源电压 V_{CC} = +5 ~ +15 V，输出的最大电流可达 200 mA；CMOS 型 555 时基电路的电源电压为 +3 ~ +18 V。

1. 555 时基电路的工作原理

555 时基电路的内部框图及逻辑符号如图 5-71 所示。它含有两个电压比较器，一只基本 RS 触发器，一只放电开关管 VT，比较器的参考电压由 3 只 5 kΩ 的电阻构成的分压器提供。它们分别使高电平比较器 A_1 的同相输入端和低电平比较器 A_2 的反相输入端的参考电压为 $\frac{2}{3}V_{CC}$ 和 $\frac{1}{3}V_{CC}$。A_1 与 A_2 的输出端控制 RS 触发器状态和放电开关管状态。当输入信号自 6 脚，即高电平触发输入并超过参考电压 $\frac{2}{3}V_{CC}$ 时，触发器复位，555 时基电路的输出端 3 脚输出低电平，同时放电开关管导通；当输入信号自 2 脚输入并低于参考电压 $\frac{1}{3}V_{CC}$ 时，触发器置位，555 时基电路的 3 脚输出高电平，同时放电开关管截止。

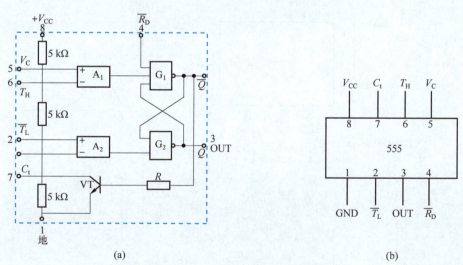

图 5-71　555 时基电路的内部框图及逻辑符号

(a) 内部框图；(b) 逻辑符号

$\overline{R}_D$ 是复位端（4 脚），当 $\overline{R}_D$ = 0，555 时基电路输出低电平，平时 $\overline{R}_D$ 端开路或接 V_{CC}。

V_C 是控制电压端（5 脚），平时输出 $\frac{2}{3}V_{CC}$ 作为高电平比较器 A_1 的参考电压，当 5 脚外接一个输入电压，即改变了高电平比较器的参考电压，可以实现对输出的另一种控制，在不接外加电压时，经 0.01 μF 的电容接地，起滤波作用，以消除外来的干扰，以确保参考电压的稳定。

VT 为放电开关管，当 VT 导通时，将给接于 7 脚的电容提供低阻放电通路。

555 时基电路主要是与电阻、电容构成充、放电电路，并由两个比较器来检测电容上的电压，以确定输出电压的高低和放电开关管的通断。这就能构成从微秒到数十分钟的延时电路，可方便地构成单稳态触发器、多谐振荡器、施密特触发器等脉冲产生或波形整形电路。

2. 555 时基电路的典型应用

1）构成单稳态触发器

图 5-72（a）为由 555 时基电路和外接定时元件 R、C 构成的单稳态触发器。触发电路由 C_1、R_1、VD 构成，其中 VD 为箝位二极管，稳态时 555 时基电路的输入端处于电源电压，内部放电开关管 VT 导通，输出端 OUT 输出低电平，当有一个外部负脉冲触发信号经 C_1 加到 2 端，并使 2 端电压瞬时低于 $\frac{1}{3}V_{CC}$，低电平比较器动作，单稳态电路即开始一个暂态过程，电容 C 开始充电，U_c 按指数规律增长。当 U_c 充电到 $\frac{2}{3}V_{CC}$ 时，高电平比较器动作，A_1 翻转，输出 U_o 从高电平返回低电平，放电开关管 VT 重新导通，电容 C 上的电荷很快经放电开关管放电，暂态结束，恢复稳态，为下一个触发脉冲的到来做好准备。其波形图如图 5-72（b）所示。

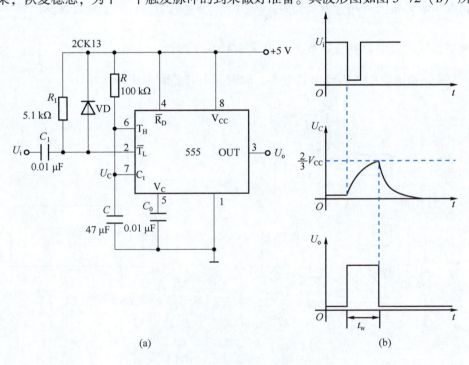

(a)　　　　　　　　　(b)

图 5-72　单稳态触发器
（a）电路图；（b）波形图

暂稳态的持续时间 t_w（即为延时时间）取决于外接元件 R、C 的大小，计算公式为

$$t_w = 1.1RC$$

通过调节 R、C 的大小，可使延时时间在几微秒到几十分钟之间变化。当这种单稳态触发器作为计时器时，可直接驱动小型继电器，并可以使用复位端（4 脚）接地的方法来中止暂态，重新计时。此外尚须用一只续流二极管与继电器线圈并接，以防继电器线圈的反电动势损坏内部功率管。

2）构成多谐振荡器

如图 5-73（a）所示，由 555 时基电路和外接元件 R_1、R_2、C 构成多谐振荡器，2 脚与 6 脚直接相连。该振荡器没有稳态，仅存在两个暂稳态，亦不需要外加触发信号，利用电源通过 R_1、R_2 向 C 充电，以及 C 通过 R_2 向放电端 C_t 放电，使电路产生振荡。电容 C 在 $\frac{1}{3}V_{CC}$ 和 $\frac{2}{3}V_{CC}$ 之间进行充电和放电。其波形图如图 5-73（b）所示，输出信号的时间参数为

$$T = t_{w1} + t_{w2}, t_{w1} = 0.7(R_1 + R_2)C, t_{w2} = 0.7R_2C$$

555 的基电路要求 R_1 与 R_2 均应大于或等于 1 kΩ，但 $R_1 + R_2$ 应小于或等于 3.3 MΩ。

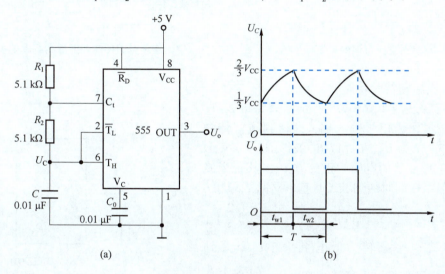

图 5-73　多谐振荡器
（a）电路图；（b）波形图

外接元件的稳定性决定了多谐振荡器的稳定性，555 时基电路配以少量的元件即可获得较高精度的振荡频率和具有较强的功率输出能力。因此，这种形式的多谐振荡器的应用很广泛。

3）构成占空比可调的多谐振荡器

占空比可调的多谐振荡器如图 5-74 所示，它比图 5-73 增加了一只电位器和两只导引二极管。VD_1、VD_2 用来决定电容充、放电电流流经电阻的途径（充电时 VD_1 导通，VD_2 截止；放电时 VD_2 导通，VD_1 截止）。该振荡器的占空比为

$$p = \frac{t_{w1}}{t_{w1} + t_{w2}} \approx \frac{0.7R_AC}{0.7C(R_A + R_B)} = \frac{R_A}{R_A + R_B}$$

可见，若取 $R_A = R_B$，振荡器即可输出占空比为 50% 的方波信号。

4）构成占空比连续可调并能调节振荡频率的多谐振荡器

占空比连续可调并能调节振荡频率的多谐振荡器如图 5-75 所示。对 C_1 充电时，充电电流通过 R_1、VD_1、R_{p2} 和 R_{p1}；放电时通过 R_{p1}、R_{p2}、VD_2、R_2。当 $R_1 = R_2$，R_{p2} 调至中心点，因充、放电时间基本相等，其占空比约为 50%，此时调节 R_{p1} 仅改变频率，占空比不变。如果 R_{p2} 调至偏离中心点，再调节 R_{p1}，不仅振荡频率改变，而且对占空比也有影响。R_{p1} 不变，调节 R_{p2}，平排仅改变占空比，对频率无影响。因此，当接通电源后，应首先调节 R_{p1} 使频率至规定值，再调节 R_{p2}，以获得需要的占空比。若频率调节的范围比较大，还可以用波段开关改变 C_1 的值。

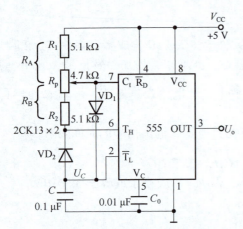

图 5-74　占空比可调的多谐振荡器

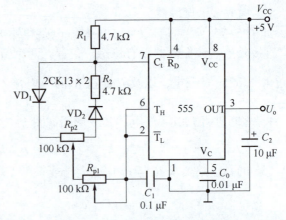

图 5-75　占空比连续可调并能调节振荡频率的多谐振荡器

5）构成施密特触发器

施密特触发器如图 5-76 所示，只要将 2 脚、6 脚连在一起作为信号输入端，即得到施密特触发器。图 5-77 为 U_S、U_i 和 U_o 的波形图。

设被整形变换的电压为正弦波 U_S，其正半波通过二极管 VD 同时加到 555 时基电路的 2 脚和 6 脚，得到 U_i 为半波整流波形。当 U_i 上升到 $\frac{2}{3}V_{CC}$ 时，U_o 从高电平翻转为低电平；当 U_i 下降到 $\frac{1}{3}V_{CC}$ 时，U_o 又从低电平翻转为高电平。该触发器的电压传输特性曲线如图 5-78 所示。

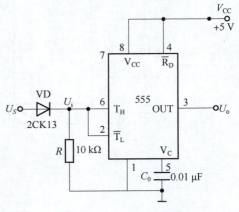

图 5-76　施密特触发器

回差电压为

$$\Delta U = \frac{2}{3}V_{CC} - \frac{1}{3}V_{CC} = \frac{1}{3}V_{CC}$$

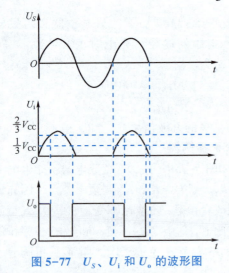

图 5-77　U_S、U_i 和 U_o 的波形图

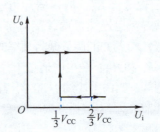

图 5-78　施密特触发器的电压传输特性曲线

三、实验设备与器件

（1）+5 V 直流电源。

（2）双踪示波器。

（3）连续脉冲源。

（4）单次脉冲源。

（5）音频信号源。

（6）数字频率计。

（7）逻辑电平显示器。

（8）555×2、2CK13×2、电位器、电阻、电容若干。

四、实验内容

1. 单稳态触发器

（1）按图 5-72 接线，取 $R = 100$ kΩ，$C = 47$ μF，输入信号 u_i 由单次脉冲源提供，用双踪示波器观测 u_i、u_C 和 u_o 的波形。测定幅度与暂稳时间。

（2）将 R 改为 1 kΩ，C 改为 0.1 μF，输入端加 1 kHz 的连续脉冲，观测 u_i、u_C 和 u_o 的波形，测定幅度及暂稳时间。

2. 多谐振荡器

（1）按图 5-73 接线，用双踪示波器观测 u_C 与 u_o 的波形，测定频率。

（2）按图 5-74 接线，组成占空比为 50% 的方波信号发生器，观测 u_C 与 u_o 的波形，测定波形参数。

（3）按图 5-75 接线，通过调节 R_{p1} 和 R_{p2} 来观测输出波形。

3. 施密特触发器

按图 5-76 接线，输入信号由音频信号源提供，预先调好 U_S 的频率为 1 kHz，接通电源，逐渐加大 U_S 的幅度，观测输出波形，描绘电压传输特性，计算出回差电压 ΔU。

4. 模拟声响电路

实验电路如图 5-79 所示，其中有两个多谐振荡器，调节定时元件，使 555 的 Ⅰ 输出较低频率，555 的 Ⅱ 输出较高频率，接通电源，试听音响效果。调换外接阻容元件，再试听音响效果。

五、预习要求

（1）预习有关 555 时基电路的工作原理及其应用。

（2）拟定实验中所需的数据、表格等。

（3）如何用双踪示波器测定施密特触发器的电压传输特性曲线？

（4）拟定各个实验的具体步骤和方法。

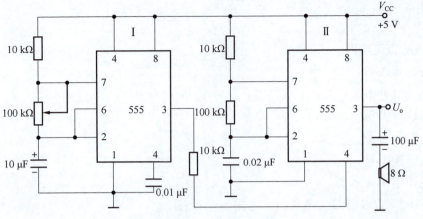

图 5-79　模拟声响电路

六、实验报告

（1）绘出详细的实验电路图，定量绘出观测到的波形。
（2）分析、总结实验结果。

实验十四　D/A、A/D转换器

一、实验目的

（1）了解 D/A 和 A/D 转换器的基本工作原理和基本结构。
（2）掌握大规模集成 D/A 和 A/D 转换器的功能及其典型应用。

二、实验原理

　　在数字电子技术的很多应用场合中，往往需要把模拟量转换为数字量，实现这种转换的转换器称为模/数转换器（A/D转换器，简称 ADC）；或者把数字量转换成模拟量，实现这种转换的转换器称为数/模转换器（D/A 转换器，简称 DAC）。完成这种转换的电路有多种，特别是单片大规模集成 A/D、D/A 转换器的问世，为实现上述的转换提供了极大的方便。使用者借助手册提供的器件性能指标及典型应用电路，即可正确使用这些器件。本实验将采用大规模集成电路 DAC0832 实现 D/A 转换，以及 ADC0809 实现 A/D 转换。

1. D/A 转换器 DAC0832

　　DAC0832 是采用 CMOS 工艺制成的单片电流输出型 8 位数/模转换器。DAC0832 的逻辑框图及引脚排列如图 5-80 所示。
　　器件的核心部分采用倒 T 型电阻网络的 8 位 D/A 转换器，如图 5-81 所示。它是由倒 T 型 R-$2R$ 电阻网络、模拟开关、运算放大器和参考电压 V_{REF} 4 部分组成的。
　　运算放大器的输出电压为

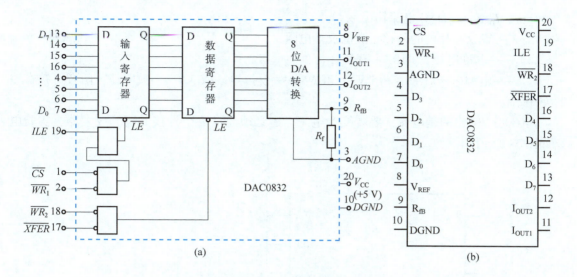

图 5-80 DAC0832 的逻辑框图和引脚排列

（a）逻辑框图；（b）引脚排列

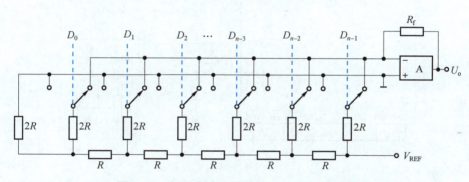

图 5-81 倒 T 型电阻网络的 8 位 D/A 转换器

$$U_{o} = \frac{V_{REF} \cdot R_{f}}{2^{n}R} (D_{n-1} \cdot 2^{n-1} + D_{n-2} \cdot 2^{n-2} + \cdots + D_{0} \cdot 2^{0})$$

由上式可见，输出电压 U_{o} 与输入的数字量成正比，这就实现了从数字量到模拟量的转换。

一个 8 位的 D/A 转换器，它有 8 个输入端，每个输入端是 8 位二进制数的一位；有一个模拟输出端，输入可有 $2^{8} = 256$ 个不同的二进制组态，输出为 256 个电压之一，即输出电压不是整个电压范围内的任意值，而只能是 256 个可能值。

DAC0832 的引脚功能说明如下：

$D_{0} \sim D_{7}$——数字信号输入端；

ILE——输入寄存器允许，高电平有效；

$\overline{CS}$——片选信号，低电平有效；

$\overline{WR}_{1}$——写信号 1，低电平有效；

$\overline{XFER}$——传送控制信号，低电平有效；

$\overline{WR}_{2}$——写信号 2，低电平有效；

I_{OUT1}，I_{OUT2}——DAC 电流输出端；

R_{fB}——集成在片内的外接运放的反馈电阻；

V_{REF}——基准电压（$-10 \sim +10$ V）；

V_{CC}——电源电压（$+5 \sim +15$ V）；$AGND$——模拟地，$DGND$——数字地，两者可接在一起使用。

DAC0832 输出的是电流，要转换为电压，还必须经过一个外接的运算放大器，实验电路如图 5-82 所示。

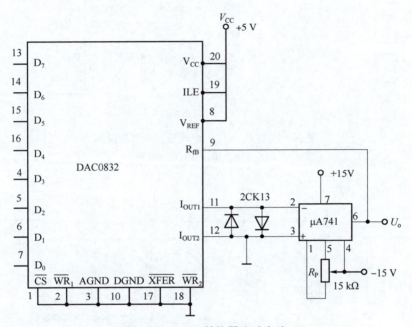

图 5-82　D/A 转换器实验电路

2. A/D 转换器 ADC0809

ADC0809 是采用 CMOS 工艺制成的单片 8 位 8 通道逐次逼近型模/数转换器，其逻辑框图及引脚排列如图 5-83 所示。

器件的核心部分是 8 位 A/D 转换器，它由比较器、逐次逼近寄存器、D/A 转换器、控制和定时 5 部分组成。

ADC0809 的引脚功能说明如下：

$IN_0 \sim IN_7$——8 路模拟信号输入端；

A_2、A_1、A_0——地址输入端；

ALE——地址锁存允许输入信号，在此脚施加正脉冲，上升沿有效，此时锁存地址码，从而选通相应的模拟信号通道，以便进行 A/D 转换；

$START$——启动信号输入端，应在此脚施加正脉冲，当上升沿到达时，内部逐次逼近寄存器复位，在下降沿到达后，开始 A/D 转换过程；

EOC——转换结束输出信号（转换结束标志），高电平有效；

OE——输入允许信号，高电平有效；

$CLOCK$（CP）——时钟信号输入端，外接时钟频率一般为 640 kHz；

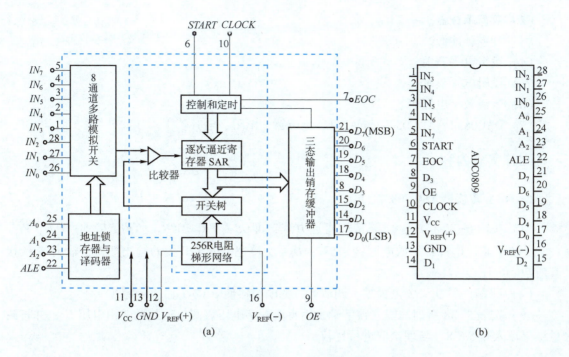

图 5-83　ADC0809 的逻辑框图及引脚排列

（a）逻辑框图；（b）引脚排列

V_{CC}——+5 V 单电源供电；

V_{REF}（+）、V_{REF}（-）——基准电压的正、负极，一般 V_{REF}（+）接+5 V 电源，V_{REF}（-）接地；

$D_0 \sim D_7$——数字信号输出端。

1）模拟量输入通道选择

8 通道多路模拟开关由 A_2、A_1、A_0 三地址输入端选通 8 路模拟信号中的任何一路进行 A/D 转换，地址译码与模拟输入通道的选通关系如表 5-37 所示。

表 5-37　地址译码与模拟输入通道的选通关系

被选模拟通道		IN_0	IN_1	IN_2	IN_3	IN_4	IN_5	IN_6	IN_7
地址	A_2	0	0	0	0	1	1	1	1
	A_1	0	0	1	1	0	0	1	1
	A_0	0	1	0	1	0	1	0	1

2）D/A 转换过程

在启动信号输入端（START）加启动脉冲（正脉冲），D/A 转换即开始。如果将启动信号输入端（START）与转换结束端（EOC）直接相连，转换将是连续的，在用这种转换方式时，应在外部加入启动脉冲。

三、实验设备与器件

（1）+5 V、±15 V 直流电源。

（2）双踪示波器。

（3）计数脉冲源。

（4）逻辑电平开关。

（5）逻辑电平显示器。

（6）直流数字电压表。

（7）DAC0832、ADC0809、μA741、电位器、电阻、电容若干。

四、实验内容

1. D/A 转换器 DAC0832

（1）按图 5-82 接线，电路接成直通方式，即 $\overline{CS}$、$\overline{WR_1}$、$\overline{WR_2}$、$\overline{XFER}$接地；ILE、V_{CC}、V_{REF}接+5 V 直流电源；运放电源接±15 V；$D_0 \sim D_7$接逻辑电平开关的输出插口，输出端 U_o接直流数字电压表。

（2）调零，令 $D_0 \sim D_7$全置零，调节运放的电位器使 μA741 输出为零。

（3）按表 5-38 所列的输入数字量，用直流数字电压表测量运放的输出电压 U_o，并将测量结果填入表 5-38，与理论值进行比较。

表 5-38　测量数据 1

输入数字量								输出模拟量 U_o（V）
D_7	D_6	D_5	D_4	D_3	D_2	D_1	D_0	$U_{CC} = +5$ V
0	0	0	0	0	0	0	0	
0	0	0	0	0	0	0	1	
0	0	0	0	0	0	1	0	
0	0	0	0	0	1	0	0	
0	0	0	0	1	0	0	0	
0	0	0	1	0	0	0	0	
0	0	1	0	0	0	0	0	
0	1	0	0	0	0	0	0	
1	0	0	0	0	0	0	0	
1	1	1	1	1	1	1	1	

2. A/D 转换器 ADC0809

ADC0809 实验电路如图 5-84 所示。

（1）8 路输入模拟信号 1~4.5 V 由+5 V 直流电源经电阻 R 分压组成；变换结果 $D_0 \sim D_7$接逻辑电平显示器的输入插口；CP 时钟脉冲由计数脉冲源提供，取$f = 100$ kHz；$A_0 \sim A_2$ 地址输入端接逻辑电平开关的输出插口。

（2）接通电源后，在启动信号输入端（$START$）加一正单次脉冲，下降沿一到即开始进行 A/D 转换。

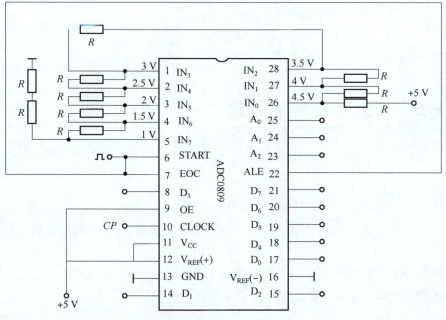

图 5-84　ADC0809 实验电路

（3）按表 5-39 的要求观察，记录 $IN_0 \sim IN_7$ 8 路模拟信号的转换结果，并将转换结果换算成十进制数表示的电压值，与直流数字电压表实测的各路输入电压值进行比较，分析误差原因。

五、预习要求

（1）预习 A/D、D/A 转换的工作原理。
（2）熟悉 ADC0809、DAC0832 各引脚功能和使用方法。
（3）画好完整的实验电路图和所需的实验记录表格。
（4）拟定各个实验内容的具体实验方案。

表 5-39　测量数据 2

被选模拟通道	输入模拟量	地址			输出数字量								
IN	U_i（V）	A_2	A_1	A_0	D_7	D_6	D_5	D_4	D_3	D_2	D_1	D_0	十进制数
IN_0	4.5	0	0	0									
IN_1	4.0	0	0	1									
IN_2	3.5	0	1	0									
IN_3	3.0	0	1	1									
IN_4	2.5	1	0	0									
IN_5	2.0	1	0	1									
IN_6	1.5	1	1	0									
IN_7	1.0	1	1	1									

六、实验报告

整理实验数据，分析实验结果。

实验十五 智力竞赛抢答装置

实验十五、十六、十七为综合性实验。

一、实验目的

（1）学习数字电路中 D 触发器、分频电路、多谐振荡器、CP 时钟脉冲源等单元电路的综合运用。

（2）熟悉智力竞赛抢答装置的工作原理。

（3）了解简单数字系统实验、调试及故障排除方法。

二、实验原理

图 5-85 为供 4 人用的智力竞赛抢答装置电路，用以判断抢答优先权。

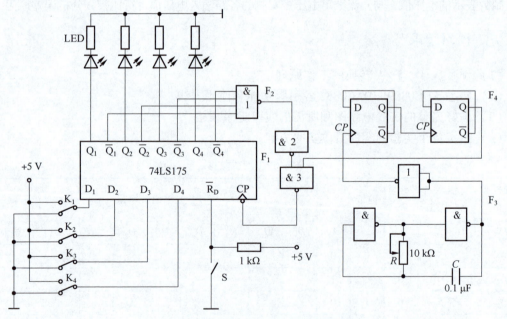

图 5-85 供 4 人用的智力竞赛抢答装置电路

图中 F_1 为四 D 触发器 74LS175，它具有公共置零端和公共 CP 端；F_2 为双 4 输入与非门 74LS20；F_3 是由 74LS00 组成的多谐振荡器；F_4 是由 74LS74 组成的四分频电路，F_3、F_4 组成抢答装置电路中的 CP 时钟脉冲源。抢答开始时，由主持人清除信号，按下复位开关 S，74LS175 的输出端 $Q_1 \sim Q_4$ 全为 0，所有发光二极管 LED 均熄灭，当主持人宣布"抢答开始"后，首先作出判断的参赛者立即按下开关，对应的发光二极管被点亮，同时，通过与非门 F_2 送出信号锁住其他 3 名抢答者的电路，使其不再接受其他信号，直到主持人再次清除信号为止。

三、实验设备与器件

(1) +5 V 直流电源。
(2) 逻辑电平开关。
(3) 逻辑电平显示器。
(4) 双踪示波器。
(5) 连续脉冲源。
(6) 数字频率计。
(7) 直流数字电压表。
(8) 74LS175、74LS20、74LS74、74LS00。

四、实验内容

(1) 测试各触发器及各逻辑门的逻辑功能：测试方法参照实验二及实验九有关内容，判断器件的好坏。

(2) 按图 5-85 接线，抢答装置电路中的 5 只开关接实验装置上的逻辑电平开关，发光二极管接逻辑电平显示器。

(3) 断开抢答装置电路中 CP 脉冲源电路，单独对多谐振荡器 F_3 及四分频电路 F_4 进行调试，调整多谐振荡器 10 kΩ 电位器，使其输出脉冲频率约为 4 kHz，观察 F_3 及 F_4 的输出波形并测试其频率（参照实验十一有关内容）。

(4) 测试抢答装置电路的功能。

接通+5 V 直流电源，CP 端接实验装置上的连续脉冲源，取重复频率约为 1 kHz。

①抢答开始前，开关 K_1、K_2、K_3、K_4 均置零，准备抢答，将开关 S 置零，发光二极管全熄灭，再将 S 置 "1"。抢答开始，K_1、K_2、K_3、K_4 某一开关置 "1"，观察发光二极管的亮、灭情况，再将其他 3 只开关中的任意一只置 "1"，观察发光二极的亮、灭是否改变。

②重复上一个步骤，改变 K_1、K_2、K_3、K_4 中任意一只开关的状态，观察抢答装置的工作情况。

③整体测试，断开实验装置上的连续脉冲源，接入 F_3 及 F_4，再进行实验。

五、预习要求

若在图 5-85 中加一个计时电路，要求计时电路显示时间精确到秒，最多限制为 2 min，一旦超出时限，则取消抢答权，电路该如何改进？

六、实验报告

(1) 分析智力竞赛抢答装置电路各部分的功能及工作原理。
(2) 总结数字系统的设计、调试方法。
(3) 分析实验中出现的故障及其解决办法。

实验十六 数字频率计

一、实验目的

（1）掌握数字频率计的原理和设计方法。

（2）掌握数字频率计中各电路的功能和工作原理。

二、实验原理

数字频率计是用于测量信号（方波、正弦波或其他脉冲信号）的频率，并用十进制数字显示，它具有精度高、测量迅速、读数方便等优点。

脉冲信号的频率就是在单位时间内所产生的脉冲个数，其表达式为 $f = N/T$，其中 f 为被测信号的频率，N 为计数器所累计的脉冲个数，T 为产生 N 个脉冲所需的时间。计数器所记录的结果，就是被测信号的频率。例如，在 1 s 内记录 1 000 个脉冲，则被测信号的频率为 1 000 Hz。

本实验仅讨论一种简单易制的数字频率计，其原理框图如图 5-86 所示，控制电路及主控门电路如图 5-87 所示。

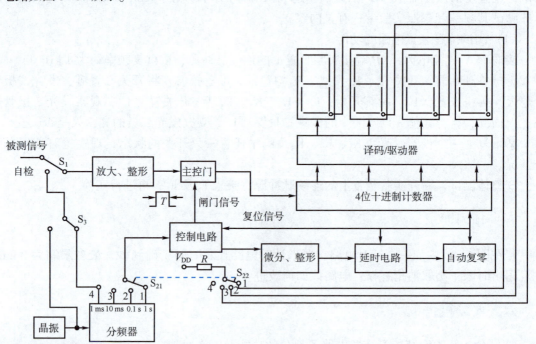

图 5-86　数字频率计的原理框图

晶振产生较高的标准频率，经分频器后可获得各种时基脉冲（1 ms、10 ms、0.1 s、1 s 等），时基信号的选择由开关 S_2 控制。被测信号经放大、整形后变成矩形脉冲加到主控门的

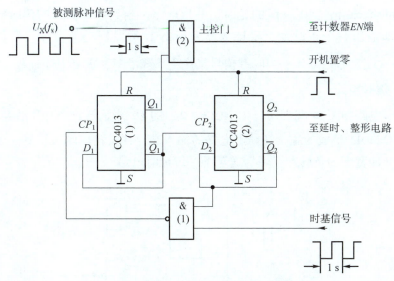

图 5-87　控制电路及主控门电路

输入端，如果被测信号为方波，不需要经过放大、整形，直接将被测信号加到主控门的输入端。时基信号经控制电路产生闸门信号至主控门，只有在闸门信号采样期间内（时基信号的一个周期），输入信号才通过主控门。若时基信号的周期为 T，进入计数器的输入脉冲数为 N，则被测信号的频率为 $f=N/T$，改变时基信号的周期 T，即可得到不同的测频范围。当主控门关闭时，计数器停止计数，显示器显示记录结果。此时控制电路输出一个置零信号，经整形、延时电路的延时，当达到所调节的延时时间时，延时电路输出一个复位信号，使计数器和所有的触发器置零，为后续新的一次取样做好准备，即能锁住显示器一次显示的时间，使其保留到接受新的一次取样为止。

当开关 S_2 改变量程时，小数点能自动移位。

若开关 S_1、S_3 配合使用，可将测试状态转为"自检"工作状态（即用时基信号本身作为被测信号输入）。

1. 控制电路

控制电路由双 D 触发器 CC4013 及与非门 CC4011 构成。CC4013（1）的任务是输出闸门信号，以控制主控门（2）的开启与关闭。如果通过开关 S_2 选择一个时基信号，当给与非门（1）输入一个时基信号的下降沿时，与非门（1）的输出端产生一个上升沿，CC4013（1）的 Q_1 端就由低电平变为高电平，将主控门（2）开启。允许被测信号通过该主控门并送至计数器输入端进行计数。相隔 1 s（或 0.1 s、10 ms、1 ms）后，又给与非门（1）输入一个时基信号的下降沿，与非门（1）输出端又产生一个上升沿，使 CC4013（1）的 Q_1 端由高电平变为低电平，将主控门（2）关闭，使计数器停止计数，同时 $\overline{Q}_1$ 端产生一个上升沿，使 CC4013（2）翻转成 $Q_2=1$，$\overline{Q}_2=0$。由于 $\overline{Q}_2=0$，故其立即封锁与非门（1），不再让时基信号进入 CC4013（1），保证在显示读数的时间内 Q_1 端始终保持低电平，使计数器停止计数。

利用 Q_2 端的上升沿送到下一级的延时、整形电路。当到达所调节的延时时间时，延时电路输出端立即输出一个正脉冲，将计数器和所有 D 触发器全部置零。复位后，$Q_1 = 0$，$\overline{Q_1} = 1$，为下一次测量做好准备。当时基信号又产生下降沿时，重复上述过程。

2. 微分、整形电路

微分、整形电路如图 5-88 所示。CC4013（2）的 Q_2 端所产生的上升沿经微分电路后，送到由与非门 CC4011 组成的施密特整形电路的输入端，在其输出端可得到一个边沿十分陡峭且具有一定脉冲宽度的负脉冲，然后送至下一级延时电路。

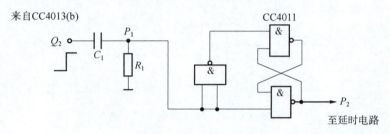

图 5-88　微分、整形电路

3. 延时电路

延时电路由 D 触发器 CC4013（3）、积分电路（由电位器 R_{p1} 和电容 C_2 组成）、与非门（3）以及单稳态电路组成，如图 5-89 所示。由于 CC4013（3）的 D_3 端接 V_{DD}，因此，在 P_2 端所产生的上升沿作用下，CC4013（3）翻转，翻转后 $\overline{Q_3} = 0$，由于开机置零时或门（1）（如图 5-90 所示）输出的正脉冲将 CC4013（3）的 Q_3 端置零，因此，$\overline{Q_3} = 1$，经二极管 2AP9 迅速给电容 C_2 充电，使 C_2 端的电压为高电平，而此时 $\overline{Q_3} = 0$，电容 C_2 经电位器 R_{p1} 缓慢放电。当电容 C_2 上的电压降至与非门（3）的阈值电压 U_T 时，与非门（3）的输出端立即产生一个上升沿，触发下一级单稳态电路。此时，P_3 端输出一个正脉冲，该脉冲宽度主要取决于时间常数 $R_t C_t$ 的值，延时时间为上一级电路的延时时间及这一级延时时间之和。

由实验求得，如果电位器 R_{p1} 用 510 Ω 的电阻代替，C_2 取 3 μF，则总的延时时间也就是显示器所显示的时间，即 3 s 左右。如果电位器 R_{p1} 用 2 MΩ 的电阻取代，C_2 取 22 μF，则显示时间可达 10 s 左右。可见，调节电位器 R_{p1} 可以改变显示时间。

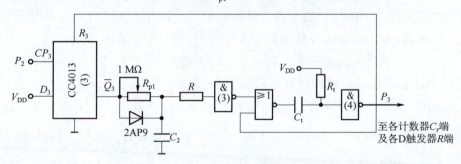

图 5-89　延时电路

4. 自动清零电路

P_3 端产生的正脉冲送到图 5-90 所示的、所有的触发器置零。在复位脉冲的作用下，Q_3 再次对电容 C_2 充电，补上刚才放掉的电荷，使 C_2 两端的电压恢复为高电平；又因为 CC4013（2）复位后使 $\overline{Q}_2$ 端再次变为高电平，所以与非门（1）又被开启，电路重复上述变化过程。

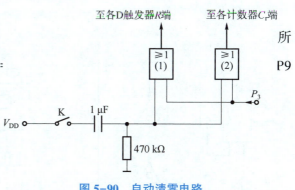

图 5-90　自动清零电路

三、实验设备与器件

（1）+5 V 直流电源。

（2）双踪示波器。

（3）连续脉冲源。

（4）逻辑电平显示器。

（5）直流数字电压表。

（6）数字频率计。

（7）CC40106、CC4020、CC4013、CA3130、CC4511×4、74LS192×4、电阻、电容、数码管等。

四、实验内容

使用中、小规模集成电路设计与制作一台简易的数字频率计，其原理图如图 5-91 所示。数字频率计应具有下述功能。

（1）位数：计 4 位十进制数。

（2）量程：最大读数是 9 999 Hz，闸门信号的采样时间为 1 s。

（3）显示方式：用 7 段 LED 数码管显示读数，做到显示稳定、不跳变。

（4）具有"自检"功能。

（5）被测信号为方波、三角波、正弦波信号。

（6）画出设计的数字频率计的电路总图。

（7）组装和调试，并写出综合实验报告。

五、预习要求

预习数字频率计的工作原理。

六、实验报告

（1）分析数字频率计各部分功能及工作原理。

（2）总结控制电路，微分、整形电路，延时电路，自动清零电路的设计、调试方法。

（3）分析实验中出现的故障及解决办法。

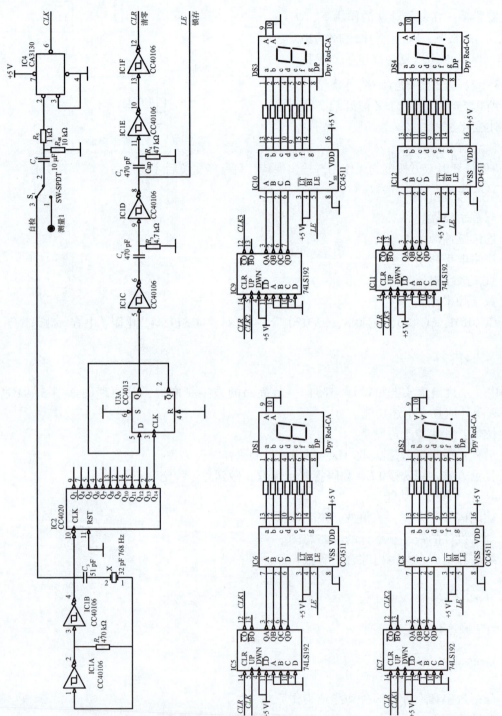

图 5-91 数字频率计原理图

实验十七　拔河游戏机

一、实验目的

给定实验设备和主要元器件，只按照电路的各部分组合成一个完整的拔河游戏机。

（1）拔河游戏机需用 15 只（或 9 只）发光二极管排列成一行，开机后只有中间一只被点亮，以此作为拔河的中心线，游戏双方各持一个按键，迅速、不断地按动以产生脉冲，哪方按得快，亮点就向该方向移动，每按一次，亮点移动一次。当移到任一方终端二极管被点亮时，这一方就得胜，此时双方按键均无作用，输出保持，只有经复位后才能使亮点恢复到中心线。

（2）显示器显示获胜方的次数。

二、实验原理

（1）拔河游戏机电路框图如图 5-92 所示。

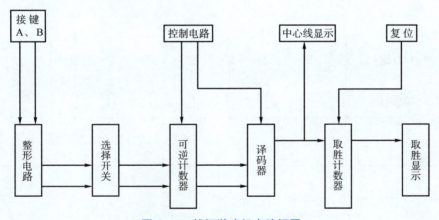

图 5-92　拔河游戏机电路框图

（2）拔河游戏机整机电路如图 5-93 所示。

三、实验设备与器件

（1）+5 V 直流电源。

（2）译码显示器。

（3）逻辑电平开关。

（4）CC4514、CC40193、CC4511×2、CC4518、CC4081、CC4011×3、CC4030。

（5）电阻若干。

四、实验内容

按图 5-93 接线。

可逆计数器 CC40193 原始状态输出 4 位二进制数 0000，经译码器 CC4514 输出使中间的

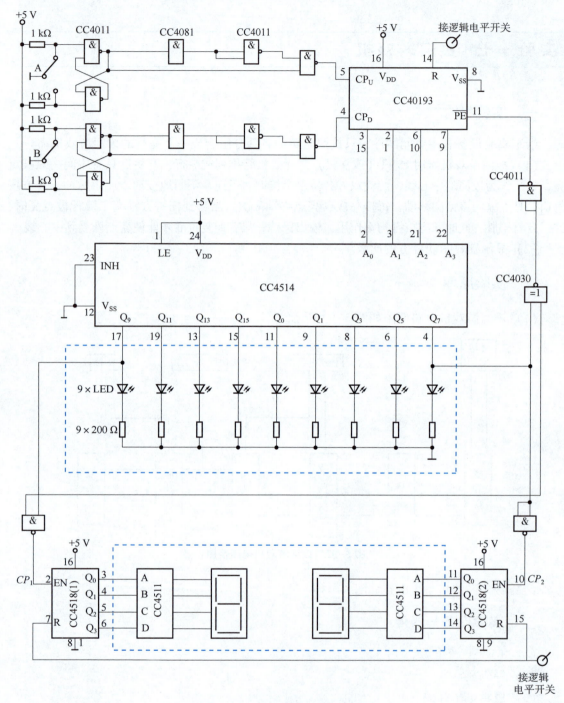

图 5-93　拔河游戏机整机电路

一只发光二极管被点亮。当按动 A、B 两个按键时，分别产生两个脉冲，经整形后分别加到可逆计数器 CC40193 上，可逆计数器 CC40193 输出的代码经译码器 CC4514 译码后驱动发光二极管点亮并产生位移，当亮点移到任何一方终端后，由于控制电路的作用，使这一状态被锁定，而对输入脉冲不起作用。如果按下复位键，亮点又回到中心线，比赛又重新开始。

　　将双方终端二极管的正极分别经两个与非门后接至两个十进制计数器 CC4518 的允许控

制端 EN，当任一方取胜时，该方终端二极管被点亮，产生一个下降沿使其对应的计数器计数。这样，计数器的输出即显示了胜者获胜的次数。

1. 编码电路

编码器有两个输入端，4 个输出端，要进行加/减计数，因此选用 CC40193 来完成。

2. 整形电路

CC40193 是可逆计数器，用来控制加减的 CP 脉冲分别加至 5 脚和 4 脚，此时当电路要求进行加法计数时，减法输入端 CP_D 必须接高电平；进行减法计数时，加法输入端 CP_U 也必须接高电平，若直接由 A、B 按键产生的脉冲加到 5 脚或 4 脚，那么就有很多时机在进行计数时另一计数输入端为低电平，使计数器不能计数，双方按键均失去作用，拔河比赛不能正常进行。加一整形电路，使 A、B 两个按键产生的脉冲经整形后变为一个占空比很大的脉冲，这样就降低了进行某一计数时另一计数输入端为低电平的可能性，从而使每按一次按键都有可能进行有效的计数。整形电路由与门 CC4081 和与非门 CC4011 实现。

3. 译码电路

译码电路选用 4 线–16 线译码器 CC4514。译码器的输出端 $Q_0 \sim Q_{14}$ 分接 15 只（或 9 只）发光二极管，二极管的负极接地，而正极接译码器。这样，当输出为高电平时，发光二极管被点亮。

比赛准备，译码器输入 0000，Q_0 端输出 1，中心处二极管首先被点亮，当计数器进行加法计数时，亮点向右移；进行减法计数时，亮点向左移。

4. 控制电路

为指示出谁胜谁负，需用一个控制电路。当亮点移到任何一方的终端时，判该方为胜，此时双方的按键均宣告无效。此电路可用异或门 CC4030 和与非门 CC4011 来实现。将双方终端二极管的正极接异或门 CC4030 的两个输入端，当获胜一方为 "1" 时，另一方则为 "0"，异或门 CC4030 输出 1，经与非门 CC4011 产生低电平 "0"，再送到 CC40193 计数器的置数端 $\overline{PE}$，于是计数器停止计数，处于预置状态。由于计数器数据输入端 A、B、C、D 和输出端 Q_A、Q_B、Q_C、Q_D 对应相连，输入也就是输出，从而计数器对输入脉冲不起作用。

5. 胜负显示

将双方终端二极管的正极经与非门的输出分别接到两个计数器的 EN 端，CC4518 的两组 4 位 BCD 码分别接到实验装置的两组译码显示器的 A、B、C、D 插口处。当一方获胜时，该方终端二极管被点亮，产生一个上升沿，使相应的计数器进行加一计数操作，于是就得到了双方取胜次数的显示，若一位数不够，则进行二位数的级联。

6. 复位

为能进行多次比赛而需要进行复位操作，使亮点返回中心线，可用一只开关控制 CC40193 的清零端 R 即可。

胜负显示器的复位也应用一只开关来控制 CC4518 的清零端 R，使其重新计数。

五、实验报告

讨论实验结果，总结实验收获。

注意：

（1）CC40193 的引脚排列及功能表参照实验八的 CC40192。

（2）CC4514 的引脚排列如图 5–94 所示，功能表如表 5–40 所示。CC4514 各引脚功能说明如下：

$A_0 \sim A_3$——数据输入端；

INH——输出禁止控制端；

LE——数据锁存控制端；

$Y_0 \sim Y_{15}$——数据输出端。

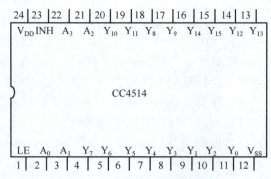

图 5-94　CC4514 的引脚排列

表 5-40　CC4514 的功能表

输入						高电平输出端	输入						高电平输出端
LE	INH	A_3	A_2	A_1	A_0		LE	INH	A_3	A_2	A_1	A_0	
1	0	0	0	0	0	Y_0	1	0	1	0	0	1	Y_9
1	0	0	0	0	1	Y_1	1	0	1	0	1	0	Y_{10}
1	0	0	0	1	0	Y_2	1	0	1	0	1	1	Y_{11}
1	0	0	0	1	1	Y_3	1	0	1	1	0	0	Y_{12}
1	0	0	1	0	0	Y_4	1	0	1	1	0	1	Y_{13}
1	0	0	1	0	1	Y_5	1	0	1	1	1	0	Y_{14}
1	0	0	1	1	0	Y_6	1	0	1	1	1	1	Y_{15}
1	0	0	1	1	1	Y_7	1	1	×	×	×	×	无
1	0	1	0	0	0	Y_8	0	0	×	×	×	×	①

①输出状态锁定在上一个 $LE=1$ 时，$A_0 \sim A_3$ 的输入状态。

（3）CC4518 的引脚排列如图 5-95 所示，功能表如表 5-41 所示。CC4518 各引脚功能说明如下：

$1CP$、$2CP$——时钟输入端；

$1R$、$2R$——清除端；

$1EN$、$2EN$——计数允许控制端；

$1Q_0 \sim 1Q_3$——计数器输出端；

$2Q_0 \sim 2Q_3$——计数器输出端。

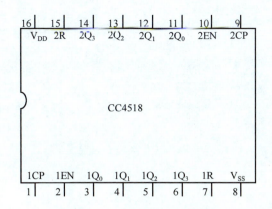

图 5-95　CC4518 的引脚排列

表 5-41　CC4518 的功能表

输入			输出功能
CP	R	EN	
↑	0	1	加计数
0	0	↓	加计数
↓	0	×	保持
×	0	↑	
↑	0	0	
1	0	↓	
×	1	×	全部为 "0"

第三篇

项目式实验

第 6 章　电子测试与实验

实验一	常用仪器仪表的使用

一、实验目的

（1）能说出常用仪器仪表的使用方法。
（2）能熟练使用示波器、信号发生器、交流毫伏表等常用仪器。

二、实验内容

示波器、信号发生器、交流毫伏表的使用。

三、实验方法

（1）在老师的指导和帮助下，学生学习示波器、信号发生器、交流毫伏表的使用。
（2）按照要求和学生学习情况分组。
（3）老师讲评。

四、实验引导

（1）介绍本次实验的任务。
（2）简单分析实验任务。
（3）明确实验任务。
（4）过程评价。

五、示波器的使用

（1）介绍示波器的功能。
（2）介绍示波器的面板（看视频）。
（3）介绍示波器使用方法（先看视频再示范操作）。
（4）讲解注意事项。

（5）示波器操作练习。

（6）过程评价。

六、信号发生器的使用

（1）介绍信号发生器的功能。

（2）介绍信号发生器的面板（看视频）。

（3）介绍信号发生器的使用方法。

（4）讲解注意事项。

（5）信号发生器操作练习。

（6）过程评价。

七、交流毫伏表的使用

（1）介绍交流毫伏表的功能与指标。

（2）介绍交流毫伏表的面板。

（3）介绍交流毫伏表的使用方法。

（4）讲解注意事项。

（5）交流毫伏表操作练习。

（6）过程评价。

八、数学重点

（1）用示波器测量各参数的方法。

（2）信号源的使用方法。

九、数学难点

示波器显示波形参数的运算。

十、实验内容

（一）示波器

1. 示波器简介

示波器是一种利用示波管将各种电信号波形转换成人眼能直接观察的图像的电子测量仪器。示波器的"笔"是惯性极小的电子束，记录电子束运动轨迹的"纸"是能在电子轰击下发光的荧光屏。一般情况下，示波管的 X 轴（水平轴）上加有一个由示波器内部产生的、随时间线性变化的锯齿电压，称其为"时基"。它使电子束产生的光点在荧光屏上自左至右周期地扫描；被测信号加在示波管的 Y 轴（垂直轴）上，使电子束产生的光点随输入电压成比例地上下运动。这两个相互垂直的运动合成的结果，是使输入信号的波形重现在荧光屏上。示波器就是这样一种可将随时间变化的电压描绘成可见图像的测量仪器。它除直接观察被测信号的波形外，还可用于测量电压、电流幅度、频率、时间、相位、电路参数，显示各种元器件的伏安特性、频率特性等；利用转换器还可以用来测量温度、压力、热和磁效应等。因此，它不仅是电子测量的工具，在医学、机械、农业、物理、宇航等各种科学领域中也得到了广泛的应用。

2. 示波器的特点

（1）既能显示被测信号波形，又能测量其瞬时值，具有直观性。
（2）测量灵敏度高，并具有较强的过载能力。
（3）工作频带宽，速度快，便于观测瞬变信号的细节。
（4）在其荧光屏上可描绘出任意两个量的函数关系。
（5）配用变换器，可观测各种非电量并组成综合仪器，以扩展其功能。

3. 示波管的基本工作原理

示波管是示波器的核心，它包括电子枪、偏转系统和荧光屏 3 部分。

1）电子枪

电子枪的作用是发射电子并形成很细的高速电子束。它由灯丝、阴极 K、控制栅极 G、第一阳极 A_1、第二阳极 A_2 组成。

示波管的灯丝用于加热阴极，阴极是一个表面涂有氧化物的金属圆筒，在灯丝的加热下发射出电子流。控制栅极是顶端有孔的圆筒，套装在阴极之外，其电位比阴极电位低，控制栅极和阴极之间是一个减速电场，因此控制栅极能控制射向荧光屏的电子流密度，从而控制荧光屏上光点的亮度。

阳极的作用是加速电子，使电子向荧光屏方向运动，同时 A_1 与 A_2 还起到聚焦作用。聚焦的原理是：A_2 和 A_1 相比是处于正电位，并有一定电位差。因此，A_1 与 A_2 之间就有静电场存在，根据电子逆电力线切线方向运动的原理，电子从阴极发射出来以后进入 A_1、A_2 静电聚焦区时，受静电场的作用，沿不同方向运动的电子逆电力线切线方向被迫向示波管的中心方向集中，改变 A_1 与 A_2 之间的电位差，即改变静电场电力线的分布，使电子集中形成一束很细的电子射线，达到聚焦的目的。

2）偏转系统

示波管的偏转系统大都是静电偏转式，它包括垂直偏转板和水平偏转板。它们位于 A_2 之后，靠近电子枪的一对为 Y 偏转板，两对偏转板是互相垂直的。偏转板的作用是使电子束在偏转电压的作用下，按一定规律上下、左右移动，如果没有偏转板的控制作用，光点只能停留在荧光屏中间。在偏转板上加一直流电压，在两块偏转板之间便产生静电场，电场的电力线方向是由下向上，当电子以一定的轴向速度穿过电场时，受向上力的作用产生偏转。如果将所加偏转电压的极性对换，则电场方向相反，电子受向下力的作用产生相反方向的偏转。X 轴与 Y 轴的偏转原理是一样的。光点在荧光屏上偏转的距离与偏转板上所加的偏转电压有关。一般示波管的偏转灵敏度均用偏转因数，即光点在荧光屏上偏转 1 cm 或 1 div（格）时，在偏转板上所需的电压来表示，其单位为 V/cm、mV/cm、V/div 或 mV/div。

3）荧光屏

示波管的荧光屏一般为圆形或矩形。其表面沉积有磷光物质，磷光物质在吸收电子轰击动能后，将产生可见光的辐射，这种光称为荧光。电子束的功能，在荧光屏上不仅可转换光能，而且能转换成热能。因此，若电子束长时间地轰击荧光屏的某一点，就可能将磷光物质烧毁而形成暗斑。由于磷光物质的材料不同,荧光屏的发光颜色和余辉时间也不同。通常发光颜色有绿、黄、蓝、白等,电子束停止轰击后,因磷光物质的发光作用要经过一段时间才能停止,故将这段时间称余辉时间。余辉时间有中余辉（0.01~0.1 s）、长余辉（0.1 s以上）,观测频率较低的信号时用余辉时间较长的示波管,观测频率较高的信号时用余辉时间较短的示波管,一般示波器中均采用中余辉示波管。

4. XJ4328 示波管的面板介绍

1）显示部分

（1）电源（POWER）开关：仪器的电源总开关,按下为接通,指示灯发亮。

（2）电源指示：作电源指示灯,电源开启发红光。

（3）辉度（INTEN）：控制荧光屏上光迹的明暗程度,顺时针方向旋转为增亮,逆时针方向旋转为减弱。

（4）聚焦（FOCUS）：调节聚焦可使扫描光点圆而小,使波形清晰。

（5）光迹旋转（TRACE ROTATION）：使扫描时基线同内刻度水平线平行。

（6）⊥：仪器的接地装置。

（7）校准信号（0.2 V_{p-p},1 kHz）：校准信号输出装置,输出峰峰值为0.2 V、频率为1 kHz的方波。

2）垂直方向系统

（1）垂直方式（VERTICAL MODE）按键：控制电子开关的工作状态,可显示Y1、Y2、交替（ALT）、断续（CHOP）、Y1+Y2（ADD）5种形式的工作方式。

①Y1：单独显示Y1输入信号。

②Y2：单独显示Y2输入信号。

③交替：同时显示Y1、Y2两路信号,一般在信号频率较高时使用,因交替重复频率较高,所以借助示波管的余辉在屏幕上能同时显示信号。当"t/div"按键置于0.2 μs/div~0.5 ms/div时为交替。

④断续：Y1、Y2两个信号用打点的方法同时显示,一般在信号频率较低时使用,可弥补两个信号不能同时显示的不足。当"t/div"按键置于1 ms/div~0.5 s/div时为断续。

⑤Y1+Y2：显示两通道输入信号的和。

（2）输入耦合（⊥-DC-AC）开关："Y1"和"Y2"通道的输入耦合方式选择按键,有3个位置："DC",能观察到包括直流分量在内的输入信号;"AC",能耦合交流分量,隔断输入信号中的直流成份;"⊥",表示输入端内部接地,这时显示时基线,可检查地电位（或"0"电平）的显示位置,测试时用于参考。

（3）垂直灵敏度（V/div）按键：改变Y轴输入垂直灵敏度5 mV/div~5 V/div,共10个挡位。

（4）垂直灵敏度微调（VARIBLE）：调节显示波形的幅度,顺时针旋转到底为校准位置。

（5）"Y1"输入端："Y1"输入插座作为被测信号的输入端。在X-Y方式时,为X轴输入。

（6）"Y2"输入端："Y2"输入插座作为被测信号的输入端。在X-Y方式时,为Y轴输入。

（7）垂直位移（POSITION $\updownarrow$）旋钮：控制 Y1、Y2 光迹在荧光屏垂直方向的位置，顺时针旋转时光迹向上，逆时针旋转时光迹向下。

3）水平方向系统

（1）扫描速度（t/div）按键：从 0.2 μs/div~0.2 s/div 按 1-2-5 进制分 19 挡，当其顺时针旋转时处于 X-Y 或外 X 状态。

（2）扫描速度微调（VARIABLE）。

①用于连续改变扫描时间因数的装置，顺时针旋转至满刻度，并按下按键时是校准状态。

②此按键被按下时代表数值 X，在其被拉出时代表数值×10，扫描速度加快 10 倍。此时，X 偏转每格代表的时间仅为"扫描速度"按键所标值的 1/10。

（3）水平位移（POSITION ⟷）旋钮：调节此旋钮，可使被测波形沿水平方向移动。

（4）电平（LEVEL）旋钮：调节触发点在信号上的位置，电平电位器逆时针方向旋转至锁定位置，触发点将自动处于被测波形的中心电平附近，使波形稳定。

（5）触发方式（MODE）："AUTO"，自动，扫描处于自激状态，即使没有输入信号，也能看到扫描线；"NORM"，常态，使用 Y 轴或外接触发源作为输入信号进行触发扫描；"LEVEL"旋钮对波形的稳定显示有控制作用；"TIME"，时基显示；"X-Y"，配合"垂直方式"按键，使"Y2"通道处于 X-Y 状态。

（6）触发源选择按键。

①触发（同步）信号源："INT"，内，扫描的触发信号取自"Y1"或"Y2"通道被测信号；"EXT"，外，触发信号取自"EXT TRIG INPUT"外触发输入的外部信号。

②触发（同频）极性："+""-"按键，用以选择触发信号的上升部分或下降部分来对扫描进行触发。"+"：扫描是以触发信号波形的上升部分进行触发的，可以使扫描启动。"-"：扫描是以触发信号波形的下降部分进行触发的，可以使扫描启动。

（7）外触发输入（EXT TRIG INPUT）插座：用于连接外触发的输入信号，其输入阻抗约 1 MΩ，并联电容为 27 pF，最大输入电压小于或等于 400 V（直流加交流）。

5. 示波器的使用方法

1）调节扫描时基线

（1）将触发源（TRIGGER）选择"INT"，极性选择"+"。

（2）触发方式（MODE）选择"AUTO"。

（3）输入耦合方式（⊥-DC-AC）选择"⊥"。

（4）垂直方式（VERTICAL MODE）选择"Y1"或"Y2"。

（5）触发源（TRIGGER）选择"Y1"或"Y2"，与垂直方式一致。

（6）水平位移居中。

（7）"Y1"或"Y2"位移居中。

（8）将扫描速度（t/div）按键置于 1 ms 或更低。

（9）打开电源开关，调节辉度（INTEN）、聚焦（FOCUS）旋钮，使荧光屏上显示一条细且亮度适中的扫描基线。

（10）调节 X 位移和 Y 位移，时基线可以上下、左右移动自如，则时基线调节完成。

2）测量校准信号

（1）将示波器专用电缆接到"Y1"或"Y2"，保持与调节时基线选择的垂直方式一致。

（2）输入耦合方式（⊥-DC-AC）选择"AC"。

（3）电平（LEVEL）旋钮顺时针旋转至最大。

（4）电缆探头与校准信号输出端连接，屏蔽线悬空。

（5）将垂直灵敏度微调（VARIBLE）和扫描速度微调（VARIABLE）旋钮顺时针旋转至最大位置，听到"咔嚓"一声表示调整至校准位置。

（6）调节"t/div"和"V/div"按键，使荧光屏完整显示一个或数个周期的方波波形。

3）测量其他信号

（1）输入耦合方式（⊥-DC-AC）选择"AC"或"DC"。

（2）将电缆探头与测量点相连，屏蔽线接公共端（接地）。

（3）调节"t/div"和"V/div"按键，使荧光屏完整显示一个或数个周期的被测波形。

4）示波器的读数

（1）电压峰峰值的读数。

选择适当的垂直灵敏度（V/div），使信号幅度占 5 格左右，调节垂直位移使信号的波峰或波谷对准荧光屏某一水平刻度线，读出信号的波峰到波谷在垂直方向所占的格数，按照下式计算出被测信号电压的峰峰值：

$$U_{\text{p-p}} = \text{V/div} \times H(\text{div})$$

式中，V/div 为所选的垂直灵敏度的挡位；H（div）为被测信号的波峰到波谷在垂直方向所占的格数，如图 6-1 所示。

示波器的垂直灵敏度（V/div）位于 0.2 V/div 挡，如果被测信号的波峰到波谷在方格坐标的 Y 轴方向上占 3 大格，则此信号电压为：$U_{\text{p-p}} = \text{V/div} \times H(\text{div}) = 0.2\,\text{V} \times 3 = 0.6\,\text{V}$，此正弦波电压的有效值为：$U = U_{\text{p-p}}/2\sqrt{2} \approx 0.6\,\text{V}/2\sqrt{2} \approx 0.21\,\text{V}$。如果衰减开关打在"1：10"位置，则应将探头的衰减量 10 倍计算在内，也就是要把"V/div"按键所指的读数乘以 10，即

$$Y = \text{V/div} \times H(\text{div}) \times 10$$

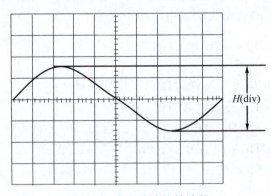

图 6-1　电压峰峰值的读数

在上例中，设面板上的按键位置不变，被测信号仍占 3 大格，则此信号电压的峰峰值为 6 V，有效值为 2.1 V。

（2）周期、频率的读数。

选择适当的扫描速度（t/div），使信号显示 2~3 个周期，调节 X 轴位移使被测信号的波峰或波谷对准荧光屏某一条垂直刻度线以便于读数，读出信号的波峰到波峰或波谷到波谷在水平方向所占的格数，按照下式计算出被测信号的周期：

$$T = t/\text{div} \times D(\text{div})$$

信号的频率：

$$f = 1/T$$

式中，t/div 为所选的扫描速度的挡位；$D(\text{div})$ 为被测信号一个周期在水平方向所占的格数，如图 6-2 所示。屏幕上观察到的波形，一个重复周期占 4 格，"t/div" 位于 "2 ms/div" 的位置，此时，信号周期为：$T = t/\text{div} \times D(\text{div}) = 2\ \text{ms} \times 4 = 8\ \text{ms}$。同理，因为 $f = 1/T$，所以被测信号的频率为 125 Hz。如果使用了 "PULL×10" 装置，则相当于扫描速度加快了 10 倍，此时应将周期除以 10，即

$$T = t/\text{div} \times D(\text{div}) \times 10^{-1}$$

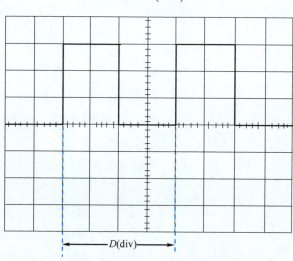

图 6-2　周期、频率的读数

在上例中，设面板上的按键位置不变，被测信号仍占 4 大格，而使用了 "PULL×10" 装置，则此信号的周期为 0.8 ms，频率为 1 250 Hz。

6. 示波器应用举例

1）直流电压的测量

（1）调节出扫描时基线，使其对准中间 "0" 刻度线。

（2）选择 "Y1" 通道输入。

（3）垂直方式（VERTICAL MODE）选择 "Y1"。

（4）触发源（TRIGGER）选择 "Y1"。

（5）耦合方式（⊥-DC-AC）选择 "DC"。

（6）用电缆探头测试直流电压，探针接高电位，屏蔽线接低电位，衰减开关打在 "1∶1" 位置。

（7）调节 "V/div"（此时 "垂直灵敏度微调" 应位于校准位置），使波形出现（此时扫描线上跳或下跳，上跳为正，下跳为负）。

（8）读出扫描线垂直位移的格数。

（9）按公式计算出直流电压 $U = \text{V/div} \times H(\text{div})$。

2）交流正弦波电压的测量

（1）调节出扫描时基线。

（2）选择"Y1"通道测量。

（3）垂直方式（VERTICAL MODE）选择"Y1"。

（4）触发源（TRIGGER）选择"Y1"。

（5）耦合方式（⊥-DC-AC）选择"AC"。

（6）用电缆探头测试正弦波信号，探针接测量点，屏蔽线接地，衰减开关打在"1∶1"位置。

（7）调节"t/div"和"V/div"（此时"垂直灵敏度微调"和"扫描时间微调"应位于校准位置），使波形出现，一般以显示信号2~3个周期为宜。

（8）按公式计算出正弦波信号的峰峰值、周期和频率，$U_{p-p} = V/div \times H(div)$，$T = t/div \times D(div)$，$f = 1/T$。

（9）正弦波信号的有效值按下列公式计算：$U = U_{p-p}/2\sqrt{2}$。

7. 注意事项

（1）开机需预热 30 min。

（2）示波器扫描时基线不要过亮过短，如果长时间不使用，应将辉度关掉。

（3）观察波形时，波形幅度不能超出示波器荧光屏范围。

（4）关闭示波器前，须将"Y1""Y2"通道接地，将辉度调到最小。

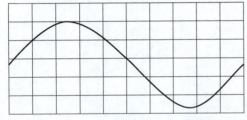

图 6-3　示波器显示—正弦波信号

（5）双踪示波器的两通道地线的接法有等位要求。

8. 练习题

示波器显示一正弦波信号，如图 6-3 所示。Y 轴输入线使用"1∶10"的衰减探头，垂直灵敏度为 5 V/div，"扫描速度"按键置于2 ms/div，求该信号的峰峰值、有效值、频率。

（二）信号发生器

1. 信号发生器简介

信号发生器是为电子测量提供符合一定技术要求的电信号的仪器，本实验要介绍的DF1641D型低频信号发生器可以产生方波、正弦波、三角波、锯齿波、脉冲波等信号，信号的幅度和频率可以调节，且具有压控调频输入控制功能，"TTL/CMOS"可与"OUTPUT"作同步输出，波形对称可调具有反向输出，直流电平可连续调节，频率计可作内部频率显示，也可外测频率，电压用 LED 显示。

2. 信号发生器的技术参数

（1）频率范围：电压输出时为 0.02 Hz~2 MHz，正弦波功率输出为 0.02 Hz~200 kHz。

（2）输出波形：正弦波、三角波、方波、脉冲波、TTL。

（3）电压阻抗：（50±10）Ω。

（4）幅度：大于或等于 20 V_{p-p}（空载）。

（5）衰减：20 dB、40 dB、60 dB。

（6）直流偏置：（0±10）V，连续可调。

（7）输出功率：10 W（$f \leqslant 100$ kHz），5 W（100 kHz$\leqslant f \leqslant$200 kHz）。

（8）脉冲波占空比调节范围：30%～70%，$f \leqslant 1$ MHz。

3. 信号发生器的面板介绍

（1）电源（POWER）开关：按下此开关电源接通，电源指示灯发亮。

（2）波形选择（FUNCTION）按键：按下"∿"产生正弦波信号，按下"⋀"产生三角波信号，按下"⊓"产生方波信号，与"斜波、脉冲波调节"旋钮、"斜波倒置开关幅度调节"旋钮配合使用可以得到正、负向锯齿波和脉冲波。

（3）频率倍乘选择（RANGE）按键：与"频率调节"配合使用来选择工作频率。

（4）频率单位显示：显示单位为 Hz、kHz，哪个灯亮则哪个单位有效。

（5）闸门（GATE）：此灯闪烁，说明频率计正在工作。

（6）溢出显示（OVFL）：当频率超过时，6 只 LED 显示。

（7）频率显示：数字 LED，所有内部产生的频率或外测时的频率均由此 6 只 LED 显示。

（8）频率调节（FREQ）：与"频率倍乘选择"按键配合选择工作频率。

（9）外接输入衰减 20 dB（EXT-20 dB）：频率计内测和外测频率（按下）信号选择；外测频率信号衰减选择，按下时信号衰减为 20 dB。

（10）计数输入（COUNTER）：外测频率时，信号从此输入。

（11）直流偏置（PULL VAR DC OFFSET）旋钮：拉出此旋钮可设定任何波形电压输出的直流工作点，顺时针方向为正，逆时针方向为负；将此旋钮推进则直流电位为零。

（12）TTL/CMOS 输出（PULL TO TTL/CMOS OUT）：输出波形为 TTL/CMOS 脉冲可作同步信号。

（13）斜波、脉冲波调节（PULL TO VAR RAMP/PULSE）旋钮：拉出此旋钮，可以改变输出波形的对称性，产生斜波、脉冲波且占空比可调；将此旋钮推进则为对称波形。

（14）压控调频输入（VCF IN）：外接电压控制频率输入端。

（15）TTL/CMOS 调节（PULL TO TTL CMOS LEVEL）旋钮：拉出此旋钮可得 TTL 脉冲波，将此旋钮推进为 CMOS 脉冲波且其幅度可调。

（16）信号输出（OUT PUT）：电压输出波形由此输出，阻抗为 50 Ω。

（17）输出衰减（ATTENUATOR）：有 20 dB、40 dB 可供选择，按下"20 dB"按键可使信号幅度衰减 10 倍，按下"40 dB"按键可使信号幅度衰减 100 倍，"20 dB""40 dB"两个按键同时被按下可使信号幅度产生 1 000 倍的衰减。

（18）斜波倒置开关幅度调节（PULL TO INV AMPLI TUDE）旋钮：与"斜波、脉冲波调节"旋钮配合使用，拉出时波形反向；调节输出幅度大小。

（19）电压输出指示：当功率输出端有输出数值，且负载阻抗大于或等于 8 Ω 时，电压输出衰减器不按下，显示该输出端的输出电压峰峰值；当电压输出端负载阻抗为 50 Ω 时，输出电压峰峰值为显示值的 0.5 倍，若负载（R_L）变化，则输出电压峰峰值=[R_L/（50+R_L）]×显示值。

4. 信号发生器的使用方法

1）波形选择

根据需要的输出波形，按下相应的"波形选择"按键。与"斜波、脉冲波调节"旋钮配合使用可以改变脉冲波的占空比。

2）频率调节

（1）根据信号需要输出频率的大小，在"频率倍乘选择"中按下相应的频率倍乘按键。

（2）调节"频率调节"旋钮，使信号发生器输出需要的精确频率。

3）幅度调节

（1）根据信号需要输出幅度的大小，在"输出衰减"中按下相应的幅度衰减按键。

（2）调节"斜波倒置开关幅度调节"旋钮，使信号发生器输出需要的精确电压。

5. 信号发生器的应用举例

调节信号发生器，使其输出一个频率为 1 kHz、峰峰值为 100 mV 的正弦波信号。

（1）"波形选择"按键：按下"∿"。

（2）"频率倍乘选择"按键：按下"2k"挡位。

（3）调节"频率调节"旋钮，直至频率显示为 1 kHz。

（4）在"输出衰减"中按下"20dB"按键。

（5）调节"斜波倒置开关幅度调节"旋钮，直至电压输出指示为 100 mV。

6. 注意事项

（1）应避免接纯抗性负载。

（2）为避免过载，如果输出功率要求不大，可设置输出内阻为"50 Ω"。

（3）防止将电缆线红鳄鱼夹和黑鳄鱼夹短接，相当于电源短路。

（4）与其他测试设备连接时，芯线（红鳄鱼夹）与测试设备的芯线相连，屏蔽线（黑鳄鱼夹）与测试设备的屏蔽线相连。

（三）交流毫伏表

1. 交流毫伏表简介

交流毫伏表是一种用于测量正弦交流电压有效值的电子仪器。它的优点是输入阻抗高，灵敏度高以及可以适用的频率高，在生产、科研、实验室中都得到非常普遍的应用。按其适用的频率范围，交流毫伏表可以分为高频毫伏表和低频毫伏表两类。本实验将介绍 DF2170B 交流毫伏表。

2. 交流毫伏表的技术参数

（1）电压刻度：1 mV、3 mV、10 mV、30 mV、100 mV、300 mV、1 V、3 V、10 V、30 V、100 V、300 V。

（2）dB 刻度：−60 dB ~+50 dB。

（3）电压测量工作误差：≤5%×满刻度（400 Hz）。

（4）频率响应：5 Hz~2 MHz。

（5）最大输入电压：AC 450 V。

（6）电源：（20±2）V，（50±2）Hz。

3. 交流毫伏表的面板介绍

可参考 1.4 节内容。

4. 交流毫伏表的使用方法

（1）通电前，先调整交流毫伏表的机械零位。

（2）接通电源，按下电源开关，电源指示灯亮，仪器立刻工作。但为了保证性能稳定，可预热 10 min，开机 10 s 内指针无规则摆动数次是正常的。

（3）先将量程转换开关旋转至适当量程，再加入测量信号。若测量电压未知，应将量程开关置最大挡，然后逐级减小量程。

（4）当输入电压在任何一量程指示为满刻度值时，输出电压为 0 V。

（5）若要测量高电压，输入端黑鳄鱼夹必须接地。

5. 交流毫伏表的读数方法

（1）用 CH1 通道测量时读黑色指针的指示值，用 CH2 通道测量时读红色指针的指示值。

（2）当量程转换开关分别旋转至"1 mV""10 mV""100 mV""1 V""10 V""100 V"挡位时，读第一根刻度线；当量程转换开关分别旋转至"3 mV""30 mV""300 mV""3 V""30 V""300 V"挡位时，读第二根刻度线。

（3）按比例读出被测电压的有效值。

6. 交流毫伏表的应用举例

测量由信号发生器产生的正弦波信号电压的有效值。

（1）预热 10 min，机械调零。

（2）将量程转换开关置于适当量程。若不知道信号大小，则选择大的量程，尽量使指针偏转在 2/3 以上区域但不超过量程。

（3）将交流毫伏表与测量点相连：芯线接测量点，屏蔽线接地。

（4）从刻度盘上读出正弦波信号电压的有效值。

（5）测量完毕，关闭电源，并将量程转换开关旋转至最大挡。

7. 注意事项

（1）电压大小未知时，应将量程转换开关旋转至最大挡，然后逐级减小量程。

（2）测量时，输入端芯线接测量点，屏蔽线必须接地。

（3）低量程时，人体不能接触芯线，防止人体感应电压造成打表。

实验二　简易直流稳压电源的分析与制作

一、实验目的

（1）能按照工艺要求装配、测试、调试稳压电源。

（2）能独立排除装配、调试过程中出现的故障。

二、实验内容

简易直流稳压电源的装配、调试与参数的测量等。

三、实验方法

（1）在老师的指导和帮助下，学生借助工具和仪器独立完成电路的装配与调试，以及参数的测试。

（2）按照要求和学生学习情况分组。

（3）老师讲评。

四、实验引导

（1）介绍本次实验的任务。

（2）简单分析实验任务。

（3）明确实验任务。

（4）过程评价。

五、电路的装配

（1）清点元器件。

（2）按照工艺标准装配电路。

六、电路的检查

（1）老师、学生检查电路。

（2）过程评价。

七、电路的调试与测试

（1）测量变压器的输出电压。

（2）测量整流电路的输出电压。

（3）测量无滤波电容时电路的输出电压。

（4）测量有滤波电容时电路的输出电压。

（5）测量无稳压管时电路的输出电压。

（6）测量有稳压管时电路的输出电压。

（7）故障设置。

（8）过程评价。

八、教学重点

（1）简易直流稳压电源电路的分析。

（2）简易直流稳压电源的制作。

九、教学难点

简易直流稳压电源电路的调试。

十、实验内容

（一）实验的提出

在工业或民用电子产品中，其控制电路通常采用直流电源来供电。对于直流电源的获取，除直接采用蓄电池、干电池或直流发电机外，通常都是将电网的 380/220 V 交流电通过电路转换的方式来获取。

本实验从简易直流稳压电源入手，分析交流电转换为直流电的方法，为后续各项实验所需直流电源的设计打下基础。

简易直流稳压电源电路如图 6-4 所示，试分析其工作原理并制作该电路。

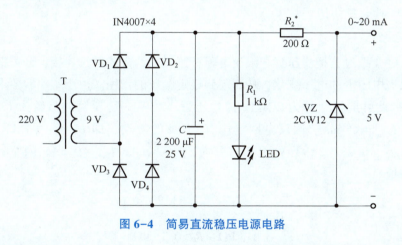

图 6-4　简易直流稳压电源电路

（二）电路的分析

图 6-4 所示的直流稳压电源电路可用如图 6-5 所示的方框图来表示。

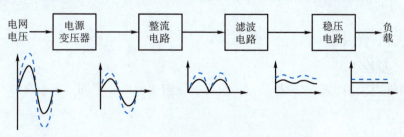

图 6-5　直流稳压电源电路的方框图

1. 电源变压器

电网提供的交流电一般为 220 V（或 380 V），而各种电子设备所需直流电压的幅值却各不相同。因此，常常需要将电网电压先经过电源变压器，然后将变换以后的副边电压整流、滤波和稳压，最后得到所需的直流电压幅值。本实验中，由于最后要得到的直流电压为+5 V，所以电源变压器要选择降压变压器，原边电压为交流 220 V，二次（侧）电压为交流 9 V。

2. 整流电路

图 6-4 中，利用 4 只二极管 IN4007 的单向导电性，将正、负交替的 9 V 正弦交流电压整流成单向脉动电压。IN4007 整流二极管的参数为 $I_F = 1$ A、$U_{RM} = 1\,000$ V、$I_R \leqslant 5$ μA、$f_M = 3$ kHz，可完全满足需要。

3. 滤波电路

利用储能元件 C 的充、放电现象，即可将单向脉动电压中的脉动成分滤掉，使输出电压成为比较平滑的电压。在选择滤波电容时，一要考虑到容量，二要考虑到耐压值。滤波电容的容量越大，滤波效果越好，但容量越大，电容的价格就越高，体积就越大，在使用时应综合考虑。电容的耐压值应高于理论值（$9\sqrt{2}$ V），且要留有一定的余量。本实验中电容的容量选择 2 200 μF，耐压值选择 25 V。

4. 稳压电路

在前面已经介绍过，把稳压管和限流电阻按照一定的方式进行连接，即可把输出电压的变化转换成限流电阻上的电压变化，从而起到稳定电压的作用。由于本实验要求输出的直流电压为 5 V，因此可选择型号为 2CW12 的稳压管。2CW12 稳压管的参数为 $U_Z = 4 \sim 5.5$ V、$I_{Zmin} = 10$ mA、$I_{Zmax} = 45$ mA。假设电网电压有 ±10% 的波动，即 $U_{imax} = (1.1 \times 1.2 \times 9)$ V = 11.88 V，$U_{imin} = (0.9 \times 1.2 \times 9)$ V = 9.72 V，而 $I_{omax} = 5$ mA、$I_{omin} = 0$ mA，因而限流电阻的阻值可按下式取值

$$\frac{9.72-5}{10+5}\,\text{k}\Omega \geqslant R \geqslant \frac{11.88-5}{45}\,\text{k}\Omega$$

$$0.315\,\text{k}\Omega \geqslant R \geqslant 0.15\,\text{k}\Omega$$

本实验中 R 取 200 Ω，功率应取 $P_R \geqslant \dfrac{(11.88-5)^2}{200}\,\text{W} = 0.24$ W，可取 0.5 W。

（三）电路的制作

1. 电子元器件的检测与筛选

1）外观质量检查

电子元器件应完整无损，各种型号、规格、标志应清晰、牢固，标志符号不能模糊不清或脱落。

2）元器件的检测与筛选

用万用表分别检测电阻、二极管、电容。

2. 元器件和材料清单

本实验所用元器件和材料清单如表 6-1 所示。

表6-1　实验所用元器件和材料清单

符号	规格/型号	名称	符号	规格/型号	名称
T	220 V/9 V	变压器	R_2	200 Ω/0.5 W	电阻
VD_1	IN4007	二极管	LED	$\varphi 3$，红色	发光二极管
VD_2	IN4007	二极管	VZ	2CW12	稳压管
VD_3	IN4007	二极管	C	2 200 μF/25 V	电解电容器
VD_4	IN4007	二极管			印制电路板
R_1	1 kΩ/0.25 W	电阻			绝缘导线

3. 电路的连接

本实验首先利用印制电路板（Printed Circuit Boord，PCB）完成元器件之间的连接，最后进行整机装配。

1）元器件的引线成型及插装

（1）元器件的引线成型。

为便于元器件在印制电路板上的安装和焊接，在安装之前，根据安装位置的特点和技术方面的要求，要预先把元器件引线弯曲成一定的形状。这就是元器件的引线成型。

①元器件引线成型的技术要求。根据元器件在印制电路板上安装方式的不同，元器件引线成型的形状有两种：手工焊接时的形状（如图6-6（a）所示）和自动焊接时的形状（如图6-6（b）所示）。对于图6-6（a），L_a 为两焊盘之间的距离，d_a 为引线的直径或厚度，R 为弯曲半径，l_a 为元器件外形的最大长度，D 为元器件外形最大直径。

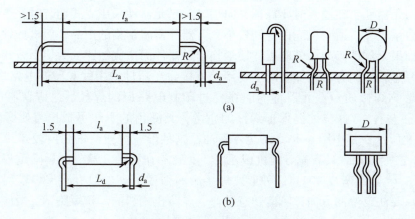

图6-6　元器件的引线成型

（a）手工焊接时的形状；（b）自动焊接时的形状

在元器件引线成型时要注意以下问题：引线成型后，元器件本体不应产生破裂，表面封装不应损坏，引线弯曲部分不允许出现模印、压痕和裂纹；引线成型时，引线弯折处距离引线根部尺寸应大于1.5 mm，弯折时不能"打死弯"，防止引线折断或被拉出；对于卧式插装，引线弯曲半径 R 应大于引线直径 d_a 的 2 倍，以减少弯折处的机械应力，对于立式插装，引线弯曲半径 R 应大于元器件外形最大半径 $\dfrac{D}{2}$；凡外壳有标记的元器件，引线成型后，其标记应处于查看方便的位置；引线成型后，两引出线要平行，其间的距离应与印制电路板两焊盘孔的距离相同，对于卧式插装，还要求两引线左、右弯折要对称，以便于插装；对于自动焊接方式，可能会出现因振动使元器件歪斜或浮起等缺陷，宜采用具有弯弧的引线；晶体管及其他对温升比较敏感的元器件，其引线可以加工成圆环形，以加长引线，减小热冲击。

②元器件引线成型的方法。元器件的引线成型有手工弯折和专用模具弯折两种方法，前者适用于产品试制，后者适用于工业上大批量生产。手工弯折是用带圆弧的长嘴钳或医用镊子靠近元器件的引线根部，按弯折方向弯折引线即可，弯折时勿用力过猛，以免损坏元器件。

（2）元器件的插装。

元器件引线成型后，即可插入印制电路板的焊孔中。在插装元器件时应使元器件的引线尽可能短，同时，要根据元器件所消耗的功率大小充分考虑散热问题，工作时发热的元器件在安装时不宜紧贴在印制电路板上，这样不但有利于元器件的散热，同时热量不易传到印制电路板上，延长了印制电路板的使用寿命，降低了产品的故障率。

插装元器件时还要注意以下原则：装配时，应该先安装那些需要机械固定的元器件，如功率器件的散热器、支架、卡子等，再安装靠焊接固定的元器件，否则会在机械紧固时，使印制电路板受力变形而损坏其他元器件；各种元器件的插装，应使它们的标记（用色码或字符标注的数值、精度等）朝上或处于易于辨认的方向，并注意标记方向的一致性（从左到右或从上到下）；卧式插装的元器件，应尽量使两端引线的长度相等并对称，把元器件放在两孔中央，排列要整齐；立式插装的色环元器件应高度一致，最好让起始色环向上以便于检查安装是否正确，上端的引线不要留得太长，以免与其他元器件短路，如图 6-7 所示；对于有极性的元器件，在插装时要保证方向正确；当元器件采用立式插装时，单位面积上容纳的元器件数量较多，适合机壳内空间较小、元器件紧凑密集的产品，但机械性能较差，抗震能力弱，如果元器件倾斜，就有可能接触临近元器件而造成短路，为使引线相互隔离，往往采用加绝缘塑料管的方法；插装时不要用手直接碰元器件的引线和印制电路板上的铜箔，因为汗渍会影响焊接质量；元器件的引线穿过印制电路板的焊孔后，应留有一定的长度（一般在 2 mm 左右），这样才能保证焊接的质量，其露出的引线可根据需要弯成不同的角度，如图 6-8 所示，其中图 6-8（a）为不弯曲，这种形式焊接后的强度较差，图 6-8（b）为弯成 45°，这种形式既具有充分的机械强度，又容易在更换元器件时拆除重焊，故采用得较多，图 6-8（c）为弯成 90°，这种形式焊接后的强度最高，但拆除重焊较困难；在采用弯曲引线时，要注意弯曲方向，不能随意乱弯，以防止相邻的焊盘短路，一般应沿着印制导线的方向弯曲。

2）整机装配

在安装元器件时，应从最低元器件安装，若有跳线，应先安装短路跳线，再安装电阻、晶体管、电容、电位器。安装时注意二极管、晶体管和电解电容的极性。

安装时，元器件应分批安装，即先插入 3~8 个元器件，焊接好后，剪掉多余的引线，再插入下一步元器件进入下一步安装过程，直到安装完全部元器件。

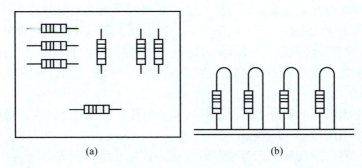

图 6-7　元器件的插装

（a）卧式插装；（b）立式插装

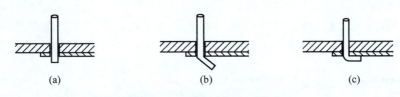

图 6-8　引线穿过焊孔后成型

（a）不弯曲；（b）弯成45°；（c）弯成90°

3）印制电路板的手工焊接技术

手工焊接是利用电烙铁加热焊件和焊料，实现金属可靠连接的一种工艺技术。手工焊接技术通常应用于以下场合：产品的研制，产品的维修，不便使用机器焊接的元器件，线材的焊接等。

手工焊接常用的工具有电烙铁、镊子和偏口钳；常用的材料有焊锡、松香和酒精。

（1）焊接前的准备。

①电烙铁的检查。在通电加热前，应先检查电烙铁的外观，看其各部分是否完好，尤其是电源线的绝缘层不应有损坏，再用万用表测量电源线插头的两端，检查是否有开路或短路现象。如果烙铁头是新换的，或者经过较长时间的使用，已有腐蚀损伤和严重氧化现象，要先用锉刀把烙铁头按需要的角度锉好，再镀锡备用。常用烙铁头的形状及应用场合如图6-9所示。

②镀锡。

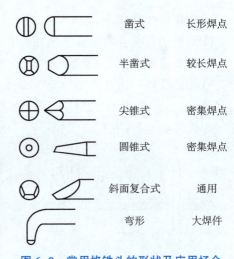

形状		应用场合
四斜面式		通用
凿式		长形焊点
半凿式		较长焊点
尖锥式		密集焊点
圆锥式		密集焊点
斜面复合式		通用
弯形		大焊件

图 6-9　常用烙铁头的形状及应用场合

（a）烙铁头的镀锡。烙铁头经过修整后应及时镀锡，否则裸露的铜表面又会生成氧化层。镀锡的过程如下：首先插上电烙铁的电源插头，同时使烙铁头修整面接触松香。当烙铁头的温度能使松香熔化时，把烙铁头的修整面蘸满松香。然后继续加热，并用焊锡丝不断接触修整面，当达到一定温度时，可看到焊锡丝熔化并浸润整个修整面。

（b）元器件引脚的镀锡。由于元器件长期存放，元器件引线会因表面附有灰尘、杂质与氧化层而使其可焊性变差。为保证焊接质量，必须在焊接前对元器件引脚进行镀锡处理。在给元器件镀锡前，应先去掉引线上的杂质。去掉引线上杂质的手工方法为：用小刀或锋利工具沿引线方向，在离器件根部 2~5 mm 处向外刮，边刮边转动引线，直到将杂质、氧化物刮净为止；也可用细纱布擦拭去氧化物，再镀锡，如图 6-10 所示。镀锡应在去除氧化层后的几小时内完成。

镀锡时，先把引脚蘸上松香溶液，然后用加热后挂有焊锡的烙铁头接触引脚并顺着引脚方向移动，即可为引脚镀上一层焊锡。

③元器件和材料的预处理。元器件在插装前，首先利用万用表对元器件参数进行测试。然后利用小刀将元器件引脚上的氧化层刮掉，并用电烙铁对引脚进行镀锡。对连接导线的端头也做同样处理。

（2）焊接步骤。

在焊接过程中，焊接工具要摆放整齐，电烙铁要拿稳对准。常见电烙铁的拿法有反握法、直握法和笔握法 3 种，如图 6-11 所示。

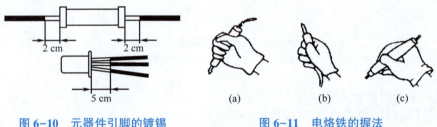

图 6-10　元器件引脚的镀锡　　　图 6-11　电烙铁的握法
（a）反握法；（b）直握法；（c）笔握法

具体焊接步骤如下。

①清洁烙铁头：将烙铁头放在松香或湿布上擦洗，以擦掉烙铁头上的氧化层及污物。

②准备施焊：左手拿焊锡丝，右手握电烙铁，随时处于焊接状态，如图 6-12（a）所示。

③加热焊件：应注意加热整个焊件，使焊件均匀受热。烙铁头放在两个焊件的连接处，时间为 1~2 s，如图 6-12（b）所示。在印制电路板上焊接元器件时，要注意使烙铁头同时接触焊盘和元器件的引脚。

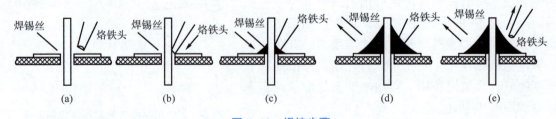

图 6-12　焊接步骤
（a）准备施焊；（b）加热焊件；（c）送入焊锡丝；（d）移开焊锡丝；（e）移开电烙铁

④送入焊锡丝：焊件加热到一定温度后，焊锡丝从烙铁头对面接触焊件，如图 6-12（c）所示。注意不要把焊锡丝送到烙铁头上。

⑤移开焊锡丝：当焊锡丝熔化一定量后，立即将焊锡丝向左上 45°方向移开，如图 6-12（d）所示。

⑥移开电烙铁：焊锡浸润焊盘或焊件的施焊部位后，向右上45°方向移开电烙铁，完成焊接，如图6-12（e）所示。

移开电烙铁是整个焊接过程中相当关键的一步，它对焊接点形状的形成有很大的影响。移开电烙铁的正确方法是先慢后快，轻轻旋转电烙铁，沿45°方向迅速移开。图6-13为电烙铁移开方向与焊料量的关系。当电烙铁以45°的方向移开时，形成的焊接点圆滑，带走的焊料少，如图6-13（a）所示；当电烙铁以垂直向上方向移开时，焊接点易拉尖，如图6-13（b）所示；当电烙铁以水平方向移开时，会带走大量的焊料，如图6-13（c）所示；当电烙铁沿焊接点向下移开时，会带走大部分焊料，如图6-13（d）所示；当电烙铁沿焊接点向上移开时，带走的焊料较少，如图6-13（e）所示。

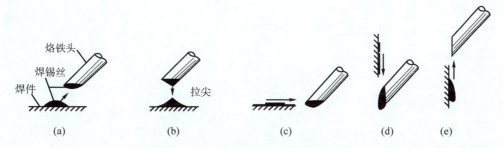

图6-13　电烙铁移开方向与焊料量的关系

（a）45°方向移开；（b）垂直向上移开；（c）水平方向移开；（d）沿焊接点向下移开；（e）沿焊接点向上移开

要真正掌握焊接的要领，获得最佳的焊接效果，还须操作者进行严格的训练，并在实际工作中体会。

4. 电路的检测与调试

1）目视检验

电路连接完成后，首先不要通电，对照电路图或接线图逐个元件、逐条导线认真检查电路的连线是否正确，元器件的极性是否接反，元件的引脚及导线的端头在面包板插孔中接触是否良好，布线是否符合要求等。

2）通电检测

目视检验完后，把变压器一次侧经0.5 A的熔断器接入220 V交流电源，用万用表的直流电压"10 V"挡测量输出电压是否为5 V。若不正常，应立即切断交流电源，对电路重新检查；若正常，可在输出端接入负载（利用1 kΩ电阻和470 kΩ电位器串联来代替），并在负载中串入直流电流表（直流电流"5 mA"挡）。调整电位器，观察输出电流在0~5 mA范围内变化时输出电压是否稳定。

利用示波器观察电路整流滤波后的波形和输出直流电压的波形。

（四）实验考核要求

1. 电路的分析

能正确分析电路的工作原理。

2. 电路的安装

（1）能正确测量元器件。

（2）工具使用正确。

（3）元件的位置、连线正确。

3. 电路的调试

（1）直流输出电压约为 5 V。

（2）输出电流为 0~5 mA。

4. 故障分析

（1）能正确观察出故障现象。

（2）能正确分析故障原因，判断故障范围。

5. 故障检修

（1）检修思路清晰，方法运用得当。

（2）检修结果正确。

（3）正确使用仪表。

6. 安全、文明工作

（1）安全用电，无人为损坏仪器、元件和设备的现象。

（2）保持环境整洁，秩序井然，操作习惯良好。

（3）小组成员协作和谐，态度正确。

（4）无迟到、早退、旷课的情况。

实验三　光控开关的分析与制作

一、实验目的

（1）能按照工艺要求装配、测试、调试电路。

（2）能独立排除装配、调试过程中出现的故障。

二、实验内容

光控开关控制器的装配、调试与参数测量等。

三、实验方法

（1）在老师的指导和帮助下，学生借助工具和仪器独立完成电路的装配与调试，以及参数的测试。

（2）按照要求和学生学习情况分组。

（3）老师讲评。

四、实验引导

（1）介绍本次实验的任务。
（2）简单分析实验任务。
（3）明确实验任务。
（4）过程评价。

五、电路的装配

（1）清点元器件。
（2）按照工艺标准装配电路。

六、电路的检查

（1）老师、学生检查电路。
（2）过程评价。

七、电路的调试与测试

（1）对放大电路单元进行调试。
（2）按照电路图和工艺标准装配放大电路后的其他电路。
（3）故障设置。
（4）过程评价。

八、教学重点

（1）光控开关控制电路原理的分析。
（2）光控开关的制作。

九、教学难点

光控开关的调试。

十、实验内容

（一）实验的提出

本实验选用的光控开关是基于控制思想完成制作的。实验中的传感器采用光敏电阻，完成信号的检测；晶体管起到信号放大和调整的作用；继电器是执行器件。其中晶体管是模拟电子电路中的基本元器件，继电器是典型执行元件，既能完成弱电对强电的控制，又能可靠地进行电气隔离，被广泛使用在各种场合。光控开关控制电路如图 6-14 所示，试分析其工作原理并制作该电路。

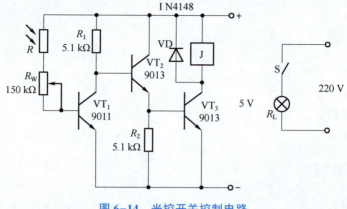

图 6-14　光控开关控制电路

（二）电路的分析

在图 6-14 中，VT_1 和 VT_3 构成共射极放大电路，VT_2 构成射极输出器。三级放大电路采用直接耦合方式。

在第一级放大电路的偏置电阻中串有光敏电阻 R（其外形和图形符号如图 6-15 所示），当有不同强度的光线照射在 R 上时，R 的阻值也不相同。光线越强，R 的阻值就越小；光线越弱，R 的阻值就越大。因此，当环境光线的强度发生变化时，R 的阻值就会改变，也即晶体管 VT_1 的基极电位就会改变，相当于给第一级放大电路加上了输入信号。该信号经 VT_1、VT_2、VT_3 的放大，使晶体管 VT_3 的集电极电位发生较大变化，也即改变了直流继电器 J 线圈的端电压。

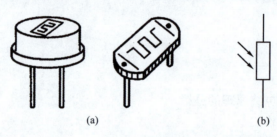

图 6-15　光敏电阻

（a）外形；（b）图形符号

白天时，由于环境光线较强，R 的阻值较小，因此 VT_1 的基极电流、集电极电流均较大，这样，VT_1 的集电极电位、VT_2 的发射极电位（也即 VT_3 的基极电位）都较低，VT_3 的集电极电位较高，直流继电器 J 线圈的端电压较小，流过线圈的电流小于它的吸合电流，直流继电器不动作，动合触点不闭合，白炽灯所在电路接不通，因此灯不亮。

当光线变暗时，R 的阻值变大，VT_1 的基极电流和集电极电流均变小，因此 VT_1 的集电极电位、VT_2 的发射极电位升高，VT_3 的集电极电位降低，直流继电器 J 线圈的端电压增大。光线越暗，直流继电器 J 线圈的端电压也就越大，当光线暗到一定程度时，加在直流继电器 J 线圈的端电压就接近其额定电压，流过线圈的电流超过它的吸合电流，直流继电器动作，动合触点闭合，白炽灯所在电路接通，灯被点亮。

调节电路中的电位器 R_W，可调节电路光控的灵敏度。电路中的二极管 VD 为续流二极管，用于释放直流继电器 J 断电瞬间线圈所储存的能量，避免造成晶体管的损坏。

（三）电路的制作

1. 电子元器件的检测与筛选

1）外观质量检查

电子元器件应完整无损，各种型号、规格、标志应清晰、牢固，标志符号不能模糊不清或脱落。

2）元器件的识别与测试

（1）晶体管。

晶体管的型号一般标在其外壳上，引脚可按型号查阅手册得到。图 6-16 给出了几种常用晶体管的外形及引脚排列。有时也可用万用表来辨别晶体管的引脚和管型。

①管型和基极的判别。晶体管型和基极的判别原理可参考本书 2.2 节内容。将万用表的欧姆挡置于 "R×100" 或 "R×1k" 挡上，用黑表笔接触晶体管的某一引脚，用红表笔分别接触另外两个引脚，若两次测量的电阻都很小（为几千欧姆），则与黑表笔接触的那一个引脚是基极，同时可知此晶体管类型为 NPN 型，如图 6-17 所示。若用红表笔接触某一引脚，而用黑表笔分别接触另外两个引脚，若两次测量的电阻都很小（为几百欧姆），则与红表笔接触的那一个引脚是基极，同时可知此管子类型为 PNP 型。

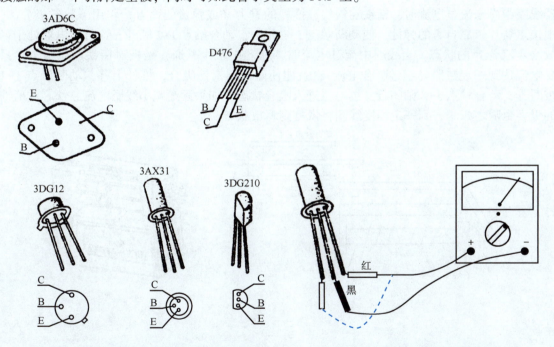

图 6-16　常用晶体管的外形及引脚排列　　　　图 6-17　晶体管基极的判断示意

②集电极和发射极的判别。以 NPN 型晶体管为例，确定基极后，假定其他两个引脚分别为集电极和发射极，将黑表笔接假设的集电极，红表笔接假设的发射极，用手指把假设的集电极和已测出的基极捏起来（但不要相碰），如图 6-18 所示，记下此时的指针读数。再将假设的集电极和发射极互换，即把原来假设为集电极的引脚假设为发射极，重复上述步骤。比较两次测得的电阻大小，测得电阻小的那一次假设是正确的。

若要判断的是 PNP 型晶体管，仍可用上述方法，但必须把表笔的极性对调。

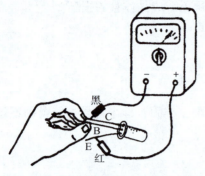

图 6-18 万用表判别集电极和发射极

（2）光敏电阻。

光敏电阻的基本参数有多个，但利用万用表一般只能检测其光电阻和暗电阻。

所谓暗电阻，是将光敏电阻置于完全黑暗的环境中，用万用表测得的电阻值。若此时给光敏电阻加一规定的电压，则流过它的电流称为暗电流。例如，用 CdS 材料制作的光敏电阻，其暗电阻一般大于几百千欧姆。

光电阻是将光敏电阻置于光照环境下用万用表测得的电阻值。若此时给光敏电阻加一规定的电压，则流过它的电流称为光电流。例如，用 CdS 材料制作的光敏电阻，其光电阻一般小于几十千欧姆。

（3）直流继电器。

继电器是电磁能量—机械能的转换装置，是电子电路中应用较为普遍的一种终端执行机构。按流过其线圈电流的交、直流性质的不同，可把继电器分成直流继电器和交流继电器。在这里只介绍直流继电器。

①基本结构。继电器利用流过线圈的电流所产生的磁场，直接或间接地控制接点的状态。直流继电器的基本结构如图 6-19（a）所示，其常见外形如图 6-19（b）所示。在继电器线圈中尚未流过电流时，衔铁在铁块、推杆的重力（或弹簧的弹力）作用下与磁极分离，中接点簧片依靠自身的弹性，使动断触点 J-1 闭合，动合触点 J-2 断开，这时继电器处于释放（不吸合）的状态。当线圈中流过电流时，铁芯中产生磁通，磁极对衔铁产生吸力，只要电流达到一定数值（超过吸合电流），就能使磁极与衔铁吸合，推杆上移，动断触点 J-1 被断开，动合触点 J-2 则闭合，继电器进入吸合状态。如果逐渐减小线圈电流，铁芯对衔铁的吸力也随之减小，到一定程度线圈将恢复到释放状态。

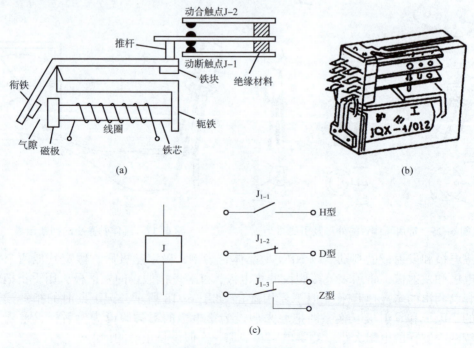

图 6-19 直流继电器

（a）基本结构；（b）常见外形；（c）图形符号

直流继电器的图形符号用长方框表示。其触点有 3 种形式，如图 6-19（c）所示，触点可画在方框旁边，也可根据电路连接需要，将各触点分别画在各自的控制电路中，并标上相关符号。按规定，继电器的触点状态应按线圈不通电时的初始状态画出。

　　②基本参数。

　　（a）额定工作电压：指继电器正常吸合时线圈所需要的电压。对于线圈所加的工作电压，一般不要超过额定工作电压的 1.5 倍，否则会产生较大的电流而把线圈烧毁。

　　（b）直流电阻：指继电器中线圈的直流电阻，可用万用表的欧姆挡直接测量。

　　（c）吸合电流：指继电器能够产生吸合动作的最小电流。在正常使用时，给定的电流必须略大于吸合电流，这样继电器才能稳定地工作。

　　（d）释放电流：指继电器产生释放动作的最大电流。当继电器吸合状态的电流减小到一定程度时，继电器就会恢复到未通电的释放状态。释放电流小于吸合电流。

　　③直流继电器的测试。

　　（a）测触点电阻。用万用表的欧姆挡，测继电器动断触点与动点之间的电阻，其阻值应为 0 Ω；而动合触点与动点之间的电阻应为无穷大。由此可以区别出哪个是动断触点，哪个是动合触点。

　　（b）测线圈电阻。可用万用表的"R×10 Ω"挡测量继电器线圈的电阻值，从而判断该线圈是否存在开路现象。

　　（c）测量吸合电压和吸合电流。选一台 0～30 V 可调的直流稳压电源，按图 6-20 连接好电路。从低到高逐渐调节直流稳压电源的输出电压，当听到继电器动铁芯（衔铁）"嗒"的一声吸合时（也可用万用表的欧姆挡监视动合或动断触点电阻），记下此时电压表和电流表的读数，即为直流继电器的吸合电压和吸合电流。再反方向逐步调小直流稳压电源的电压，当再听到"嗒"的一声，即动铁芯释放的声音时，记下此时电压表和电流表的读数，即为直流继电器的释放电压和释放电流。

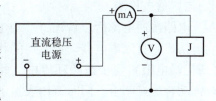

图 6-20　直流继电器吸合电压和
吸合电流的测量电路

2. 元器件和材料清单

　　本实验所用元器件和材料清单如表 6-2 所示。

表 6-2　实验所用元器件和材料清单

符号	规格/型号	名称
VT$_1$	9011（β>140）	晶体管
VT$_2$	9013（β>140）	晶体管
VT$_3$	9013（β>140）	晶体管
R	RG-CdS-A （光电阻<15 kΩ，暗电阻>150 kΩ）	光敏电阻
R$_W$	150 kΩ	电位器
R$_1$	5.1 kΩ/0.125 W	电阻

符号	规格/型号	名称
R_2	1.5 kΩ/0.125 W	电阻
VD	IN4148	二极管
J	G5V-1 DC5V	直流继电器
S	自制（触点间距 1 mm）	触摸开关
		印制电路板
		绝缘导线

3. 电路的连接

本实验首先利用印制电路板完成元器件之间的连接，最后进行整机装配。

4. 电路的检测与调试

1）目视检验

电路连接完成后，首先不要通电，对照电路图或接线图逐个元件、逐条导线认真检查电路的连线是否正确，特别是二极管、晶体管的引脚连接。

2）通电检测

电路接通电源后，首先将整个电路（或光敏电阻）置于光亮环境中，同时用万用表的欧姆挡检测直流继电器动合触点的状态。正常时动合触点应处于断开状态。然后将整个电路（或光敏电阻）置于黑暗环境中，此时应听到直流继电器动铁芯（衔铁）"嗒"的一声吸合，动合触点闭合，同时万用表指示电阻为零。若此时直流继电器衔铁不动作，应调整电位器 R_W，直至继电器动作正常。若继电器仍不动作，说明电路存在故障。

（四）实验考核要求

1. 电路的分析

能正确分析电路的工作原理。

2. 电路的安装

（1）能正确测量元器件。

（2）工具使用正确。

（3）元件的位置、连线正确。

3. 电路的调试

（1）将光敏电阻置于黑暗环境，继电器动合触点能闭合；置于光亮环境，动合触点不动作。

（2）调节电位器 R_W 应能调节光控灵敏度。

4. 故障分析

（1）能正确观察出故障现象。

（2）能正确分析故障原因，判断故障范围。

5. 故障检修

（1）检修思路清晰，方法运用得当。
（2）检修结果正确。
（3）正确使用仪表

6. 安全、文明工作

（1）安全用电，无人为损坏仪器、元件和设备与现象。
（2）保持环境整洁，秩序井然，操作习惯良好。
（3）小组成员协作和谐，态度正确。
（4）无迟到、早退、旷课的情况。

实验四　多种波形发生器的分析与制作

一、实验目的

（1）能按工艺要求独立进行电路装配、测试和调试。
（2）能独立排除装配、调试过程中出现的故障。

二、实验内容

多种波形发生器的装配、调试与参数测量等。

三、实验方法

（1）在老师的指导和帮助下，学生借助工具和仪器独立完成电路的装配与调试，以及参数的测试。
（2）按照要求和学生学习情况分组。
（3）老师讲评。

四、实验引导

（1）介绍本次实验的任务。
（2）简单分析实验任务。
（3）明确实验任务。
（4）过程评价。

五、电路的装配

（1）清点元器件。
（2）按照工艺标准装配电路。

六、电路的检查

（1）老师、学生检查电路。
（2）过程评价。

七、电路的调试与测试

（1）正弦波产生电路的调整测试。
（2）方波产生电路的调整测试。
（3）三角波产生电路的调整测试。
（4）整体电路的调整测试。
（5）过程评价。

八、教学重点

（1）多种波形发生器的电路原理的分析。
（2）多种波形发生器的制作。

九、教学难点

多种波形发生器的调试。

十、实验内容

（一）实验的提出

由集成运放构成的正弦波、方波和三角波发生器有多种形式，本实验选用最常用的、电路比较简单的几种电路加以分析。

（二）电路的分析

1. RC 桥式正弦波振荡器（文氏电桥振荡器）

图 6-21 为 RC 桥式正弦波振荡器。其中 RC 串、并联电路构成正反馈支路，同时兼作选频网络，R_1、R_2、R_p 及二极管等元件构成负反馈和稳幅环节。调节电位器 R_p，可以改变负反馈深度，以满足振荡的振幅条件和改善波形。利用两只反向并联二极管 VD_1、VD_2 正向电阻的非线性特性来实现稳幅。VD_1、VD_2 采用硅管（温度稳定性好），且要求特性匹配，这样才能保证输出波形正、负半周对称。R_3 的接入是为了削弱二极管非线性的影响，以改善波形失真。

电路的振荡频率：

$$f_0 = \frac{1}{2\pi RC}$$

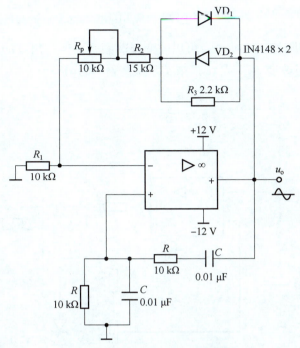

图 6-21 *RC* 桥式正弦波振荡器

起振的幅值条件：

$$\frac{R_f}{R_1} \geqslant 2$$

式中，$R_f = R_p + R_2 + (R_3 /\!/ r_D)$，$r_D$ 为二极管正向导通电阻。

调整反馈电阻 R_f（调 R_p），使电路起振，且波形失真最小。若电路不能起振，则说明负反馈太强，应适当加大 R_f。若波形失真严重，则应适当减小 R_f。

改变选频网络的参数 C 或 R，即可调节振荡频率。一般采用改变 C 作为频率量程的切换，通过调节 R 实现量程内的频率细调。

2. 方波（三角波）发生器

由集成运放构成的方波发生器和三角波发生器，一般均包括比较器和 RC 积分电路两大部分。图 6-22 为由滞回比较器及简单 RC 积分电路组成的方波（三角波）发生器。它的特点是电路简单，但三角波的线性度较差，主要用于产生方波或对三角波要求不高的场合。

电路的振荡频率：

$$f_0 = \frac{1}{2R_f C_f \ln\left(1 + \dfrac{2R_2}{R_1}\right)}$$

式中，$R_1 = R_1' + R_p'$，$R_2 = R_2' + R_p''$。

方波的输出幅值：

$$U_{om} = \pm U_Z$$

三角波的输出幅值：

$$U_{cm} = \frac{R_2}{R_1 + R_2} U_Z$$

调节电位器 R_P（即改变 R_2/R_1），可以改变振荡频率，但三角波的幅值也随之变化。若要互不影响，则可通过改变 R_f（或 C_f）来实现振荡频率的调节。

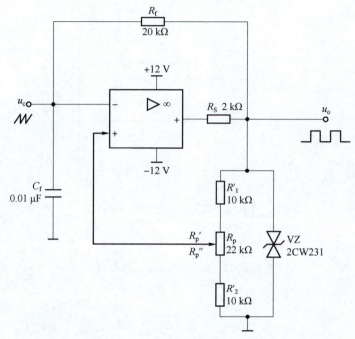

图 6-22　方波（三角波）发生器

3. 三角波、方波发生器

如果把滞回比较器和 RC 积分电路首尾相接形成正反馈闭环系统，如图 6-23 所示，则比较器 A_1 输出的方波经积分器 A_2 积分后可得到三角波，三角波又触发比较器自动翻转形成方波，这样即可构成三角波、方波发生器。图 6-24 为三角波、方波发生器的输出波形图。由于采用运放组成的积分电路，因此可实现恒流充电，使三角波的线性大大改善。

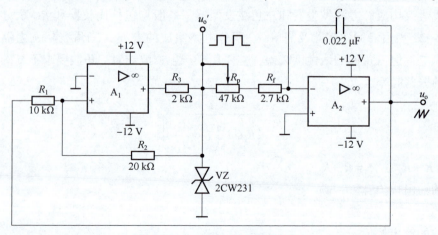

图 6-23　三角波、方波发生器

电路的振荡频率：

$$f_0 = \frac{R_2}{4R_1(R_f + R_W)C_f}$$

方波的输出幅值：

$$U'_{om} = \pm U_Z$$

三角波的输出幅值：

$$U_{cm} = \frac{R_1}{R_2}U_Z$$

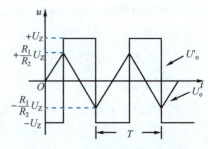

图 6-24　三角波、方波发生器
的输出波形图

调节 R_p 的大小可以改变振荡频率，改变比值 $\frac{R_1}{R_2}$ 可

调节三角波的输出幅值。

（三）电路的制作

1. 电路的连接

按照电路图连接电路并检测。

2. 电路的实现

本实验首先利用印制电路板完成元器件之间的连接，最后进行整机装配。

1）外观质量检查

电子元器件应完整无损，各种型号、规格、标志应清晰、牢固，标志符号不能模糊不清或脱落。

2）元器件的检测与筛选

用万用表分别检测电阻、二极管、电容、晶体管。

（四）实验考核要求

1. 电路的分析

能正确分析电路的工作原理。

2. 电路的连接

（1）能正确测量元器件。

（2）工具使用正确。

（3）元件的位置正确，引脚成型，焊接点符合要求，连线正确。

（4）整机装配符合工艺要求。

3. 电路的调试

（1）静态时，电路中 A 点电位应能调至 2.2 V 左右。

（2）开关闭合时电路应能加上正确电压。

（3）音量大小调节符合要求。

4. 故障分析

（1）能正确观察出故障现象。

（2）能正确分析故障原因，判断故障范围。

5. 故障检修

（1）检修思路清晰，方法运用得当。

（2）检修结果正确。

（3）正确使用仪表。

6. 安全、文明工作

（1）安全用电，无人为损坏仪器、元件和设备的现象。

（2）保持环境整洁，秩序井然，操作习惯良好。

（3）小组成员协作和谐，态度正确。

（4）无迟到、早退、旷课的情况。

实验五 音频功率放大器的分析与制作

一、实验目的

（1）能按工艺要求独立进行电路装配、测试和调试。

（2）能独立排除装配、调试过程中出现的故障。

二、实验内容

音频功率放大器的装配、调试与参数测量等。

三、实验方法

（1）在老师的指导和帮助下，学生借助工具和仪器独立完成电路的装配与调试，以及参数的测试。

（2）按照要求和学生学习情况分组。

（3）老师讲评。

四、实验引导

（1）介绍本次实验的任务。

（2）简单分析实验任务。

（3）明确实验任务。

（4）过程评价。

五、电路的装配

（1）清点元器件。
（2）按照工艺标准装配电路。

六、电路的检查

（1）老师、学生检查电路。
（2）过程评价。

七、电路的调试与测试

（1）开关电路单元的调试。
（2）负反馈电路的调整测试。
（3）功率放大器电路的调整测试。
（4）整体电路的调整测试。
（5）过程评价。

八、教学重点

（1）音频功率放大器电路原理的分析。
（2）音频功率放大器的制作。

九、教学难点

音频功率放大器的调试。

十、实验内容

（一）实验的提出

本实验所选用的音频功率放大器是一款电路简单、性价比高、制作调试容易的功率放大器，在许多电子电路中被广泛应用，具有一定的代表性。

音频功率放大器电路如图 6-25 所示，其最大不失真功率可达 0.5 W。试分析其工作原理并制作该电路。

（二）电路的分析

1. 电路的组成

本实验的电路由 4 部分组成，分别为电子开关、前置放大级、推动级和功率放大级。其组成框图如图 6-26 所示。

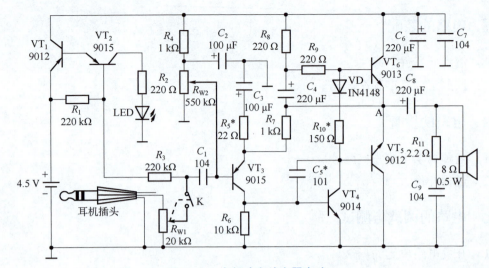

图 6-25 音频功率放大器电路

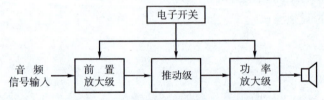

图 6-26 音频功率放大器电路的组成框图

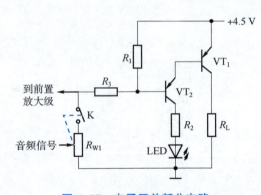

图 6-27 电子开关部分电路

整机供电电源为 4.5~5.5 V，可由 3 节干电池来提供。当供电电压小于 4 V 时，会有较大失真；当供电电压超过 6 V 时，要烧坏功率晶体管 VT_5 和 VT_6。

电子开关主要由晶体管 VT_1 和 VT_2 构成，为了便于分析，将电子开关部分电路重画于图 6-27 中。电路中，电阻 R_1、R_3、R_{W1} 为 VT_1 和 VT_2 的偏置电阻，同时 R_{W1} 又是音量调节电位器。当开关 K 断开时，VT_1、VT_2 均工作于截止状态，此时，电源指示灯 LED 不亮，流过负载 R_L 的电流为零，即各级放大电路不工作。当开关 K 闭合后，+4.5 V 经 VT_1 和 VT_2 的发射结、电阻 R_3、开关 K、电位器 R_{W1} 到地构成回路，产生 VT_2 的基极电流，该电流经 VT_2 放大后，使 VT_1 进入深度饱和状态。由于 VT_1 的饱和压降很小，+4.5 V 几乎全部加在负载 R_L 上，各级放大电路进入工作状态，同时电源指示灯 LED 被点亮，电阻 R_2 为 LED 的限流电阻。在这里需注意两点：一是为了防止音频信号损失过大和电源中的干扰信号进入放大电路，电阻 R_3 的阻值一定不能太小；二是为了保证 VT_1 能进入深度饱和状态，VT_1 和 VT_2 的电流放大系数应尽可能选得大一些。

开关 K 闭合后，音频信号经 C_1 耦合送至由 VT_2 构成的前置放大级，R_4 和 C_2 构成电源滤波电路，用于消除噪声和干扰信号，同时 R_4 和 R_{W2} 又是前置放大级的偏置电阻，调节 R_{W2} 的滑动触头，可改变 VT_3 的静态值。

晶体管 VT_4 构成功率放大器的推动级，它和 VT_3 之间采用直接耦合方式，这样可避免音频信号在传输过程中的损耗。VT_5 和 VT_6 构成了 OTL 互补对称功放电路，R_8、R_9、VD 和 R_{10} 为其偏置电路，同时 VD 和 R_{10} 还用以消除交越失真。音频信号经功率放大级和耦合电容 C_8 后驱动扬声器。

电路中的 R_{11} 和 C_9 组成容性负载，以抵消扬声器音圈电感的部分感性，对功放管 VT_5 和 VT_6 起到保护作用。C_5 的作用是减小高频放大倍数，避免产生高频寄生振荡。C_4 是自举电容，保证输出电压有足够的幅度。C_6 是电源低频滤波电容，用以滤除电源的交流声。C_7 是高频滤波电容，用于滤除高频杂音。

另外，在电路中，R_7、R_5、C_3 引入了电压串联负反馈，其作用有以下三方面：一是稳定功率放大级 A 点的静态值，使其在静态时能稳定在 2.25 V 左右；二是提高前置放大级的输入电阻，以减小对信号源的影响；三是减小输出电阻，提高功率放大级的带负载能力。调节 R_5 的大小，可改变负反馈的深度，也即可改变电压放大倍数。

电路中的音频信号可由计算机、MP3、收音机、VCD、DVD 的耳机插孔来提供。

2. 最大输出功率的计算

根据前述内容，最大输出功率的计算公式如下：

$$P_{om} = \frac{(V_{CC}/2 - U_{CES1})^2}{2R_L}$$

若忽略饱和压降 U_{CES1}，假设扬声器 $R_L = 4\ \Omega$，则有

$$P_{om} \approx \frac{V_{CC}^2}{8R_L} = \frac{4.5^2}{8 \times 4}\ \text{W} \approx 0.6\ \text{W}$$

为了防止出现严重的非线性失真，功率管不能工作在接近饱和的区域，因此，实际上本电路的正常输出功率不超过 0.5 W。

（三）电路的制作

1. 元器件和材料清单

本实验所用元器件和材料清单如表 6-3 所示。

表 6-3　本实验所用元器件和材料清单

符号	规格/型号	名称
R_1	220 kΩ、1/6 W	电阻
R_3	220 kΩ、1/6 W	电阻
R_2	220 Ω、1/6 W	电阻
R_8	220 Ω、1/6 W	电阻
R_9	220 Ω、1/6 W	电阻

符号	规格/型号	名称
R_4	1 kΩ、1/6 W	电阻
R_7	1 kΩ、1/6 W	电阻
R_5	22 Ω、1/6 W	电阻
R_6	10 kΩ、1/6 W	电阻
R_{10}	150 Ω、1/6 W	电阻
R_{11}	2.2 Ω、1/4 W	电阻
VD	IN4148	二极管
C_1	104	瓷片电容
C_7	104	瓷片电容
C_9	104	瓷片电容
C_5	101	瓷片电容
C_2	100 μF/10 V	电解电容
C_3	100 μF/10 V	电解电容
C_4	220 μF/10 V	电解电容
C_6	220 μF/10 V	电解电容
C_8	220 μF/10 V	电解电容
VT_1	9012	晶体管
VT_5	9012	晶体管
VT_2	9015	晶体管
VT_3	9015	晶体管
VT_6	9013	晶体管
VT_4	9014	晶体管
R_{W1}	20 kΩ 带开关	电位器
R_{W2}	500 kΩ	电位器
LED	$\varphi 3$，红色	发光二极管
	1 针	插针
		印制电路板
	0.25 m（红、黑）	导线
	8 Ω，0.5 W	扬声器

符号	规格/型号	名称
	正、负	电池弹簧
	$\varphi2.0$ mm	螺丝
		面壳
		底壳

2. 电路的实现

本实验首先利用印制电路板完成元器件之间的连接，最后进行整机装配。

1）元器件的检测

（1）外观质量检查。

电子元器件应完整无损，各种型号、规格、标志应清晰、牢固，标志符号不能模糊不清或脱落。

（2）元器件的检测与筛选。

用万用表分别检测电阻、二极管、电容、扬声器、晶体管。在测试时，筛选出一对 β 值接近的 9013 和 9012 分别作为功率管 VT_6 和 VT_5；筛选 β 值较大的 9012 和 9015 分别作为 VT_1 和 VT_2。

2）整机装配

（1）印制电路板的装配。

本实验所需的印制电路板如图 6-28 所示。

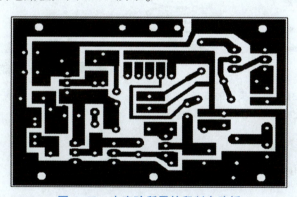

图 6-28　本实验所需的印制电路板

在安装元器件时，应从最低元器件开始安装，若有跳线，应先安装短路跳线，再安装电阻、晶体管、电容、电位器。安装时注意二极管、晶体管和电解电容的极性。发光二极管顶部距离印制电路板 10～12 mm，让发光二极管露出机壳 2 mm 左右，如图 6-29 所示。

安装时，元器件应分批安装，即先插入 3~8 个元器件，焊接好后，剪掉多余的引线，再插入下一步元器件进入下一步安装过程，直到安装完全部元器件。

安装好元器件后的印制电路板如图 6-30 所示。

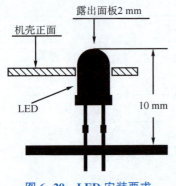

图 6-29　LED 安装要求

图 6-30　安装好元器件后的印制电路板

（2）整机其他部分的装配。

印制电路板安装完成后，按电路图仔细检查，正确无误后再安装整机的其他部分。

①正极片的凸面向下，如图 6-31（a）所示。将正极导线焊在正极片凹面的焊接点上（正极片焊接点应先镀锡）。

②安装负极弹簧（即塔簧）。在距塔簧第一圈起始点 5 mm 处镀锡，如图 6-31（b）所示，将负极导线与塔簧进行焊接。

将焊好的正、负极片插入机壳，用导线将正、负极片分别与印制电路板焊接。

③安装扬声器。先将扬声器安放到前壳内的相应安装位上，再在扬声器的边缘涂上热塑胶，如图 6-32 所示。最后将扬声器线圈的两个焊接点通过导线与印制电路板连接。

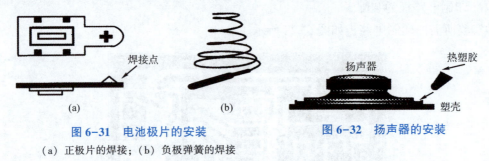

(a) 　　　　　(b)

图 6-31　电池极片的安装
（a）正极片的焊接；（b）负极弹簧的焊接

图 6-32　扬声器的安装

④将音频输入线焊接在印制电路板上。

⑤将印制电路板用螺钉固定到机壳的相应位置上。

3. 电路的调试

只要元器件正常、装配无误，此音频放大器一般都能正常工作。为了达到最佳效果，调节电位器 R_{W2} 使电路中 A 点的电位为 2.2 V 左右。

调节电位器 R_{W1} 应能开、关电源，并能调节扬声器的音量。

（四）实验考核要求

1. 电路的分析

能正确分析电路的工作原理。

2. 电路的连接

（1）能正确测量元器件。

（2）工具使用正确。

（3）元件的位置正确，引脚成型，焊接点符合要求，连线正确。

（4）整机装配符合工艺要求。

3. 电路的调试

（1）静态时，电路中 A 点的电位应能调至 2.2 V 左右。

（2）开关闭合时电路应能加上正确电压。

（3）音量大小调节符合要求。

4. 故障分析

（1）能正确观察出故障现象。

（2）能正确分析故障原因，判断故障范围。

5. 故障检修

（1）检修思路清晰，方法运用得当。

（2）检修结果正确。

（3）正确使用仪表。

6. 安全、文明工作

（1）安全用电，无人为损坏仪器、元件和设备的现象。

（2）保持环境整洁，秩序井然，操作习惯良好。

（3）小组成员协作和谐，态度正确。

（4）无迟到、早退、旷课的情况。

实验六　红外线报警器的分析与制作

一、实验目的

（1）能按工艺要求独立进行电路装配、测试和调试。

（2）能独立排除装配、调试过程中出现的故障。

二、实验内容

红外线报警器的装配、调试与参数测量等。

三、实验方法

（1）在老师的指导和帮助下，学生借助工具和仪器独立完成电路的装配与调试，以及参数的测试。

（2）按照要求和学生学习情况分组。

（3）老师讲评。

四、实验引导

（1）介绍本次实验的任务。
（2）简单分析实验任务。
（3）明确实验任务。
（4）过程评价。

五、电路的装配

（1）清点元器件。
（2）按照工艺标准装配电路。

六、电路的检查

（1）老师、学生检查电路。
（2）过程评价。

七、电路的调试与测试

（1）电路的静态调试。
（2）电路的动态调试。
（3）故障设置。
（4）过程评价。

八、教学重点

（1）红外线报警器电路原理的分析。
（2）红外线报警器的制作。

九、教学难点

红外线报警器的调试。

十、实验内容

（一）实验的提出

随着电子技术的飞速发展和日益普及，电子报警器已经在各企事业单位和人们的日常生活中得到广泛的应用，如防盗报警器、各种监测报警器等。这些报警器的使用不仅可提高监测的精度、增加安全系数，而且可以降低人们的劳动强度，为提高企业的生产效率、减轻工人的繁重劳动及保证人们的日常生活安全带来很大的好处。

电子报警器的种类有很多，本实验从红外线报警器出发，分析电子报警器的工作原理及制作方法。该报警器可监视几米至几十米范围内运动的人体，当有人在该范围内走动时，发出报警信号。

红外线报警器电路如图 6-33 所示，试分析其工作原理并制作该电路。

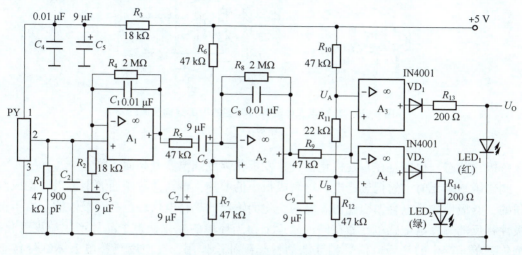

图 6-33 红外线报警器电路

（二）电路的分析

1. 热释电人体红外传感器简介

热释电人体红外传感器为 20 世纪 90 年代出现的新型传感器，专用于检测人体辐射的红外能。用它可以做成主动式（检测静止或移动极慢的人体）和被动式（检测运动人体）的人体传感器，与各种电路配合，广泛应用于安全防范领域及控制自动门、灯、水龙头等场合。

热释电人体红外传感器有多种型号，但它们的结构、外形和电参数大致相同，一般可互换。其外形如图 6-34 所示。图中的顶视图中，矩形为滤光窗，两个虚线框为矩形敏感单元。

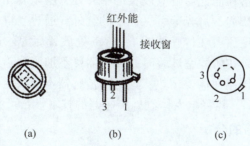

1—漏极；2—源极；3—地。

图 6-34 热释电人体红外传感器的外形

（a）顶视图；（b）侧视图；（c）底视图

热释电人体红外传感器的内部结构及原理如图 6-35 所示。该传感器由敏感元件、场效应管、阻抗变换器和滤光窗等构成，并在氮气环境下封装。

敏感单元一般采用热释电材料锆钛酸铅（PZT）制成，这种材料在外加电场撤除后，仍

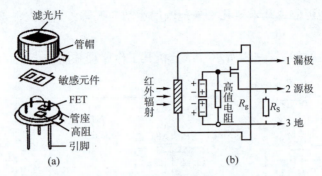

图 6-35 热释电人体红外传感器的内部结构及原理

（a）内部结构；（b）原理

然保持极化状态，也即存在自发极化，且自发极化强度随温度升高而下降。

制作敏感单元时，先把热释电材料制成很小的薄片，再在薄片两面镀上电极，构成两只串联的、有极性的小电容，因此由温度的变化而输出的热释电信号也是有极性的。由于把两个极性相反的热释电敏感单元做在同一晶片上，当环境的变化使整个晶片产生温度变化时，两个传感单元产生的热释电信号相互抵消，起到补偿作用；在使用热释电人体红外传感器时，前面要安装透镜，使外来的红外线辐射只汇聚在一个传感单元上，这时产生的热释电信号不会相互抵消。

热释电人体红外传感器的特点是，它只在由于外界的辐射而引起本身温度变化时，才给出一个相应的电信号，当温度的变化趋于稳定后，就不再有信号输出。因此，热释电信号与它本身的温度变化率成正比，即热释电人体红外传感器只对运动的人体敏感。

通常，敏感单元材料的阻抗非常高，因此要用场效应管对其进行阻抗变换后才能实际使用。电路中高值电阻 R_g 的作用是释放栅极电荷，使场效应管正常工作；场效应管采用源极输出时，要外接源极电阻 R_S，源极电压为 $0.4 \sim 1.0 \, \text{V}$。

制成敏感单元的 PZT 是一种广谱材料，能探测各种波长辐射。为了使传感器对人体最敏感，而对太阳光、灯光等有抗干扰性，传感器采用了滤光片作为窗口。滤光片使人体辐射的红外线最强的波长正好落在滤光窗响应波长的中心处，所以滤光窗能有效地让人体所辐射的红外线通过，而阻止太阳光、灯光等可见光中的红外线通过，以免引起干扰。

为提高传感器的灵敏度，可在传感器前 $1 \sim 5 \, \text{cm}$ 处放置菲涅尔透镜，使其探测距离从一般的 $2 \, \text{m}$ 提高到 $10 \sim 20 \, \text{m}$。在实验室试验时，传感器可不加菲涅尔透镜。

在实际应用中，传感器往往需要预热，这是由传感器本身决定的。一般被动红外探测器需要 $1 \, \text{min}$ 左右的预热时间。热释电人体红外传感器的技术参数可参见有关资料。

2. 红外线报警器电路的分析

红外线报警器电路的组成框图如图 6-36 所示。

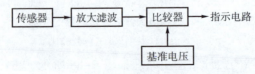

图 6-36　红外线报警器电路的组成框图

本实验电路中采用 SD02 热释电人体红外传感器，当人体进入该传感器的监视范围时，传感器就会产生一个交流电压（幅度约为 1 mV），该电压的频率与人体移动的速度有关。在正常行走速度下，其频率约为 6 Hz。

电路中，R_3、C_4、C_5 构成退耦电路；R_1 为传感器的负载；C_2 为滤波电容，以滤掉高频干扰信号。传感器的输出信号加到运算放大器 A_1 的同相输入端，A_1 构成同相输入式放大电路，其电压放大倍数取决于 R_4 和 R_2，其大小约为

$$A_{\text{uf1}} = 1 + \frac{R_4}{R_2} = 1 + \frac{2\,000}{18} \approx 112$$

经 A_1 放大后的信号经电容 C_6 耦合至放大器 A_2 的反相输入端，A_2 构成反相输入式放大电路，电阻 R_6、R_7 将 A_2 的同相端电位偏置于电源电压的一半。A_2 的电压放大倍数取决于 R_8 和 R_5，其大小约为

$$A_{\text{uf2}} = -\frac{R_8}{R_5} = -\frac{2\,000}{47} \approx -42$$

因此，传感器信号经两级运算放大器总共放大了 $A_{\text{uf1}} \cdot A_{\text{uf2}} = 112 \times (-42) = -4\,704$ 倍，当传感器产生一个幅度为 1 mV 的交流信号时，A_2 的理论输出值为 -4.704 V。

A_3 和 A_4 构成双限电压比较器，A_3 的参考电位为

$$U_A = \frac{22 + 47}{47 + 22 + 47} \times 5 \text{ V} \approx 3 \text{ V}$$

A_4 的参考电位为

$$U_B = \frac{47}{47 + 22 + 47} \times 5 \text{ V} \approx 2 \text{ V}$$

在传感器无信号时，A_1 的静态输出电压为 0.4~1 V；A_2 在静态时，由于同相端电位为 2.5 V，故其直流输出电压为 2.5 V。由于 $U_B < 2.5 \text{ V} < U_A$，故 A_3 输出低电平，A_4 输出低电平。因此，在静态时，LED_1 和 LED_2 均不亮。

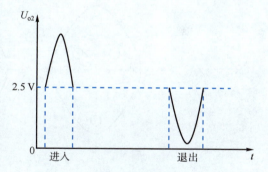

图 6-37 双限比较器的输入波形图

当人体进入监视范围时，双限比较器的输入发生变化，波形图如图 6-37 所示。当人体进入时，$U_{o2} > 3 \text{ V}$，因此 A_3 输出高电平，LED_1 亮；当人体退出时，$U_{o2} < 2 \text{ V}$，因此 A_4 输出高电平，LED_2 亮。当人体在监视范围内走动时，LED_1 和 LED_2 交替闪烁。

电路中的 C_7、C_9 为退耦电容；C_1、C_3、C_8 用于保证电路对高频干扰信号有较强的衰减作用，对低频信号有较强的放大作用，当按图 6-33 中取值时，它们在 0.1~8 Hz 的频段内具有较好的频率响应曲线，以满足对热释电人体红外传感器输出信号的放大要求。

另外，若利用 U_o 去控制报警器，还可实现音响报警；若利用 U_o 去控制继电器或电磁阀，还可实现自动门、自动水龙头的自动控制。

（三）电路的制作

1. 集成电路的识别与检测

1）集成电路的封装形式和引脚排列顺序的识别

集成电路的封装及外形有多种，最常用的封装有塑料、陶瓷及金属3种。其封装形式可分为双列直插式、单列直插式、TO-S型、F型、陶瓷扁平式等，如图6-38所示。

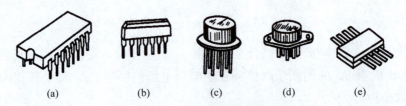

图 6-38　集成电路的封装形式

（a）双列直插式；（b）单列直插式；（c）TO-S型；（d）F型；（e）陶瓷扁平式

集成电路的引脚有3、5、7、8、10、12、14、16根等多种。正确识别集成电路引脚排列顺序是很重要的，否则无法对集成电路进行正确安装、调试与维修，以至于不能使其正常工作，甚至对其造成损坏。

集成电路的封装形式不同，其引脚排列顺序也不一样，其识别方法如下。

（1）圆筒形和菱形金属壳封装集成电路的引脚识别。其引脚的识别方法是，面向引脚（正视），从定位标记所对应的引脚开始，按顺时针方向依次数到底即可。常见的定位标记有突耳、圆孔及引脚不均匀排列等，如图6-39所示。

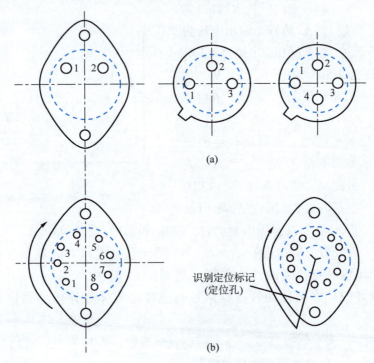

识别定位标记
（定位孔）

图 6-39　金属壳封装集成电路的引脚识别

（a）圆筒形；（b）菱形

（2）单列直插式集成电路的引脚识别。其引脚的识别方法是，使单列直插式集成电路的引脚向下，面对型号或定位标记，自定位标记一侧的第一根引脚数起，依次为1、2、3、…。此类集成电路上常用的定位标记为色点、凹坑、细条、色带、缺角等，如图6-40（a）所示。有些厂家生产的集成电路，本是同一种芯片，为了便于在印制电路板上灵活安装，其封装形式有多种，一种是按常规排列，即自左向右；另一种则自左向右，如图6-40（b）所示。但有少数器件没有引脚定位标记，这时应从它的型号上加以区别。若型号后缀有一字母R，则表明其引脚排列顺序为自左向右反向排列。例如，M5115P与M5115RP，前者引脚排列顺序为自右向左，即正向排列；后者引脚排列顺序为自左向右，即反向排列。

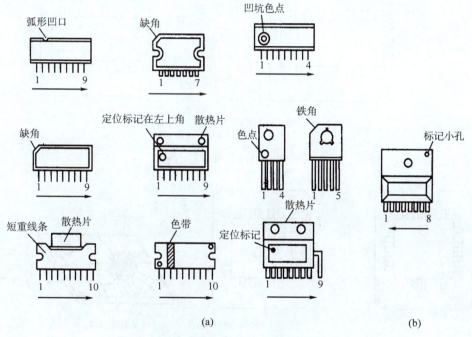

图 6-40　单列直插式集成电路的引脚识别

（a）自左向右排列；（b）自右向左排列

（3）双列直插式或扁平式集成电路的引脚识别。双列直插式集成电路的引脚识别方法是，将其水平放置，引脚向下，即其型号、商标向上，定位标记在左边，从左下脚第一根引脚数起，按逆时针方向，依次为1、2、3、…，如图6-41所示。

扁平式集成电路的引脚识别方法和双列直插式集成电路相同。例如，四列扁平封装的微处理器集成电路的引脚识别如图6-42所示。对某些软封装类型的集成电路，其引脚直接与印制电路板相结合，如图6-43所示。

2）使用集成电路时的注意事项

使用集成电路时应注意以下事项。

（1）使用前应对集成电路的功能、电特性、外形封装以及与该集成电路相连接的电路做全面的分析和理解，使用情况下的各项电性能参数不得超过该集成电路所允许的最大使用范围。

（2）安装集成电路时要注意方向，不要搞错，在不同型号间互换时更应注意。

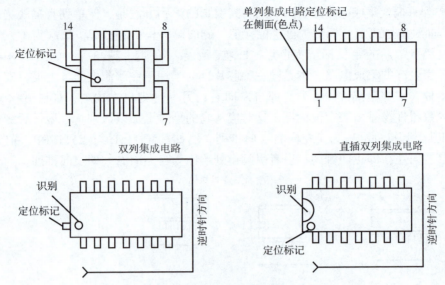

图 6-41　双列直插式集成电路的引脚识别

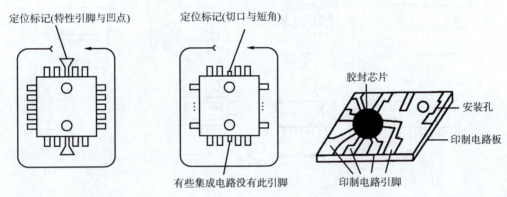

图 6-42　四列扁平封装微处理器集成电路的引脚识别　　图 6-43　软封装集成电路的引脚识别

（3）正确处理好空脚，当遇到空的引脚时，不应擅自接地。CMOS 电路不用的输入端不能悬空。

（4）注意引脚能承受的应力与引脚间的绝缘。

（5）对功率集成电路需要有足够的散热，并尽量远离热源。

（6）切忌带电插拔集成电路。

（7）集成电路及其引线应远离脉冲高压源。

（8）防止感性负载的感应电动势击穿集成电路，可在集成电路相应引脚接入保护二极管，以防止被过压击穿。注意供电电源的稳定性，可在集成电路中增设诸如由二极管组成的浪涌吸收电路。

3）集成电路的检测

对集成电路的质量检测一般分为非在路集成电路的检测和在路集成电路的检测。

（1）非在路集成电路的检测。

非在路集成电路是指与印制电路板完全脱离的集成电路。为减少不应有的损失，集成电路在往印制电路板上焊接前应先进行测试，以证明其性能的好坏，再进行焊接，这一点尤其重要。

检测非在路集成电路好坏的准确方法是，按制造厂商给定的测试电路和条件，逐项进行检测。而在一般性电子制作或维修过程中，检测非在路集成电路好坏较为常用的方法，是先在印制电路板对应位置上焊接一个集成电路插座，在断电情况下将被测集成电路插上，通电后，若电路工作正常，说明该集成电路的性能是好的；反之，若电路工作不正常，说明该集成电路的性能不良或已损坏。

比较简单的检测非在路集成电路的好坏的方法，是用万用表的欧姆挡测量集成电路各引脚对地引脚的正、负电阻值。测量的具体方法是将万用表的欧姆挡置于"R×1k""R×90"挡或"R×9"挡上，先让红表笔接集成电路的接地引脚，然后用黑表笔从其第一根引脚开始，依次测出1、2、3、…脚对应的电阻值（称为正阻值）；再让黑表笔接集成电路的同一接地引脚，用红表笔按上述方法与顺序，再测出另一电阻值（称为负阻值），最后将测得的两组正、负阻值与标准值进行比较，从中发现问题。

（2）在路集成电路的检测。

在路集成电路的检测方法主要有以下几种。

①根据引脚在路阻值的变化判断集成电路的好坏。用万用表的欧姆挡测量集成电路各引脚对地的正、负电阻值，然后与标准值进行比较，从中发现问题。

②根据引脚电压的变化判断集成电路的好坏。用万用表的直流电压挡依次检测在路集成电路各引脚对地的电压，在集成电路供电电压符合规定的情况下，若有不符合标准电压值的引脚，查其外围元器件，若外围元器件无损坏或失效，则可认为集成电路存在问题。

③根据引脚的波形变化判断集成电路的好坏。用示波器观测集成电路引脚输出的波形，并与标准波形进行比较，从中发现问题。

实际上，检测集成电路最简便的方法是用同型号的集成电路进行替换试验，只是拆焊过程比较麻烦。

2. 元器件和材料清单

本实验所用元器件和材料清单如表6-4所示。

表6-4　实验所用元器件和材料清单

符号	规格/型号	名称
R_1	47 kΩ、1/8 W	电阻
R_2	18 kΩ、1/8 W	电阻
R_3	18 kΩ、1/8 W	电阻
R_4	2 MΩ、1/8 W	电阻
R_5	47 kΩ、1/8 W	电阻
R_6	47 kΩ、1/8 W	电阻
R_7	47 kΩ、1/8 W	电阻
R_8	2 MΩ、1/8 W	电阻

符号	规格/型号	名称
R_9	47 kΩ、1/8 W	电阻
R_{10}	47 kΩ、1/8 W	电阻
R_{11}	22 kΩ、1/8 W	电阻
R_{12}	47 kΩ、1/8 W	电阻
R_{13}	220 Ω、1/8 W	电阻
R_{14}	220 Ω、1/8 W	电阻
C_1	0.01 μF	涤纶或瓷介电容
C_2	900 pF	涤纶或瓷介电容
C_3	9 μF/16 V	电解电容
C_4	0.01 μF	涤纶或瓷介电容
C_5	9 μF/16 V	电解电容
C_6	9 μF/16 V	电解电容
C_7	9 μF/16 V	电解电容
C_8	0.01 μF	涤纶或瓷介电容
C_9	9 μF/16 V	电解电容
LED_1	红色	发光二极管
LED_2	绿色	发光二极管
PY	SD02	热释电人体红外传感器
$A_1 \sim A_4$	LM324	集成运算放大器
		印制电路板

3. 电路的实现

本实验首先自制印制电路板，然后在印制电路板上完成元器件之间的连接，最后进行电路的调试。

图 6-44 给出了参考印制电路板。

1）元器件的检测

（1）外观质量检查。

电子元器件应完整无损，各种型号、规格、标志应清晰、牢固，标志符号不能模糊不清或脱落。

（2）元器件的检测与筛选。

用万用表分别检测电阻、二极管、电容。

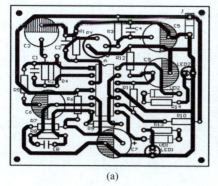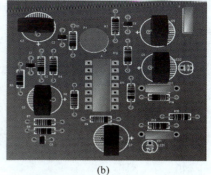

(a)　　　　　　　　　　　(b)

图 6-44　参考印制电路板

（a）PCB 图；（b）3D 预览图

2）元器件的引线成型及插装

按技术要求和焊盘间距对元器件的引脚进行成型。

在印制电路板上插装元器件时应注意以下事项。

（1）电阻和涤纶电容无正、负极性之分，但插装时一定要注意电阻值和电容量，不能插错。

（2）电解电容和发光二极管有正、负极性之分，插装时要看清极性。

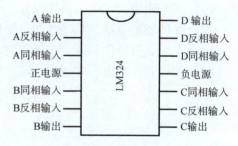

（3）插装集成电路和传感器时要注意引脚。集成运算放大器 LM324 的引脚排列如图 6-45 所示。

（4）元器件的安装力求到位，并且美观。

3）元器件的焊接

元器件焊接时间最好控制在 2～3 s。焊接完成后，剪掉多余的引脚。

图 6-45　集成运算放大器
LM324 的引脚排列

4. 电路的调试

通电前，先仔细检查已焊接好的印制电路板，确保元器件装接无误。然后，用万用表的欧姆挡测量正、负电源之间有无短路和开路现象，若不正常，应排除故障后再通电。

本电路无可调试元器件，只要元器件无损、连接无误，一般都能正常工作。

在实验室试验时，无须加菲涅尔透镜，直接用 SD02 检测人体运动。将热释电人体红外传感器背对人体，用手臂在传感器前移动（注意传感器的预热时间），观察发光二极管的亮、暗情况，即可知道电路的工作情况。若电路不工作，在供电电压正常的前提下，可从前至后逐级测量各级运算放大器的输出端有无变化的电压信号，以判断电路及各级运算放大器的工作状态。在传感器无信号时，A_1 的静态输出电压为 0.4～1 V，A_2 的静态输出电压为 2.5 V，A_3、A_4 静态输出均为低电平。若哪一级的运算放大器有问题，排除该级运算放大器的故障。

（四）实验考核要求

1. 电路的分析

能正确分析电路的工作原理。

2. 电路的连接

（1）能正确测量元器件。

（2）工具使用正确。

（3）元件的位置正确，引脚成型，焊接点符合要求，连线正确。

3. 电路的调试

（1）静态时，A_1 输出电压为 $0.4 \sim 1 \text{ V}$，A_2 输出电压为 2.5 V，A_3、A_4 输出低电平。

（2）当手臂在热释电人体红外传感器前移动时，LED_1、LED_2 应闪烁。

4. 故障分析

（1）能正确观察出故障现象。

（2）能正确分析故障原因，判断故障范围。

5. 故障检修

（1）检修思路清晰，方法运用得当。

（2）检修结果正确。

（3）正确使用仪表。

6. 安全、文明工作

（1）安全用电，无人为损坏仪器、元件和设备的现象。

（2）保持环境整洁，秩序井然，操作习惯良好。

（3）小组成员协作和谐，态度正确。

（4）无迟到、早退、旷课的情况。

参 考 文 献

［1］崔陵.电子基本电路安装与测试［M］.2版.北京：高等教育出版社，2022.

［2］蒋祥龙，李震球.电工电子实训项目化教程［M］.北京：机械工业出版社，2023.

［3］谢鑫刚.电子线路实验［M］.哈尔滨：哈尔滨工业大学出版社：2023.

［4］林雪建.电工电子技术实验教程［M］.北京：机械工业出版社：2024.

［5］李建新，曹亮.电路与电子技术基础实验教程［M］.武汉：武汉大学出版社，2021.

［6］曹卫峰，曾黎.模拟与数字电子技术实验教程［M］.3版.北京：北京航空航天大学出版社，2022.